# 智能配电网
# 供电可靠性管理

**国网宁夏电力有限公司宁东供电公司　编**

中国电力出版社
CHINA ELECTRIC POWER PRESS

# 内 容 提 要

本书归纳典型经验，以精益运维为着眼点，通过优化配电网网架结构、提升配电网设备质量，实现压降 10kV 线路故障率、压降用户重复停电比例、压降大范围停电时户数比例、提升供电可靠率"三压降一提升"；以智能管控关键点，提高配电自动化技术应用、配电物联网技术应用及其他新技术应用水平；以基础管理为立脚点，在规划设计、物资采购、建设施工、调控运行、运维检修、营销服务等各个环节采取措施，提升供电可靠性管理水平。本书还提供了大量值得借鉴的经验，内容详实，针对性与可操作性较强。

本书根据一线单位在提高供电可靠性方面的先进做法和经验，内容丰富，实践性强，能够对供电可靠性管理及相关领域的工作有所帮助。

**图书在版编目（CIP）数据**

智能配电网供电可靠性管理 / 国网宁夏电力有限公司宁东供电公司编 . —北京：中国电力出版社，2022.8（2023.10 重印）

ISBN 978-7-5198-6789-8

Ⅰ . ①智… Ⅱ . ①国… Ⅲ . ①智能控制–配电系统–供电可靠性–可靠性管理 Ⅳ . ①TM727

中国版本图书馆 CIP 数据核字（2022）第 085830 号

出版发行：中国电力出版社
地 址：北京市东城区北京站西街 19 号（邮政编码 100005）
网 址：http://www.cepp.sgcc.com.cn
责任编辑：雍志娟
责任校对：黄 蓓 朱丽芳
装帧设计：张俊霞
责任印制：石 雷

印 刷：北京天泽润科贸有限公司
版 次：2022 年 8 月第一版
印 次：2023 年 10 月北京第二次印刷
开 本：787 毫米×1092 毫米 16 开本
印 张：17.75
字 数：406 千字
印 数：2001—2500 册
定 价：60.00 元

# 编 委 会

供电可靠性是指一个供电企业对其用户持续供电的能力,是国际通用的电能质量管理重要指标。提升供电可靠性是供电企业履行能源央企政治责任、社会责任、经济责任的使命担当,是增强国家发展软实力、提升人民群众获得感的内在要求,是国家电网有限公司建设世界一流能源互联网企业的重要支撑。

当前,我国经济由高速发展阶段向高质量发展阶段转型升级,产业布局、市场主体、人民群众更加关注供电服务等基础保障能力。国家电网有限公司践行"人民电业为人民"的企业宗旨,需要满足人民日益增长的美好生活需要,为经济社会发展提供安全可靠的电力保障;需要不断提高可靠供电、优质服务水平,助力国家优化营商环境、提升综合竞争实力;需要对标国际先进电网企业,全面提升供电可靠性管理水平,推动配电网管理提质增效,助力公司管理向精益化、数字化转型。

在多年的工作实践中,我深刻地感受到,供电可靠性是供电企业全方位工作质量和管理水平的综合体现,依赖专业、精干的供电可靠性管理队伍,并将可靠性管理理念全面贯彻于规划、计划、组织、协调、监督、控制、决策的各个环节,系统分析、科学决策,才能做好供电可靠性管理工作。

2018 年以来,国家电网有限公司提出了"1135"配电管理思路,把"提升供电可靠性"作为配电管理工作的主线,将供电可靠性管理贯穿于配电网规划、建设、运行、检修、服务全过程,着力优化电网结构、提高设备质量、强化管理保障、加快技术创新,推动供电服务由"用上电"向"用好电"转变。国网宁东供电公司各条战线的同志们全面贯彻国网公司、省公司的决策部署,并在日常工作中予以贯彻执行,取得了较好的成效,推动了宁东公司各项事业的跨越式发展。

本书的几位作者来自规划设计、调控运行、运维检修、营销服务等生产一线,在本专业领域的工作实践中发现问题、解决问题、总结规律,并将其付诸笔端,编写成册,在工作之余合作编写了这本教材,我感到十分欣慰。

作为一本培训教材,本书较好地贯彻了国家电网公司的总体技术路线和指导思想,体现了宁夏公司和宁东公司的特色和做法,充分展现了供电可靠性管理工作中的实际成效,也如实反映了工作中所遇到的挫折与困难,对从事本专业的广大工程技术人员有较好的参考价值。

希望这本教材能为广大的配电网一线和管理人员提供有益的借鉴,为相关人才的培养发挥积极的作用,也希望配电网事业薪火相传、后继有人!

国网宁东供电公司总经理

2022 年 8 月

# 目 录

# 第一章

# 配电网及供电可靠性

## 第一节　配电网发展历程

### 一、配电网定义和分类

配电网是指从电源侧（输电网和发电设施）接受电能，并通过配电设施就地或逐级分配给各类用户的电力网络，是输电网和电力用户之间的连接纽带。配电网由变（配）电站（室）、开关站、架空线路、电缆等电力设施、设备组成，涉及高压配电线路和变电站、中压配电线路和配电变压器、低压配电线路、用户和分布式电源等四个紧密关联的层级。

配电网一般采用闭环设计、开环运行，其结构呈辐射状。采用闭环结构是为了提高运行的灵活性和供电可靠性；开环运行，一方面是为了限制短路故障电流，防止断路器超出遮断容量发生爆炸，另一方面是控制故障波及范围，避免故障停电范围扩大。

配电网按电压等级的不同，可分为高压配电网（110/35kV）、中压配电网（20、10、6、3kV）和低压配电网（220/380V）；按供电地域特点不同或服务对象不同，可分为城市配电网和农村配电网；按配电线路的不同，可分为架空配电网、电缆配电网以及架空电缆混合配电网；按电网功能分类，配电网可分为主网（66kV 及以上）和配网（35kV及以下）。

（1）高压配电网。指由高压配电线路和相应等级的配电变电站组成的向用户提供电能的配电网。其功能是从上一级电源接受电能后，直接向高压用户供电，或通过配电变压器为下一级中压配电网提供电源。高压配电网分为 110/66/35kV 三个电压等级，城市配电网一般采用 110kV 作为高压配电电压。高压配电网具有容量大、负荷重、负荷节点少、供电可靠性要求高等特点。

（2）中压配电。指由中压配电线路和配电变电站组成的向用户提供电能的配电网。其功能是从输电网或高压配电网接受电能，向中压用户供电，或向用户用电小区负荷中心的配电变电站供电，再经过降压后向下一级低压配电网提供电源。中压配电网具有供电范围面广、容量大、配电点多等特点。我国中压配电网一般采用 10kV 为标准额定电压。

（3）低压配电网。指由低压配电线路及其附属电气设备组成的向用户提供电能的配电网。其功能是以中压配电网的配电变压器为电源，将电能通过低压配电线路直接送给用户。低压配电网的供电距离较近，低压电源点较多，一台配电变压器就可作为一个低压配电网的电源，两个电源点之间的距离通常不超过几百米。低压配电线路供电容量不大，但分布面广，除一些集中用电的用户外，大量是供给城乡居民生活用电及分散的街道照明用电等。低压配电网主要采用三相四线制、单相和三相三线制组成的混合系统。我国规定采用单相220V、三相380V的低压额定电压。

目前，我国配电网在发展过程中仍面临各种技术和管理上的瓶颈，难以适应新形势的要求。因此，迫切需要提出科学可行的技术路线和管理创新机制，解决配电网面临的现实问题，提升供电品质，对接国际先进水平，满足经济社会发展的总体需求，适应电力体制改革的外部环境，顺应技术变革的大趋势，服务于公司具有中国特色国际领先的能源互联网战略布局的构建。

## 二、配电网发展目标

构建"安全可靠、优质高效、绿色低碳、智能互动"的先进配电网是公司适应未来电网技术变化、满足电网用户需求的必要举措，也是配电网发展的战略方向。"安全可靠"要求配电网持续不间断向用户供电，能够抵御各类不可控外力因素造成的故障，适应各种检修、施工等可控的方式安排。"优质高效"要求配电网向用户提供优质的电能质量，同时电网的损耗低、设备利用率高，实现资源优化配置和资产效率最优。"绿色低碳"就要求配电网灵活消纳风能、光伏等各类清洁能源，适应电动汽车等多元化负荷的接入，有效支撑两个替代，推动绿色低碳发展。"智能互动"是通过"大云物移"等先进技术，优化配电网业务流、信息流和电力流，实现多种能源平滑转换、"源网荷储"友好互动。

网架结构和装备水平是配电网的物质载体，是决定供电可靠性和电能质量的核心要素；自动化、信息化是进一步提升电网品质，提高运行管理效率的辅助技术手段。要构建"安全可靠、优质高效、绿色低碳、智能互动"的先进配电网，必须从优化结构、提升装备、强化管理、促进智能互联等方面入手，多管齐下，有序推进，最终实现配电网内部电力流、业务流、信息流融合贯通，外部与电源、用户、储能友好互动。

目前，我国配电网发展仍存在诸多薄弱环节，供电可靠性等关键指标与国际先进水平尚有一定差距，尤其农村地区配电网发展相对滞后。因此，建设"安全可靠、优质高效"的配电网，向用户提供高品质电能仍是当前发展的首要任务，应重点关注供电可靠率、电能质量和线损率等核心指标。国家能源结构和产业政策深化调整，电力体制改革全面推进，新技术革命迅速兴起，对配电网智能化水平、资产效率和用户交互等方面提出更高要求。配电网发展将步入"绿色低碳、智能互联"的高级阶段，在确保供电品质的同时，应兼顾设备利用率、终端用能电能占比、分布式电源消纳能力等关键因素。

# 第二节 配电网发展现状

## 一、配电网发展现状概述

配电网作为电网的重要组成部分，直接面向电力客户，与广大群众的生产生活息息相关，是保障和改善民生的重要基础设施，是客户对电网服务感受和体验的最直观对象。当前，我国正处于经济社会发展转型升级关键时期，城市化进程不断加快，电力体制改革逐步深化，配电网已经成为城市生命线工程中的重要组成部分。近年来，配电网受到了国家电网有限公司、南网公司及社会各界的高度重视，随着建设改造力度的持续加大、规模的不断扩大、智能电网建设的快速推进，在标准体系、网架建设、设备质量、自动化建设、智能管控水平等方面得到了显著提升。

配电网规模快速增长。"十三五"期间，完成 15.8 万项配网工程建设，新建改造中低压线路 32.2 万 km、配变 16.1 万台；截至 2021 年底，国家电网有限公司经营范围内 6～10（20）千伏线路长度 440.5 万公里，配电变压器 541.4 万台，容量 17.1 亿千伏安，配电开关 654.8 万台；0.38 千伏公用线路长度 858.8 万公里；公变台区接入用户 5.4 亿余户，农网户均配变容量提高至 2.76 千伏安；接入 10 千伏分布式电源 2.4 万个，接入 380/220V 分布式光伏用户 248.9 万户，全面满足经济社会快速发展用电需求。

配电网网架结构持续优化。中心城市（区）加快变电站及廊道建设，已逐步形成双侧电源结构，基本完成中压线路站间联络，提高负荷转移能力；城镇地区根据负荷发展需求，解决高压配电网单线单变供电安全问题，逐步过渡到合理的目标网架；县域电网与主网联系薄弱问题也得到一定改善，适度增加乡村地区布点，缩短供电半径，合理选用经济适用的网架结构。

配电网设备质量不断改善。以智能化为方向，按照"成熟可靠、技术先进、节能环保"的原则，提升了配网装备水平。采用现代传感和信息通信等技术，实现设备、通道运行状态及外部环境的在线监测，提高预警能力和信息化水平；推行功能一体化、设备模块化、接口标准化技术标准，提高了线路绝缘化率和供电安全性；逐步淘汰高损耗变压器，推广先进适用的节能型设备，实现绿色节能环保；完善智能设备技术标准体系，引导设备制造科学发展。

配电网智能化水平持续提升。积极应用自动化、智能化、现代信息通信等先进技术，大部分中心城市（区）、城镇地区已合理配置各类配电终端，有效缩短故障停电时间，实现网络自愈重构；乡村地区推广简易配电自动化，提高故障定位能力，切实提高实用化水平。深化以精益生产管理系统、新一代配电自动化系统、供电服务指挥平台为主体架构的"两系统一平台"应用，试点建设以智能配电台区为中心的配电物联网，增强配电网运行灵活性、自愈性和互动性。

配电网标准体系初步建立。构建了以主网架、配电网、通信网、智能化规划为支撑的电网发展规划体系；在配电网建设方面，配电网规划的引领作用正在逐步发挥作用，并从规划设计、工程建设、设备材料、运行检修等方面编制了一系列配电网技术标准。

配电网快速发展的同时，社会各界对配网运营服务能力提出了更高要求。电力客户对公司供电保障能力、电能质量和服务效率要求越来越高，分布式清洁能源发电模式对配电网设备和运营提出了灵活性，自协调性的要求，政府对电网公司改善电力营商环境、提高供电服务质量、提升供电可靠性等方面监管要求更加严格。配电网涉及电压等级多、覆盖面广、项目繁杂、工程规模小，同时又直接面向社会，与城乡发展规划、客户多元化需求、清洁能源和分布式电源发展密切相关，建设需求随机性大、不确定因素多，粗放式发展的局面尚未根本转变，仍有许多问题亟待改善：

（1）配电网可靠性水平不高。随着我国经济的飞速发展，配电网规模日益扩大，对配电网可靠性水平提出了更高的要求；2020 年的城、农网用户年平均停电时间分别为2.628h 和 13.753h，虽较上一年度有所减少，但与欧美发达国家相比，仍有较大差距。部分配电网的联络率、转供能力不高，故障研判及处理主要依赖人工完成，计划停电时户数和非计划停电时户数仍居高不下。

（2）配电网设备标准化程度低。配电网设备种类繁多、数量庞大，运行环境较为严酷，同类设备尚未形成标准的通信规约体系，不能互联互通、即插即用，无法形成规模化效应，提升了设备的运维管理难度。

（3）配电网一线运维管理人力资源与配电网增速不匹配。近年来，我国配电网规模不断扩大，现有配网规模体量庞大，发展变化速度快，发展不平衡不充分，监测管控手段和资源配置能力不足，主要靠人力进行配网运维管理；而一线运维人力资源有限，无法满足中低压配电网精益化管理要求和快速变化的业务服务需求，存在工作效率不高、信息获取滞后、差错难以消除等现象。

（4）配电网精益化管理程度不高。目前配网规划颗粒度偏粗，缺少精益化规划措施，导致规划精细度不够，投资偏差较大，精准投资难以实现；营配调业务协调融合还不到位，没有最大效率提升配电网运营服务指挥，推进配电网运维检修和抢修服务一体化进程；配电网电气拓扑需手工维护，拓扑排查耗时耗力且准确度不高，缺乏对整个配电网的接入设备的全状态信息的监测采集和资产管理，管理及运维单位对配电设备运行情况以及负荷分布与特点均掌握不足。

（5）配电网与客户互动性不足。随着社会经济飞速发展，客户对电力的依赖程度越来越高，传统的配电网管理模式已经无法满足客户多层次服务需求，电网公司在掌握客户的相关用电行为后，还无法形成平台化效应，无法引导客户分时有序用电，无法根据客户用电需求提供定制电力、能效管理等增值服务。

（6）配电网对清洁能源接纳能力受限。随着清洁能源并网接入不断扩大，清洁能源的不稳定性对现有配电网运行造成的冲击日趋明显，潮流双向流动也给电网源网荷侧均带来了不确定性。配电网缺少清洁能源并网相关数据作为支撑，缺少相关负荷调控策略手段，对大面积分布式电源等全面接入应对不足，配电网及人身安全也受到挑战。

综上所述，配电网发展不平衡、不充分同经济社会发展需求的矛盾，已成为当前配电网所面临的主要矛盾；为此，配电网需要引入各类新技术和新理念，全面提升供电可靠性，从本质上提升配电网建设、运维、管理水平，推动业务模式、服务模式和管理模式不断创新，支撑能源互联网的快速发展。

## 二、配电网发展形势和挑战

### （一）配电网发展面临的形势

**1. "双碳"目标要求城市配电网加速向能源互联网升级**

为积极应对全球气候和环境变化挑战，满足《巴黎协定》温控目标要求，国际各主要经济体加快了能源绿色低碳转型进程，美国、欧盟、日本等均承诺在 2050 年实现净零排放，可再生能源将成为主导能源。我国深入实施"四个革命、一个合作"能源安全新战略，做出"碳达峰、碳中和"承诺，提出构建以新能源为主体的新型电力系统，国务院及相关部委先后发布系列政策文件，加快建立健全绿色低碳循环发展经济体系，国家能源局启动整县（市、区）屋顶分布式光伏开发试点工作，整合各类资源加速推动分布式新能源发展，新能源的发展从规模化开发、远距离输送为主转变为集中式、分布式并重的态势。作为能源互联网建设的主战场，配电网正面临保障电力持续稳定供应和加快清洁低碳转型的双重挑战，必须加快技术革新，实现规划建设、运营管理、体制机制等方面全面突破，全力保障电力安全可靠供应，满足清洁能源开发、利用和消纳需求，推动全社会电气化水平和能源综合利用效率提升，积极服务"双碳"目标落地。

**2. 经济社会发展要求城市配电网不断提高供电保障能力**

"十四五"时期，我国立足新发展阶段、贯彻新发展理念、构建新发展格局，全面推动经济社会高质量发展、可持续发展。国家深入实施京津冀协同、长江经济带、长三角一体化等区域协调发展战略，构建国际一流营商环境，培育世界级先进制造业集群，实施城市更新行动、建设新型智慧城市，深入推进以人为核心的新型城镇化战略，以城市群、都市圈为依托，促进大中小城市和小城镇协调联动、特色化发展，使更多人民群众享有更高品质的城市生活。城市配电网需要深度融合城市发展，推进网架、设备、技术、管理、服务升级，提升供电保障能力和优质服务水平，构建与经济社会高质量发展、人民美好生活需求和产业转型升级相适应的新型配电网，不断增强人民群众的获得感和幸福感。

**3. 战略目标要求城市配电网全面实现高质量发展**

国网公司贯彻落实中央决策部署，确立建设具有中国特色国际领先的能源互联网企业战略目标，提出"一体四翼"发展总体布局，持续深化国有企业改革，着力创建国际领先示范企业，大力实施提质增效专项行动，为"十四五"配电网建设提供了根本遵循。配电网发展应以更高站位、更宽视野，贯彻公司战略部署，落实现代设备管理体系建设要求，在配电网建设运营理念、方法、手段、能力等方面适应公司发展面临的新形势、新任务和新要求，全面夯实配电网安全基础、转变业务模式，充分挖掘资产价值，以先进技术革新推动配电网全业务、全环节数字化转型升级，全面支撑企业运营绩效提升，服务公司高质量发展。

### （二）配电网发展面临的挑战

"十三五"期间，国网公司持续加大城市配电网发展投入，供电保障能力明显提升，到 2020 年末，城市配电网供电可靠率、综合电压合格率分别达到 99.970%、99.995%，较"十二五"末分别提升 0.013、0.006 个百分点，但受经济水平、历史因素和投资能力等影响,城市配电网发展不平衡、不充分,东、中、西部城市配电网网架结构、设备基础、运行管理水平及供电可靠性等指标差异明显,极端情况下配电网的防灾抗损和应急处突能力仍需加强。大部分中小城市配电网建设水平与城市高质量发展、营商环境优化和人民群众美好生活需求相比还有一定差距,对标东京、新加坡等国际领先水平,我国大型城市配电网的建设运行管理水平尚需进一步提升。

同时,随着电能占终端能源消费占比持续提升,新能源、电动汽车产业发展迅速,截至 2020 年末,国网公司经营范围内累计接入分布式光伏 7236 万 kW、电动汽车充电桩 103.88 万个,分别是"十二五"末的 15.3 倍和 24.7 倍;山东、浙江、江苏分布式光伏接入容量分别达到 1467、1067、972 万 kW,其中江苏扬中市、浙江嘉兴市尖山新区配电网新能源渗透率分别为 21.41%、47.79%,局部地区渗透率高。据测算,到 2025 年配电网将接入分布式光伏 1.8 亿 kW、电动汽车充电桩 750 万个,年均增速分别为 20.0%、48.5%,配电网"双高"(高比例清洁能源、高比例电力电子装置)趋势明显加快,源网荷储节点多、电力电子化特征显著、运行工况灵活多样,城市配电网承载力面临巨大挑战。

一是规划建设实施难度增大。分布式电源和多元负荷规模化接入,负荷特性由传统的刚性、纯消费型向柔性、生产与消费兼具型转变;网络形态由单向逐级配送的传统电网,向包括微电网、局部直流电网和可调节负荷的能源互联网转变。配电网的规划原则、电气计算和网络结构发生深刻变化,需要统筹考虑新能源接入电网的安全标准和消纳要求,加强源网荷储一体化协同规划,提升配电网运行效率。

二是运行控制安全风险骤增。分布式电源接入影响配电网短路容量和分布,网络潮流由单向流动变为双向互动;运行特性由源随荷动的实时平衡一体控制模式,向源网荷储协同互动的非完全实时平衡模式、配电网与微电网协同控制模式转变;控制策略由集中式控制,向配电网与微电网就地协同控制模式转变,设备状态实时监控要求高,传统保护配置和重合闸策略无法适应,导致极端天气、突发事件情况下的配电网系统韧性下降。

三是用能服务互动需求多样。供电服务新业务、新业态、新模式不断涌现,服务需求由为客户提供单向供电服务,向发供一体、多元用能、多态服务转变。配电网功能形态由电力传输分配转向各类能源平衡配置,平台化、互动化特征凸显,用户对分布式新能源接入导致的局部电压越限、设备重过载、谐波污染等电能质量问题更为敏感、诉求更加强烈。

四是运营管理质效亟须优化。国网公司设备新老并存,"资产墙"风险日益加大,随着分布式新能源渗透率不断提高,导致设备利用率下降、售电量缩减,配电网建设改造投资难以有效疏导。新形势下安全生产、投资能力、应急保障、市场监管等约束,要求配电网运营管理模式由强投入追求高可靠,向更强调技术和经济、实物和价值并重转变,需运用数字化、智能化手段为设备管理赋能,提高主营业务核心竞争力,进一步推动公司配电网高质量发展。

### 三、配电网发展总体要求

#### （一）工作思路

以国网公司战略目标为统领，紧扣"一体四翼"发展布局，落实公司"十四五"电网规划及现代设备管理体系建设要求，充分考虑能源转型发展、智慧城市建设、高效互动服务需求，因城施策、因地制宜，按照"三个方向"（国际领先型配电网、"双高"引领型配电网和发展提升型配电网），坚持"五个原则"（统筹协调、创新驱动、经济适用、价值拓展、因城施策），聚焦"四个着力"（着力夯实规划设计基础、着力优化运行控制方式、着力满足互动用能需求、着力推进业务模式优化），提升"四个能力"（网架承载能力、安全保障能力、用户服务能力、运营管理能力），加快构建"清洁低碳、安全可靠、柔性互动、透明高效"的新型配电系统，着力提升资源配置能力、清洁消纳能力和安全效能水平，推动配电网向能源互联网全面升级，积极服务"碳达峰、碳中和"目标实现。

清洁低碳：电力生产、消费等环节清洁主导、电为中心，新能源并网消纳能力持续提高，电能占终端能源消费比重稳步提升，配电网建设运行绿色友好、节能环保。

安全可靠：设备稳定可靠，网架坚强合理，供给能力充裕，故障主动自愈，网络信息安全，供电可靠性高，新能源具备主动支撑能力，电网防灾抗损能力强。

柔性互动：各类能源设施"即插即用"，电网潮流灵活可控，源网荷储多级协同能力强，多种能源互通互济、灵活转换，客户需求互动响应，新兴生态价值显现，多元主体开放共赢。

透明高效：智能终端广泛覆盖，通信网络高效传输，数据共享互联互通，配电网全业务、全环节可观、可测、可控，数字技术赋能，运营指挥协同联动，建设运行经济高效，能源配置和综合利用效率高。

#### （二）发展方向

面对当前形势与挑战，"十四五"期间，城市配电网必须以国网公司战略为统领，因地制宜、因城施策、分类推进，加快向能源互联网升级。统筹考虑城市发展定位、配电网基础条件、分布式新能源发展和多元负荷接入等因素，将公司地级以上城市配电网发展方向总体上分为国际领先型、"双高"引领型、发展提升型三类。

国际领先型配电网：所在城市以直辖市、省会城市和计划单列市为主，配电网结构、设备、技术、管理、服务等方面基础良好，典型特征包括负荷密度高、柔性负荷（电动汽车、储能等需求响应资源）增长快。以核心指标达到国际领先或国际先进水平为目标建设城市配电网，引领公司配电网高质量发展，服务智慧城市发展。

"双高"引领型配电网：所在城市发展能级潜力大、新能源资源禀赋好、政策支持力度大，典型特征包括"双高"形态明显、局部电力电量难以就地平衡。以实现高比例分布式新能源就地平衡消纳、源网荷储协同互动为目标建设城市配电网，形成城市能源互联网发展示范。

发展提升型配电网：主要是指上述两类以外的城市配电网，统筹推进结构、设备、技术、管理、服务优化完善，以实现配电网与城市协调发展为目标，提高辖区内城市配电网的供电保障能力、应急处置能力和资源配置能力，提升供电服务水平和终端用能电气化水平，全面促进配电网建设运营提质升级。

**（三）建设原则**

**1. 坚持统筹协调**

落实公司"十四五"电网规划、能源互联网规划，紧密衔接城市发展规划、智慧城市规划和产业发展，立足能源转型，强化整体布局。针对面临的"双高"新形势，超前谋划，提前应对，统筹开展高渗透率新能源接入规划，推动电网规划成果纳入城市国土空间规划和能源电力规划，提升工作系统性、整体性和协同性。

**2. 坚持创新驱动**

创新业务管控模式和作业组织方式，全面提升配电专业管理效能。强化数字转型赋能，推进自动化、信息化、智能化技术应用，建设配电业务数字化班组。服务分布式新能源发展，实现台区数据高效采集，满足多能互补、多元互动需求，促进传统电网的技术、功能、形态向能源互联网升级。

**3. 坚持经济适用**

在"十四五"电网规划总控规模内针对性开展建设，避免贪大求全、大拆大建、盲目求新，确保建设方案精准科学。遵循现代设备管理体系要求，把握可靠性与经济性、先进性与实用性的关系，科学制定建设改造标准，合理确定重点建设范围，着力提升资产利用效率。

**4. 坚持价值拓展**

聚焦价值创造，服务政府决策、社会治理和民生改善，降低社会用能成本，优化电力营商环境，保障绿色交通、多元用能、智慧服务等智慧城市建设需求，推动能源转型升级。拓展能源转型服务、能源数字产品、能源平台生态等新兴价值，推动配电网服务能力升级。

**5. 坚持因城施策**

依据城市不同的发展定位、经济基础、能源禀赋和建设需求，按照国际领先型、"双高"引领型和发展提升型发展方向，对公司经营区内地级以上城市配电网分类型明确建设目标和重点任务，因城因需，差异化推进"十四五"城市配电网建设。

**（四）建设目标**

到 2025 年末，公司城网供电可靠率不低于 99.977%，综合电压合格率不低于 99.996%，电能占终端能源消费比重不低于 30%，基本建成"清洁低碳、安全可靠、透明高效、柔性互动"的新型配电系统。不同城市配电网发展方向"十四五"建设目标如下：

国际领先型配电网：供电可靠率不低于 99.994%，综合电压合格率不低于 99.997%，中压配电网标准化接线率不低于 95%，10kV 线路 $N-1$ 通过率 100%，分布式清洁能源消纳率 100%，电能占终端能源消费比例不低于 40%，需求响应资源占最大负荷比重不低于 5%。

"双高"引领型配电网：供电可靠率不低于 99.975%，综合电压合格率不低于 99.996%，中压配电网标准化接线率不低于 90%，分布式清洁能源消纳率 100%，电能占终端能源消费比例不低于 40%，需求响应资源占最大负荷比重不低于 5%。

发展提升型配电网：供电可靠率不低于99.975%，综合电压合格率不低于99.996%，中压配电网标准化接线率不低于90%，10kV线路$N-1$通过率不低于80%，分布式清洁能源消纳率100%，电能占终端能源消费比例不低于30%。

# 第三节　国内外配电网对比分析

## （一）电压等级序列

经过几十年的发展，国网外先进配电网结构的主要特点：一是变电层次少，二是中压配电网［10（20）kV］形成多方向互联的环网结构，中压配电网具有较高的供电可靠性，上一级电网容载比要求较低。发达国家城市电网的电压等级序列一般为4～5级。各国都根据实际情况选择了合理的高压输电电压等级，形成了坚强的输电网架结构，并形成了与之相适应的坚强的中压配电网结构。我国现有电压等级序列同发达国家相比，主要存在两个问题：一是变电层次较多，二是中压配电网［10（20）kV］难以适应未来城市发展的供电要求。

## （二）电网网架结构

高度互联、简洁统一和差异化配置的电网结构是配电网安全可靠运行的重要保障。对比国内外配电网网架结构特点，详见表1－1。

（1）国内架空线路采用的多分段多联络接线方式，与东京6kV架空网相类似，主要区别是东京在适当分段配置自动化以节省投资。

（2）国内电缆线路采用的单环接线方式，与东京22kV电缆网的环网供电方式相类似，主要区别是东京的环形供电方式为不同母线之间的单环，而我国一般为开关站或变电站之间的单环。

（3）国内电缆线路采用的双射接线方式，与东京22kV电缆网的主线备用线方式相类似。其中东京2回路主线备用线与我国的双射式基本相同；主要区别是东京3回路主线备用线，每座配电室双路电源分别T接自三回路中两回不同的电缆，其中一路为主供，另一路为热备用，提高了线路利用率，3回路主线备用线正常运行时的负载率可达到67%。

（4）国内电缆线路采用双环网接线方式与巴黎20kV三环网T接相似，主要区别是：① 巴黎每座配电室双路电源分别T接自三回路中两回不同电缆，其中一路为主供，另一路为热备用，用户接入采用T接头，T接头的使用寿命和电缆一样长；而我国多采用环网柜或开关站通过开关接负荷，虽然环网柜或开关站造价较T接头高，但运行较为灵活。② 巴黎双回或三回线路来自同站同母线，倒闸操作，先合后分，在同侧双回或三回线同时故障的情况下可通过线路分段及联络开关自动切换实现负荷转移；而我国双回线通过环网开关接入负荷及环网，可选择联络开关和适当分段开关实施自动化，自动切换实现负荷转移。

（5）东京22kV电缆网采用的点状网络供电方式比较特殊，每座配电室三路电源分别T接自三回路上的不同电缆，3路线路全部为主供线路，满足了三电源用户的供电需求，22kV线路正常运行时的负载率可达到67%，目前公司系统内尚无该种接线方式。

（6）新加坡 22kV 电缆网采用花瓣形状的环网，合环运行，采用导引线纵差保护，用户受故障时电压跌落影响较小，运行维护成本较高，与香港中华电力中压配电网的运行方式相似，公司系统内尚无该种接线方式。

表 1-1　　　　　　　　　　　国内外配电网架结构对比

| 地区 | 网架型式 | 实现负荷转移 | 网架元件型式 | 故障处理负荷转移方式 | 故障电压跌落影响 | 用户接入影响 | 建设费用 | 改造费用 | 运行维护费用 |
|---|---|---|---|---|---|---|---|---|---|
| 国内架空网 | 多分段单联络 | 站内/站间 | 柱上负荷开关/断路器 | 联络、分段人工或自动化 | 大 | 带电作业 | 低 | 低 | 低 |
| | 多分段多联络 | 站内/站间 | 柱上负荷开关/断路器 | 联络、分段人工或自动化 | 大 | 带电作业 | 低 | 低 | 低 |
| | 辐射式 | 否 | 柱上负荷开关/断路器 | 甩故障段以下 | 大 | 带电作业 | 低 | 低 | 低 |
| 国内电缆网 | 单射式 | 否 | 环网柜 | 甩故障段以下 | 大 | 大 | 低 | 低 | 低 |
| | 双射式 | 站内 | 环网柜 | 用户倒闸 | 大 | 小 | 高 | 高 | 较高 |
| | 对射式 | 站间 | 环网柜 | 用户倒闸 | 大 | 小 | 高 | 高 | 较高 |
| | 单环网 | 站内/站间 | 环网柜 | 联络自动化 | 大 | 小 | 较高 | 高 | 较高 |
| | | | | 多分段人工倒闸 | | | | | |
| | 双环网 | 站间 | 环网柜 | 联络自动化 | 大 | 小 | 高 | 高 | 较高 |
| | | | | 用户倒闸 | | | | | |
| | "三双"接线 | 站间 | 环网柜、自动投切开关 | 自动投切、联络 | 大 | 小 | 高 | 高 | 较高 |
| | N 供 1 备（异站电源） | 站间 | 开关柜 | 联络自动化 | 大 | 小 | 高 | 高 | 较高 |
| 东京 22kV 电缆 | 双射式 | 站内 | 电缆 T 接 | 联络、分段自动化 | 大 | 小 | 较高 | 高 | 较高 |
| | 单环网 | 站间 | 开关柜 | 联络、分段自动化 | 大 | 小 | 较高 | 高 | 较高 |
| | 三射式 | 站内 | 电缆 T 接 | 联络、分段自动化 | 大 | 小 | 较高 | 高 | 较高 |
| 东京 6kV | 多分段多联络（架空） | 站内/站间 | 柱上负荷开关 | 联络、分段自动化 | 大 | 带电作业 | 低 | 低 | 低 |
| | 多分割多联络（电缆） | 站内/站间 | 环网开关柜 | 联络、分段自动化 | 大 | 小 | 较高 | 高 | 较高 |
| 巴黎（电缆） | 三环网 T 接 | 站间 | 环网柜 | 联络、特定分段自动化 | 大 | 小 | 较高 | 较高 | 低 |
| | | | 电缆 T 接 | | | | | | |
| 新加坡（电缆） | 环网闭式（花瓣） | 站内/站间 | 开关柜 | 纵差保护 | 小 | 小 | 高 | 高 | 高 |

### （三）配电自动化

（1）建设覆盖情况。一些发达国家进行配网自动化建设的主要目的是提高供电可靠性，国外配网自动化发展得比较早，技术比较成熟，且配电自动化设备覆盖率较高。其中，日本和新加坡的配电自动化覆盖率均已达到100%，法国的配电自动化覆盖率已达到90%。美日欧等发达国家的配电自动化建设的目的以提高供电可靠性为主，三遥水平的馈线自动化较为发达，DA覆盖率较高，可实现故障段自动隔离，非故障段自动恢复供电。欧美的配网自动化除了在一些重点区域实现馈线自动化之外，更加侧重于建设功能强大的DMS系统，在主站端具备较多的高级应用和管理功能，最近几年东南亚国家（如新加坡等）以及我国香港地区新建的配网自动化系统，基本上走欧美模式。

国网公司范围内各地市公司均建有配电自动化主站，但配电终端尚未实现全面覆盖，规模化效益未能充分体现，配电信息尚未实现完全融合与共享，配电自动化系统对配网规划设计、调度运行、抢修指挥、运维管理等业务的支持有限，配电自动化应用深度亟待挖掘，配电网整体智能化水平有待持续提升。

（2）故障处理模式。巴黎采用遥信与就地检测相结合的方式，实现故障的准确定位，缩小故障隔离范围。新加坡电网中压馈线采用纵差保护实现了配电线路故障的快速切除和非故障区域用户的不停电，并通过配电自动化系统实现配电网电能质量实时监测和故障预警。东京配电自动化方案主要采用了一种分布/集中混合式方式，故障的定位采取分布式，依靠断路器和开关的配合在本地自动完成故障的定位和部分线路的恢复供电，然后主站根据故障定位结果，采用遥控方式自动恢复其他部分的供电。

（3）终端建设情况。2010年，法国配电网完成了所有区域配电自动化部署，实时采集中压线路故障点信息，实现了线路部分开关的遥控，每条馈线设置2～4台遥控开关，遥控开关数量占总体数量的8.2%，配电室具备自动投切功能。新加坡自动化终端覆盖率较高，配电所覆盖达一半以上。东京电力公司在配电自动化建设方面具有相当的规模，到目前已实现配网自动化全覆盖。

（四）可靠性指标

以东部某省为例，2020年其用户平均年停电时间为138min，供电可靠率达到99.973 7%，但仍与国际先进水平有一定差距，如表1-2所示。

表1-2　　　　　东部某省与部分国家及地区的供电可靠率水平对比

| 国家/地区 | 可靠率 | 停电时间/min |
| --- | --- | --- |
| 瑞典 | 99.986 3% | 72 |
| 法国 | 99.987 4% | 66 |
| 英国 | 99.989 9% | 53 |
| 意大利 | 99.992 0% | 42 |
| 荷兰 | 99.993 7% | 33 |
| 德国 | 99.997 1% | 15 |
| 瑞士 | 99.997 1% | 15 |
| 丹麦 | 99.997 7% | 12 |
| 卢森堡 | 99.998 1% | 10 |
| 汉堡周边地区（德国） | 99.996 2% | 20 |

| 国家/地区 | 可靠率 | 停电时间/min |
|---|---|---|
| 北威州（德国） | 99.996 6% | 18 |
| 纽伦堡周边地区（德国） | 99.997 0% | 16 |
| 杜塞尔多夫周边地区（德国） | 99.997 1% | 15 |
| 鲁尔工业区（德国） | 99.997 7% | 12 |
| 石荷州（德国） | 99.997 9% | 11 |
| 慕尼黑周边 Freising、Pasing 等地区（德国） | 99.998 5% | 8 |
| 东部某省 | 99.973 7% | 138 |
| A 市 | 99.993 6% | 34 |
| B 市 | 99.990 8% | 49 |

A 市和 B 市的供电可靠率已接近国际先进水平，2020 年，A 市供电可靠率为 99.993 6%，户均停电时间为 34min，B 市供电可靠率为 99.990 8%，户均停电时间为 49min；德国慕尼黑周边 Freising、Pasing 等卫星城地区，其用户平均停电时间低至 8min，供电可靠率达到 99.998 5%。2020 年，法国全境户均停电时间为 66min，德国为 15min，英国为 53min，相比于东部某省的 138min，领先优势也很明显。

我国供电可靠性与国际先进水平间的有一定差距，特别是与德国、瑞士和丹麦等国家差距明显，其主要原因是预安排停电影响，所以应加强停电管理，尽量减少预安排停电。

# 第四节　提升配电网供电可靠性的意义

供电可靠性是指一个供电企业对其用户持续供电的能力，是国际通用的电能质量管理重要指标。提升供电可靠性是国家电网有限公司履行能源央企政治责任、社会责任、经济责任的使命担当，为满足人民日益增长的美好生活需要，要求电网企业必须为经济社会发展提供安全可靠的电力保障；提升供电可靠性是增强国家发展软实力、提升人民群众获得感的内在要求，当前我国经济由高速发展阶段向高质量发展阶段转型升级，产业布局、市场主体、人民群众更加关注供电服务等基础保障能力，国家电网有限公司践行"人民电业为人民"的企业宗旨，需要不断提高可靠供电、优质服务水平，助力国家优化营商环境、提升综合竞争实力；提升供电可靠性是国家电网有限公司建设世界一流能源互联网企业的重要支撑，公司全面深化企业改革，创建世界一流示范企业，需要对标国际先进电网企业，全面提升供电可靠性管理水平，推动配网管理提质增效，助力公司管理向精益化、数字化转型。

供电可靠性管理就是从系统观点出发，按照既定的可靠性目标对设备和系统寿命周期中的各项工程技术活动进行规划、计划、组织、控制、协调、监督、决策，是供电企业全方位工作质量和管理水平的综合体现。供电可靠性管理是一项适合现代电力企业管理的科学系统工程，它既有成熟的可量化指标体系，又有先进的数字化管理工具，还有可复制的国际化同业经验，对促进电网企业全面管理提升具有很强的现实意义。2018 年以来，国家电网有限公司提出了"1135"配电管理思路，把"提升供电可靠性"作为配电管理工作的主线，将供电可靠性管理贯穿于配网规划、建设、运行、检修、服务全过程，着力优化电网结构、提高设备质量、强化管理保障、加快技术创新，推动供电服务由"用上电"向"用好电"转变。

供电可靠性管理是需要长期坚持、不断改进的系统性工作。制约可靠性提升的四个核心要素是网架、设备、自动化和管理。从长远看，配电网网架结构、设备质量和自动化水平是提升供电可靠性的物质基础，需要加大投资，增强硬实力，建设坚强合理的标准化网架结构，应用坚固耐用的高质量设备，提升配电自动化实用化水平，提高配网转供电能力，降低配网故障率。从近期看，在现有配网网架基础和设备水平条件下，提升管理水平、增强软实力是见效最快、成本最低的有效途径。国家电网有限公司 2019 年停电责任原因构成中，用户平均预安排停电占全部停电时间的 63%，主要停电责任原因为工程停电和计划检修停电，较 2018 年没有明显变化；从城市、农村的停电时间来看，农村用户平均停电超过 16h，是城市用户平均停电时间的 4 倍。这些数据说明，因管理原因造成的停电"水分"还基本没有挤出，农村地区停电管理依旧存在一定的短板。为此，需要从以下几个方面加强管理：

（1）加强配电专业管理和队伍建设。强化地市公司配电专业职能管理，加强对市区单位和县公司配电专业的统筹管理和业务指导，配齐、配强网格化供电服务机构、供电所配电专业人员。

（2）严格控制计划停电。全面落实停电时户数预算式管控机制，将可靠性目标细化分解到每一个专业、每一个班所、每一条线路、每一个台区，统筹各类停电需求，强化综合停电管理，严格审批停电方案，刚性执行停电计划，确保停电范围最小、停电时间最短、停电次数最少。

（3）大力压降故障停电。强化基层配电专业管理，转变配网"固定周期、均等强度"的运维管理模式和工作方式，落实设备主人责任制，建立闭环管控工作机制，制定差异化运维策略，运用大数据分析成果，集中力量强化重点时段、重点区域运维。按照"突出短板、全面排查、综合治理"原则开展频繁停电线路和台区专项整治，对年度停电超过 100小时的台区和故障停电超过 5 次的线段，逐一开展销号治理。综合运用技术和管理手段，加强用户内部故障出门管控，减少用户故障停电影响。

（4）大力提升不停电作业能力。加大配网不停电作业装备和人员投入，完善由配网不停电作业班组、承担外包业务的省管产业单位队伍构成的二级梯队、基干示范队伍建设；推广应用不停电作业机器人；扩大配网工程不停电施工作业范围，用好用足带电作业取费定额，逐年提升配网工程和检修作业中不停电作业比重，全面推进配网施工检修由大规模停电作业向不停电或少停电作业模式转变。

（5）全面深化配电自动化系统实用化应用。实现地市配电自动化主站全覆盖，10kV配电线路自动化覆盖率达到"十三五"目标要求；加大一二次融合设备应用力度，提升配网单相接地故障准确定位和快速处置能力，完善配网线路分级保护管理规范，加强配电终端保护定值管理，实现配网故障分区分段快速处置隔离。

（6）加快推进管理数字化转型。充分利用供服系统、电网资源业务中台、配电自动化系统、配电移动作业、用电信息采集等技术平台，开展配网停电过程管控和停电责任原因分析，加强供电可靠性指标分析结果应用，运用数字化管理工具有效指导专业管理持续改进提升。

通过以上措施，2020 年确保国家电网有限公司经营范围内的城市、农村配网供电可靠率分别达到 99.967%、99.838%，各省公司全面达到 99.8%以上的目标，10 个世界一流城市城网户均停电时间不超过 1h；到 2021 年底，地级以上城网用户平均停电时间不超过 2.5h。

2021 年起，国网宁夏电力持续推进"三融三化三落实"工作，以"十四五"规划为指引，对标世界一流城市，持续提升运检、服务管理水平，推进配电物联网和数字化建设，丰富智能化管控手段，持续提升供电服务质效：

计划检修不停电作业率达 70%，业扩接火不停电作业率达 97%；10kV 线路故障次数压降 20%；配电自动化覆盖率达到 100%，"自愈"配网覆盖率达 75%，台区智能融合终端覆盖率达到 80%；城市、农村供电可靠率分别达到 99.939 9%、99.829 4%；城市、农村电压合格率分别达到 99.995%、99.750%；故障报修率压降 20%，故障平均修复时间降至 57min 以内。

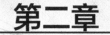

# 第二章
# 供电可靠性管理概述

## 第一节 供电可靠性基本概念

### 一、供电可靠性主要指标

电力系统可靠性是电力系统按可接受的质量标准和所需数量不间断地向电力用户提供电力和电量能力的量度。电力系统可靠性包括充裕性和安全性两个方面。

充裕性：电力系统稳态运行时，在系统元件额定容量、母线电压和系统频率等的允许范围内，考虑系统中元件的计划停运以及合理的非计划停运条件下，向用户提供全部所需电力和电量的能力。充裕性又称静态可靠性，即是在静态条件下，电力系统满足用户对电力和电量的能力。

安全性：电力系统在运行中承受短路或系统中元件意外退出运行等突然扰动的能力。安全性也称为动态可靠性，即在动态条件下电力系统受到突然扰动，并不间断地向用户提供电力和电量的能力。

在电力系统可靠性管理中，常对可靠性进行两方面的分析：① 对已发生的设备停运行为、负荷点停电行为等进行统计评价，即可靠性统计；② 根据过去的元件可靠性统计信息，对未来负荷点、系统的可靠性性能进行预测，即可靠性评估。

根据 DL/T 836.1—2016《供电系统供电可靠性评价规程 第 1 部分：通用要求》的规定，供电可靠性的主要指标及计算公式如下所示。

（1）系统平均停电时间：供电系统用户在统计期间内的平均停电小时数，记作 $SAIDI-1$（h/户）。

$$SASIDI-1 = \frac{\sum 每次停电时间 \times 每次停电用户数}{总用户数}$$

若不计外部影响时，则记作 $SAIDI-2$（h/户）。

$$SASIDI-2 = SASIDI-1 - \frac{\sum 每次外部影响停电时间 \times 每次受其影响停电户数}{总用户数}$$

若不计系统电源不足限电时，则记作 $SAIDI-3$（h/户）。

$$SASIDI-3=SASIDI-1-\frac{\sum 每次系统电源不足限电停电时间 \times 每次系统电源不足限电停电户数}{总用户数}$$

若不计短时停电时，则记作 $SAIDI-4$（h/户）。

$$SASIDI-4=SASIDI-1-\frac{\sum 每次短时停电时间 \times 每次短时停电户数}{总用户数}$$

（2）平均供电可靠率：在统计期间内，对用户有效供电时间小时数与统计期间小时数的比值，记作 $ASAI-1$（%）。

$$ASAI-1=\left(1-\frac{系统平均停电时间}{统计期间时间}\right)\times 100\%$$

若不计外部影响时，则记作 $ASAI-2$（%）。

$$ASAI-2=\left(1-\frac{系统平均停电时间-系统平均受外部影响停电时间}{统计期间时间}\right)\times 100\%$$

若不计系统电源不足限电时，则记作 $ASAI-3$（%）。

$$ASAI-3=\left(1-\frac{系统平均停电时间-系统平均电源不足限电停电时间}{统计期间时间}\right)\times 100\%$$

若不计短时停电时，则记作 $ASAI-4$（%）。

$$ASAI-4=\left(1-\frac{系统平均停电时间-系统平均短时停电时间}{统计期间时间}\right)\times 100\%$$

（3）系统平均停电频率：供电系统用户在统计期间内的平均停电次数，记作 $SAIFI-1$（次/户）。

$$SAIFI-1=\frac{\sum 每次停电户数}{总用户数}$$

若不计外部影响时，则记作 $SAIFI-2$（次/户）。

$$SAIFI-2=\frac{\sum 每次停电户数-\sum 每次受外部影响停电户数}{总用户数}$$

若不计系统电源不足限电时，则记作 $SAIFI-3$（次/户）。

$$SAIFI-3=\frac{\sum 每次停电户数-\sum 每次系统电源不足限电停电户数}{总用户数}$$

若不计短时停电时，则记作 $SAIFI-4$（次/户）。

$$SAIFI-4=\frac{\sum 每次停电户数-\sum 每次短时停电户数}{总用户数}$$

（4）系统平均短时停电频率：供电系统用户在统计期间内的平均短时停电次数，记作 $MAIFI-1$（次/户）。

$$MAIFI-1=\frac{\sum 每次短时停电户数}{总用户数}$$

（5）平均系统等效停电时间：在统计期间内，因系统对用户停电的影响折（等效）成全系统（全部用户）停电的等效小时数，记作 $ASIDI$（h）。

$$ASIDI = \frac{\sum 每次停电容量 \times 每次停电时间}{系统供电总容量}$$

（6）平均系统等效停电频率：在统计期间内，因系统对用户停电的影响折（等效）成全系统（全部用户）停电的等效次数，记作 $ASIFI$（次）。

$$ASIFI = \frac{\sum 每次停电容量}{系统供电总容量}$$

以某市的统计数据为例，该市全口径可靠率 99.893 6%，城市范围 99.975 6%，农村范围 99.877 8%；用户平均停电时间全口径 7.759 6h，城市范围 1.777 1h，农村 8.917 1h；用户平均停电频率全口径 2.140 9 次，城市范围 0.530 1 次，农村范围 2.452 6 次；预安排停电平均时间全口径 4.92h，城市范围 1.24h，农村范围 5.63h；故障停电平均持续时间全口径 2.84h，城市范围 0.54h，农村范围 3.28h，如表 2－1 所示。

表 2－1　　　　　　　　　某市 10kV 用户供电可靠性主要指标

| 供电可靠性指标 | 全口径 | 城市 | 农村 |
|---|---|---|---|
| 供电可靠率（%） | 99.893 6 | 99.975 6 | 99.877 8 |
| 用户年平均停电时间 $SAIDI$（h/户） | 7.759 6 | 1.777 1 | 8.917 1 |
| 用户平均停电次数 $SAIFI$（次/户） | 2.140 9 | 0.530 1 | 2.452 6 |
| 用户平均故障停电次数（次/户） | 1.176 | 0.278 | 1.35 |
| 用户平均预安排停电次数（次/户） | 1.08 | 0.344 | 1.222 |
| 用户平均预安排停电时间（h/户） | 4.92 | 1.24 | 5.63 |
| 用户平均故障停电时间（h/户） | 2.84 | 0.54 | 3.28 |
| 预安排停电平均持续时间（h/次） | 4.28 | 3.68 | 4.36 |
| 故障停电平均持续时间（h/次） | 2.96 | 2.67 | 2.97 |
| 预安排停电平均用户数（户/次） | 7.32 | 3.95 | 7.78 |
| 故障停电平均用户数（户/次） | 5.99 | 4.45 | 6.12 |

宁夏公司 2020 年城网及农网供电可靠性完成指标及 2021 年预计完成指标如表 2－2 所示，与世界一流城市的平均数据相比，仍存在较大差距。

表 2－2　　　　　　　　　宁夏公司供电可靠性指标

| 指标名称 | 指标单位 | 一流城市2020平均完成值 | 宁夏公司 | | 银川 | | 吴忠 | | 石嘴山 | | 中卫 | | 宁东 | | 固原 | |
|---|---|---|---|---|---|---|---|---|---|---|---|---|---|---|---|---|
| | | | 2020年完成值 | 2021年完成值 | 2020年完成值 | 2021年完成值 | 2020年完成值 | 2021年完成值 | 2020年完成值 | 2021年完成值 | 2020年完成值 | 2021年完成值 | 2020年完成值 | 2021年完成值 | 2020年完成值 | 2021年完成值 |
| 城市用户供电可靠率 | % | 99.995 0 | 99.935 7 | 99.939 9 | 99.975 8 | 99.975 | 99.914 2 | 99.891 5 | 99.909 | 99.878 7 | 99.892 2 | 99.94 | 99.918 4 | 99.919 7 | 99.855 1 | 99.873 2 |
| 农村用户供电可靠率 | % | 99.983 7 | 99.808 5 | 99.829 4 | 99.908 9 | 99.910 5 | 99.798 6 | 99.803 2 | 99.769 7 | 99.806 5 | 99.768 9 | 99.83 | 99.829 2 | 99.820 4 | 99.761 9 | 99.790 7 |

## 二、供电可靠性影响因素分析

根据 DL/T 836—2016《供电系统用户供电可靠性评价规程》的有关规定，将配电网停电原因分为预安排停电和故障停电两大类，其中，预安排停电的原因包括工程停电、检修停电、限电、用户原因导致的停电等；故障停电包括设备因素、自然因素、外力因素、运行维护因素导致的停电。每项因素还可以进一步细分为多种原因，各项之间的关系如图 2-1 所示。

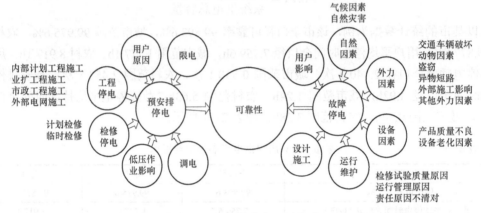

**图 2-1 配电网停电原因分类**

上图中，预安排停电中的限电、工程停电和检修停电与管理水平关系很大；故障停电中的运行维护与管理水平关系很大，抵御外力因素与自然因素破坏的水平与管理水平和技术水平关系很大；设备因素主要指变压器、熔断器、开关、电缆、架空线、各类线夹等设备。从根本上看，网架、设备、技术、管理是供电可靠性影响因素的四个方面，其中网架和设备是一次方面的因素，技术主要是二次方面的因素，而管理因素又对网架、设备和技术有所影响。

## 三、提高供电可靠性的主要措施

为加强供电可靠性过程管理，实现供电可靠性管控目标、提升供电服务水平，国网宁夏电力深化"1135"新时代配电管理思路，坚持以客户为中心的理念，以提升供电可靠性为主线，依托供电服务指挥中心开展供电可靠性过程管理工作；构建运检决策、供服指挥、班所执行的配网标准化运维管理体系，将供电可靠性提升贯穿于配电网规划、设计、建设、运维、服务全过程，强化标准化建设、精益化运维、智能化管控，进一步加强配网运检专业管理的指导力、穿透力和协同力；牢固树立基于"以客户为中心，以提升供电可靠性为主线"的管理理念，将供电可靠性贯穿于配电运维管理全过程，以"不停电就是最好的服务"为宗旨，着力优化电网结构、提高运维质量、强化带电检测、丰富管控手段，推动配电运维能力提升；依托"两系统一平台"，充分发挥供电服务指挥体系效能，保障供电可靠性数据的完整性、及时性和准确性，提升供电可靠性统计分析及目标管控能力。

**（一）网架方面**

（1）加强高压配电网结构。加快高压网络建设，满足负荷发展需求。根据城市发展规划和城市电网建设规划，落实变电站站点和线路走廊，保证新建变电站和线路能够按期投产。

对高压配电网薄弱的农村地区，对单线单变情况进行改造。

新城区、新市区等新发展区域初期网架薄弱时，加强 10kV 线路站间联络，增强站间负荷转移能力。

（2）加快中压网架建设。加快中压网架建设，满足负荷发展的需求。

调整重载线路负荷，使线路负荷趋于平衡、合理，减少线路设备运行压力。

配电网的规划必须考虑相当长时期的适用性，网架结构宜保持不变，因而对于线路运行负荷水平限制的选取原则必须始终贯彻，同时当用电负荷增加时改造工程量应最小。

（3）改善网架结构。规范配网接线方式，组织研究 10kV 配网典型接线方式、目标网架及过渡方式，使配网接线简单、清晰，并具有较高的可靠性和灵活性。

按负荷容量和数量，优化负荷沿线路分布方式，实现线路和配变容量裕度合理，采用适度分段、环网供电等结构，提高故障条件下非故障段负荷的转供能力。可根据用户数和负荷容量加装分段开关，实现多分段多联络的供电网架结构。缩短过长线路的供电半径，合理分配主干线与分支线的长度比例。

（4）试行 10kV 系统合环运行。选择供电可靠性要求最高、最重要的中心区域，试行两个 10kV 双回路系统的合环运行，真正实现"零停电"，从而大大提高客户的供电可靠性。

（5）针对不同的客户采取相应网络结构。对可靠性要求高的用户采用双电源供电方式，从而提高对重要用户的供电可靠性。

（6）优化 0.4kV 低压网架。加装配变监测仪，实时掌握配变负荷、电压、功率因数及健康状况。对部分低压配网可以考虑采取 0.4kV 并列运行方式，提高 0.4kV 系统的供电可靠率。

**（二）设备方面**

（1）提高装备水平。在建设和改造中选择可靠性高、免维护或少维护的设备，避免重复更换，尽量做到简化统一，减少维修工作量和停电检修次数。

对新发展的地区采用较高的标准，尽量采用先进的设备，留有一定的裕度，争取一步到位，达到十年基本不变的要求。

更换存在质量问题、老化程度高的等故障率较高的设备。

提高线路绝缘化水平和安全性能。逐步实现架空线路绝缘化，并根据当地市政建设要求和电网实际适时适当的采用地下电缆。消灭现有 10kV 线路接地、外力破坏等事故，解决架空线路维护量大、故障率高、树线矛盾突出、线路设备停电比例大的问题。

（2）提高设备抵御自然灾害能力。对于大风及暴风雨、冰雹等自然灾害引起的故障，可以使用大截面或加强型导线；雷电分布密集地区可以安装避雷器和避雷线。

**（三）技术方面**

（1）推广带电作业。在预安排停电比例较大的情况下，提高不停电作业水平是提高用户供电可靠率的非常有效的办法。公司应该自上而下逐步建立和完善带电作业安全管理、带电作业奖励及停电作业审批等制度和规范,同时积极为带电作业创造条件,引进新技术,探索新方法,逐渐扩大带电作业的领域。

（2）积极推广先进测试仪器,在线检测设备运行状态。推广先进测试仪器和在线检测设备的应用,及时准确掌握设备的健康水平,减少停电试验工作,降低设备故障几率。

（3）配备电缆故障定位和耐压试验设备。配备电缆故障定位和耐压试验设备,以缩短电缆故障查找时间,减小电缆运行中故障发生几率。

（4）应用先进的管理系统。应用 PMS3.0 等系统,提高配网管理水平,实现设备生命周期管理、配网实时调度作业管理、智能故障处理。

（5）提高配电自动化水平。对于负荷增长趋于稳定、一次网架比较成熟的地区,以及网架结构很薄弱、暂时无法改造的地区,可采用配网自动化系统,隔离故障区段,缩小故障停电范围,加快故障恢复时间。

（6）提高二次装备技术水平。提高调度、通信、继电保护、自动化及信息管理等二次系统水平。

### （四）管理方面

（1）加强综合停电管理。加强综合停电管理,按照工程建设和生产运行相结合、大修技改和预试定检相协调、主网检修和配网检修相结合、局内工作和外部工作（公路、市政迁改等）相结合的原则进行综合停电管理计划的制定,加强预安排停电管理。

（2）严格控制临时停电。严格控制临时停电,原则上不批准临时停电,确有特殊原因,首先考虑与既定的月度停电计划配合或开展带电作业,或推迟到下期计划中平衡。对于处理紧急缺陷的临时停电,由基层公司分管领导及可靠性专责审核,经生产技术部报公司分管领导批准。对临时停电的原因进行分析,对于由人为原因,尤其是施工和检修质量问题引起的临时停电追究责任。

（3）加强供电应急处理能力。提高故障响应速度。加快客户中心对用户故障的响应速度,及时合理地安排和调配抢修人员。

制定城市电网供电应急预案。研究并制定城市电网供电应急预案,提高城市电网应对突发事件的应急响应能力,确保城市供电重要用户在突发严重事故情况下的供电恢复能力。

采用移动式发电设备。适当增加移动式发电设备,提高供电企业的应急处理能力。

（4）提高检修工作水平。提高检修工作水平,做到"应修必修、修必修好"。

（5）加强用电检查力度。加强用电检查力度,减少由于用户设备故障越级跳闸对配网的影响。

（6）改进检修策略,不断推进状态检修。积极推行状态检修,合理调整检修周期。针对设备装备水平不断提高的现状,及时调整检修策略。开展综合检修,按设备间隔安排计划检修,尽量统一同一间隔内所有设备的检修周期,避免同一间隔设备重复停电。针对 10kV 电缆故障率较低的情况,开展故障后检修,取消周期性预试工作,有效降低计划检修停电次数,提高设备的可用系数及供电可靠性。

（7）优化工作方法,减少停电时间。采用"调度操作预安排,检修工作预汇报"制度,提高运行操作的工作效率，缩短设备停电时间。

（8）减少外力因素的影响。采取安装警示牌、防护网以及加强对施工人员的培训等措施，减少交通车辆破坏、动物、盗窃、外部施工等外力因素引发的停电事件。

# 第二节　智能配电网供电可靠性统计评价

## 一、供电可靠性目标管理

供电可靠性目标管理是指供电企业在明确规定的期限内根据实际情况科学、客观地制定电力可靠性目标，通过目标分解、督促检和评估考核等措施，自上而下地保证供电可靠性目标实现的一种管理方法。

### （一）供电可靠性目标制订

按照逐级制订、层层分解的原则，制订供电可靠性目标。

1）确定合理的可靠性总目标。上级单位在开展目标管理时，应在总体发展目标指导下，结合电网及各类设备运行实际情况，确定中长期可靠性指标规划目标和年度、月度目标，并充分考虑下级单位的实际目标承受能力。

2）制订可靠性分目标。下一级单位在制订本单位的分目标时，要依据上级单位制订的可靠性总目标，结合当年生产安排情况、主要工程任务情况、设备基本情况、历史水平以及作业手段与条件等，科学合理地制订本单位可靠性目标。在制订分目标时要综合统筹安排，为了确保可靠性总目标的完成，可将总目标按照上下级单位或部门由上而下逐级制订分目标，也可按照时间顺序制订月度或每周的分目标。

3）落实可靠性目标。各级单位确定了总目标和分目标后，下一步重点工作就是落实可靠性目标。在目标管理过程中，要采取有效的措施，确保可靠性目标的完成。

（a）可靠性目标确定前期，开展可靠性指标测算时要依据整合后的停运需求确定具体时间和范围，计算可靠性指标，判断测算指标是否超出许可区间范围的限值，如果超出限值，应对停电方案进行优化，对项目进一步合并、调减；对于因作业手段、作业人员和作业工器具受限而对指标影响较大的情况，可考虑在本公司范围内合理调配，以降低对指标的影响；在超出限值又无法优化方案时，可视超出情况，将下一阶段（季度或月度内）的指标限值区间向下调整来进行补偿，以保持总体指标不超过可控范围。

（b）对于可能影响目标完成的供电设施停电计划，生产单位在上报月度计划时，要审查重大停电事件施工及停电方案。对于重大停电事件，应同步上报施工及停电方案。调控与运维部门应对方案进行审核，必要时组织论证。调度单位要对停电计划进行整合和统筹平衡，整合停运需求时应做到主网与配电网停运同步，输电与变电停运同步。运维单位应根据月度停电计划，在规定期限前提交停电申请。重大作业必须组织相关班组提前完成与工作相关的前期准备后，才能提交申请。班组要实施停运标准时限管理，对设备停运的各个环节，按时限管理标准严格控制时间。

（c）对于可能影响目标完成的供电设施临时停电，以及超出计划的临时停运，调控部门应按照相关规定区分类型，履行审批手续。生产运行单位要根据事件统计，对本月计划未执行、超限和重复停运事件进行分析，查找设备、管理等方面存在的问题与不足，重点针对指标预测偏差产生的原因、计划未执行情况、超限停运事件和重复停运事件进行分析，并在月度生产协调会中通报存在的问题，拟订改进对策。

### （二）供电可靠性目标分解

在目标分解过程中，一般按照管理层级将上级单位的总体目标逐级分解到下一级单位，地市级电力公司要将指标分解到县公司和工区，最终分解到班组（供电所）层级，同时各级单位还要对年度目标值进行季度和月度分解。在对供电可靠性目标值进行分解时，要重点考虑影响供电可靠率、系统平均停电时间及系统平均停电频率等关键指标的因素。

在实际可靠性目标管理中，一般采用倒推法对供电可靠性的目标值进行分解。所谓倒推法，即根据合理的发展规划，确定合理的可靠性目标指标数据，依据供电可靠性评价指标的计算公式，并根据等效用户数等参数，倒推计算出允许的停电时户数限值；再根据停电工作的一般规律设定每月工作权重，把目标指标层层分解到责任单位或部门，按时序分解到季度和月度。

一般情况下，采用倒推法分解的前提是已确定了平均供电可靠率、系统平均停电时间和等效用户数等参数。为了能直观地掌握可靠性目标值，一般将这些指标转化为停电时户数来控制。倒推法分解目标的步骤如下：

第一步，根据平均供电可靠率指标目标值，结合实际用户数和统计周期，使用倒推法，计算出允许的年度停电时户数。

第二步，根据本单位允许的年度停电时户数进行分解。

1）月度分解。即根据年度停电检修计划和故障预测，将指标值分解到具体月份。

2）管理单位分解。即根据各管理单位线路与设备数量、用户数量、技术装备水平以及可靠性管理水平差异等，将单位指标值分解到各管理单位。根据各单位具体管理模式，也可按供电所、变电站和配电线路等不同划分原则对供电可靠性指标值进行分解，分解方法同上。通过分解，使供电可靠性指标具体化、明晰化，使得供电可靠性管理工作得到科学开展。基层供电单位在控制本单位供电可靠性指标值时，应坚持"先算后报、先算后停"的原则，具体分析预安排停电及故障停电消耗的停电时户数及用户停电频率，在允许的范围内合理安排工作，确保分解目标的实现。

第三步，各单位在接到具体分解指标任务后，可按月、周、日等不同维度制订指标完成量，真正做到指标预控管理，确保年度总目标的完成。

### （三）停电时户数管控

供电可靠性管控基于停电时户数开展，供电企业结合年度施工检修项目计划安排、电网转供能力、不停电作业能力、自动化及运维管控水平提升情况，确定年度停电时户数较上年降低比例，明确年度停电时户数预控目标，将预控目标层层分解、逐级落实。

强化预算源头管控，在施工检修计划编制阶段，根据预控目标和停电时户数消耗情况，按照"先算后报、先算后停"的原则，统筹确定季度、月度停电计划安排，明确停电时户数消耗限值。

严格时户数预算执行过程刚性管控，建立动态跟踪、定期分析、超标预警和分解审批等工作机制，按日统计通报停电时户数消耗与余额情况，强化停电计划执行情况预警和督办，确保预控目标实现。

## 二、供电可靠性监督与检查

供电可靠性监督管理与检查是检验各单位供电可靠性管理工作成效的重要指标，是评价各单位供电可靠性管理工作质量的重要内容。

### （一）供电可靠性监督

供电可靠性监督是指电力监管机构对供电可靠性管理工作开展情况，对供电可靠性指标统计、分析、应用情况及相关工作情况的合规性和规范性进行监督，并将供电可靠性指标作为电能质量指标的重要组成部分进行监管。

根据《供电监管办法》［电监会（2009）27 号令］要求，在电力系统正常的情况下，供电企业城市地区年供电可靠率不低于 99%，农村地区年供电可靠率和农村居民用户受电端电压合格率应符合规定，系统平均停电时间和停电频次应符合国家相关要求。供电监管依法进行，并遵循公开、公正和效率的原则。

根据《电力可靠性管理办法（暂行）》［国家发改委（2022）50 号令］要求，电力企业应当建立电力可靠性信息报送机制和校核制度，并通过电力可靠性监督管理信息系统，向国家能源局准确、及时、完整地报送电力可靠性信息。

### （二）供电可靠性检查

供电可靠性检查是可靠性监督工作的一种具体工作方式，是可靠性管理水平、工作质量和数据质量的重要保障措施，主要有会议访谈、资料审查、数据抽查和现场走访 4 种工作方式。

可靠性管理工作是开展可靠性工作的重要基础，也是供电可靠性检查的重要内容，国家能源局及其派出机构、地方政府能源管理部门和电力运行管理部门按照《电力可靠性管理办法（暂行）》，对电力可靠性管理规章制度落实情况、相关风险和隐患、重大系统稳定破坏事件、重大非计划停运事件、重大停电事件等进行监督检查。

## 三、低压配电网供电可靠性分析

低压用户供电可靠性是不间断地向低压用户提供电力和电能的能力度量，是衡量供电企业供电质量和电网运行水平的重要指标。当前国家电网公司开展的用户供电可靠性统计评价工作以高中压用户为主，不能精确反映 220/380V 低压用户的供电可靠性水平，也无法实现更精细的可靠性管理。国网宁夏电力公司经过多年的配电网改造及营配调数据深化贯通，通过探索应用智能终端物联感知，使低压用户供电可靠性管理应用具备了实现基础。

### （一）低压配电网供电可靠性管理现状

（1）低压拓扑信息化管理现状。营销部负责低压侧用户及表计等信息的日常维护管理，相关数据存储于用电信息采集系统及营销 SG186 系统。对于低压侧设备信息，现场已采录低压用户计量箱及其地理坐标、计量箱与电能表关系、低压终端设备（集中器）及其地理坐标、计量箱挂接接入点，并将信息录入到营销业务应用系统中。

运检部负责低压线路信息的日常维护管理，对于低压线路信息，按照公变（包括箱变、柱上变）、站内电气一次接线图、低压杆塔（电缆）、分支箱（配电箱）、用户接入点的电气连接顺序，现场采录各设备间的电气连接关系及其地理位置、接入点等信息，完善 GIS 系统"站–线–变–户"拓扑关系图。

（2）低压监测设备现状。目前，现场安装运行的智能电表只能实现电量电费的透抄采集，电表本身不具备停电事件记录及上报功能；后续将通过智能表模块更换的方式，实现低压用户停电事件的自动采集，如图 2-2 所示。

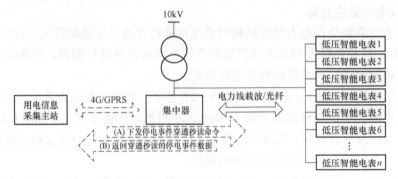

图 2-2　低压用户停电事件自动采集示意

低压表箱失电监测装置安装在低压表箱内，用于监视表箱开关状态；集中器每 15min 对其下各装置的监测状态进行轮询召测，并将表箱失电、复电监测信息按照 101 规约实时上报至配电自动化主站。数据监测架构如图 2-3 所示。

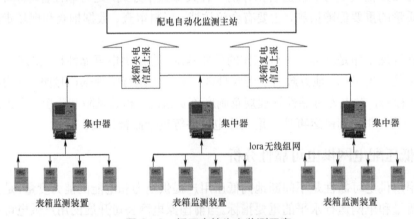

图 2-3　低压表箱失电监测示意

（3）供电服务指挥系统应用现状。供电服务指挥系统作为供电服务指挥中心日常运作的核心支撑系统，通过应用集中管理、营配调数据共享、业务协同指挥，实现供电服务整体管控。供电服务指挥中心通过开展配电网停电信息管理应用，实现了计划（临时）检修停电的信息报送及执行过程管控、中压故障事件的主动监视及抢修指挥、用户报修停电的接单派工及处理信息审核；基于营配台账的拓扑关联实现了停电信息的分析到户，为低压用户停电事件的自动化研判及停电类型追溯提供了信息化基础。

1）停电信息获取。停电信息获取包括计划检修停电、故障停电及用户报修停电。

计划检修停电：各区县公司将审核通过的各类停电检修计划，按规定时限在 PMS 系统中进行计划（临时）检修停电信息的编译工作，并报送至供服系统；或由供服中心人员根据停电检修计划，在供服系统停电信息报送模块中直接编译成计划（临时）停电信息。

故障停电：供服系统通过配电自动化系统开展故障停电的实时监视。发生跳闸事件后，配电自动化系统自动生成故障信息，由配网调度值班员对线路故障跳闸进行确认后，推送至供服系统自动生成故障停电信息、并生成主动抢修工单。供服中心人员接到故障停电信息后，在供服系统停电信息报送中进行故障停电信息编译工作。

用户报修停电：供服系统按照 95598 用户报修流程规范开展接单派工及跟踪审核工作。

2）停电影响分析。在供服系统进行停电信息编译报送过程中，基于"站－线－变－户"营配贯通信息化成果开展停电范围的台账拓扑分析。

依据检修停电计划及现场故障研判结果，对所属单位、变电站、线路、停电计划时间、停电类型等基础属性进行选择，对停电范围、停电位置、停电原因等进行编译说明。根据停电位置及线变关系对线路下的停电影响配变进行信息分析及台账选定。根据停电分析到户工作要求，基于变户拓扑关系对停电配变下的挂接用户进行自动化分析，实现了低压用户停电信息的记录。

3）停电过程监控。停电信息报送国网客服中心后，供服中心对各条停电信息的执行及送电过程进行实时监控：

计划停电变更：当计划检修停电实际发生变更后，责任单位会及时将变更信息报送至供服中心，由供服人员在停电信息管理模块中进行相应变更，并报送国网客服中心。

送电过程监控：停电信息预计送电时间前 30min，供服中心通过系统向停电责任人发送预警督办。回复送电后，供服指挥人员与配调人员对送电信息进行核对，并在停电信息管理模块中对停电信息的现场送电时间信息进行记录填报。

故障抢修管控：针对 95598 报修工单和主动抢修工单，供服中心派工后向现场抢修人员实时获取故障排查情况、故障处理进度及预计排除故障时间。故障恢复送电后抢修人员会及时填报故障处理情况，并将工单反馈至供服中心；供服中心指挥人员对故障处理反馈信息进行审核归档。

（二）低压配电网可靠性信息采集

采用"以智能采集装置（智能电表 HPLC 模块、表箱失电监测设备）全量采集停电信息为主、以中低压拓扑研判事件为补充"的低压停电数据采集模式，实现了试点区域低压用户停电数据的多层次监测。

（1）基于 LoRa 的低压开关失电智能感知。为完善低压配网用户侧的停电监测，将整个配电网用户侧情况纳入监控范围，为其配备了低压掉电监测模块。以此通过停电分析和诊断来定位配网用户侧的故障，将整个监控系统精确到用户侧每个楼道甚至每个单元，和其他二次设备相配合，消除配网低压侧的监测盲区，将配网监测范围扩大到所有用户。

停电监测设备分为两部分：低压失电监测模块以及 LoRa 通信基站。模块功能是监测设备是否有 220V 交流电，如果能检测到交流电说明该用户供电正常，如果掉电监测模块没有检测到交流电，会将失电信号通过 LoRa 通信模块上送到通信基站，由通信基站通过 4G 信号上传配电自动化系统，供电服务指挥系统通过配电自动化系统接入数据，如图 2－4 所示。

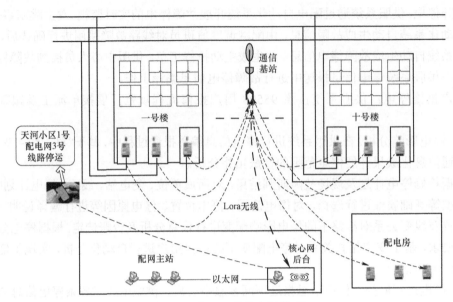

图 2-4　低压开关失电智能感知

1）低压失电监测模块。模块安装在楼道单元总开关的出线侧，用来监控小区单元楼道的失电情况，安装方式以 U 型导轨安装为主。设备由通信模块和失电监测模块组成，其中失电监测模块用来检测是否有 220V 电压信号。如果没有检测到 220V 电压信号，设备会检测到一个电平变化，从而在内部产生遥信变位。监测模块将变位信号通过 LoRa 通信模块传送给 LoRa 通信基站，再由 LoRa 基站通过 4G 通道传送到配电自动化系统。

在设备实际部署过程中，通过开展低压试点区域线路拓扑排查，核查各台区低压线路走向，核实户-线-变对应关系，收集低压设备坐标及相关基础信息，明确各试点小区楼栋情况以及模块的安装位置。

根据现场实际线路情况，安装位置和数量具体分为如下几种：

楼道单元电表表箱内有总开关的，装在小区表箱总开关的出线侧，按照表箱数量计算模块数量，每个表箱内按照单相安装模块；

单元楼内部表箱没有总开关的，模块安装在楼道单元总开关的出线侧；

单元楼内部按照断路器＋隔离刀配置的，在断路器一侧出线安装模块。

2）LoRa 通信基站。通信基站采用标准 POE 供电，IP66 防水等级，ARM Cortex－A53 内核，SX1301 LoRa，内部还提供 4G 接口通道，在内部集成了 IEC101 通信规约用于和主站的通信，可直接通过公网 VPN 连接到配电自动化主站。

（2）基于 HPLC 的低压用户智能电表失电感知。以往用电信息采集系统通过电力线窄带载波通信方式与终端及智能电表进行数据交互，这种模式传输效率慢，覆盖距离短，且窄带载波信道易受到干扰，通信成功率较低，容易发生丢包的问题，故目前终端设备采集数据能力有限，无法深入开展智能电表停上电事件的全量实时采集，故而无法准确获取客户用电状态，实现低压用户供电可靠性的精准监测。

为及时了解客户用电情况，公司对智能电表功能提出更高要求，通过在试点区域智能电表加装 HPLC 通信模块，实现低压用户停上电事件主动上报。HPLC 是高速电力线载波，也称为宽带电力线载波，是以电力线作为通信媒介，实现低压电力用户用电信息汇聚、传输、交互的通信网络。与传统的低速窄带电力线载波技术而言，HPLC 技术具有带宽大、传输速率高的特点，可以满足低压电力线载波通信更高的需求。

基于 HPLC 通信的高速通信机制，通过配备超级电容，当停电发生时通信模块在待机状态下后备电源能够维持足够供电时长，在规定的时间内上报停电故障信息，以此实现低压客户的停电事件主动上报功能应用。

（3）低压用户停电事件综合研判生成。基于 LoRa 低压失电监测模块和智能电表 HPLC 通信模块所构建的低压侧配电网物联感知及接入网络，实现了低压表箱停复电状态数据和低压户表停上电事件的自动化采集。依托低压停电监测数据的多源汇集和中低压拓扑关系，进一步开展低压用户停电事件的综合研判生成。

首先，基于低压表箱和低压用户的停电数据多层次汇集，依据"表箱－用户"挂接关系，完成表箱和用户停电数据的交叉验证，通过低压表箱开关状态验证低压户表停上电事件的上报完整性和准确性，通过低压户表停电采集数据验证低压开关状态的真实有效性，两者相互校验、互为补充。主要通过以下三点规则保障低压用户停电事件的生成完整性和准确性：① 当低压表箱发生停电，如果在其停电时段内该表箱下至少两个低压用户同时发生停电，则判定该表箱下用户全部停电，需对该表箱下的用户停电事件进行完整性检索，查漏补全；② 当低压表箱发生停电，如果在其停电时段内该表箱下未采集到低压用户停电事件，则判定该低压表箱停上电事件无效；③ 当低压表箱下至少两个低压用户同时发生停电，但该表箱在此时段内无停上电状态信息，则判定该表箱数据漏采，需对该表箱停上电事件进行补充，同时对该表箱下的用户停电事件进行完整性补全。

其次，按照中压用户发生停电则所属低压用户全部停电的原则，根据配变－表箱－用户关系自动关联验证低压表箱和低压用户停电事件的采集完整性，并依据匹配结果，对漏采停电用户进行自动化补全。

**（三）低压配电网停电信息研判**

通过智能设备自动采集生成的低压用户停电事件，并不能直接获知确切的停电范围、停电类型及停电原因，无法满足低压用户供电可靠性的分析评价，因此需要依托供电服务指挥系统的日常停电信息管理应用成果，基于结构化停电信息开展低压用户停电事件的停电属性自动化研判。

供服系统针对多源停电信息，逐条开展人工确认，并在报送停电信息时依据最新的站－线－变－户关系对停电影响范围分析到户，在停电执行过程中实时跟踪停电实时状态，对送电状态进行实时记录更新。基于系统结构化停电信息，对其低压用户停电事件的停电类型、范围进行判断、对业务原因进行关联追溯，以此为低压用户供电可靠性分析评价提供数据支撑，如图 2－5 所示。

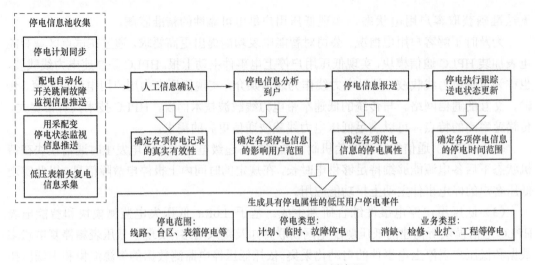

图2-5 低压用户停电信息研判流程

基于低压用户供电路径和运行信息监测，对低压用户的停电属性进行如下划分，如表2-3所示。

表2-3 停 电 属 性 划 分

| 停电属性 | 属性分类 |
| --- | --- |
| 停电范围 | 中压线路停电、单台区停电、表箱停电、单户停电 |
| 停电性质 | 预安排停电、故障停电 |
| 停电原因 | 计划检修、工程停电、临时停电、用户申请、其他 |

针对自动化采集的低压用户停电事件，需实现停电属性的自动化研判。

1）停电范围研判。低压用户停电范围研判主要依据停电报送信息和表箱停上电监测信息，按照停电范围分类，从大至小依次进行顺序研判。研判规则如下：

中压线路停电研判：基于供服系统中涉及多配变停电的停电报送信息，依据配变－接入点－用户拓扑关系，对自动生成的低压用户停电事件进行停电时间段匹配，并将匹配成功事件的停电范围标识为线路停电。

单台区停电研判：基于供服系统中涉及单配变停电的停电报送信息，依据配变－接入点－用户拓扑关系，分别对自动生成的低压用户停电事件进行停电时间段匹配，并将匹配成功事件的停电范围标识为单台区停电。

接入点停电研判：线路、台区停电范围研判完成后，针对暂未标识的低压用户停电事件，依据接入点与用户挂接关系，过滤出不同接入点下同时停电的用户事件和单接入点停电的用户事件，标识为接入点停电。

2）停电性质研判。低压用户停电性质研判同样依据供服系统停电报送信息，根据其停电类型记录，对低压用户停电事件进行关联匹配。

预安排停电研判：对停电类型为"计划停电、临时日前停电、超电网供电能力停限电、其他临时停电"的停电报送信息，依据变－户关系进行停电分析到户，与低压用户停电事件的停电时间段进行匹配，将低压用户停电事件的停电性质标识为预安排停电。

故障停电研判：对停电类型为电网故障停限电的停电报送信息，依据变-户关系进行停电分析到户，与低压用户停电事件的停电时间段进行匹配，将低压用户停电事件的停电性质标识为故障停电。

低压侧停电研判：以上两类研判只能对中压侧影响导致的低压用户停电实现停电性质的自动研判，针对低压侧范围停电，依据 0.4kV 停电计划将事件关联标识为计划停电，剩余默认为故障停电。

3）停电原因研判。低压用户停电原因研判依据停电检修计划、停电报送信息的业务信息记录，对低压用户停电事件进行关联匹配。

根据属性划分，预安排停电原因包括计划检修停电、工程停电、临时停电、用户申请和其他。通过关联停电检修计划的工作类型、工作性质、工作内容等业务信息，通过"检修、消缺、技改、大修、工程、改造、申请"等信息进行关键字识别匹配，以此获取停电原因关联。

通过开展低压用户停电属性的自动化研判，对日常生产检修、供电区域管理中的低压用户供电可靠性水平进行精细化展现，辅助开展具有针对性、层次性的可靠性分析。

**（四）低压配电网停电过程管理**

目前，供电可靠性管理工作局限于可靠性管理人员的事后统计，强调指标统计的快速性与准确性，尚未将可靠性管理贯穿至电力生产全过程。低压用户供电可靠性管理建设，基于中低压配电网物联感知层、网络层、数据层的贯通，形成了具有统一信息来源、多专业分析口径的数据流。在此基础上，通过探索低压用户供电可靠性管理有效途径，完善以可靠供电为主线的配电网管理工作模式，把供电可靠性相关要求贯穿于配电网规划、建设、运检、调控等电力生产管理，以此实施应用了基于配电网图模的低压用户供电可靠性计划预控和过程管控。

（1）低压可靠性指标现状统计。低压可靠性统计模式包括总体指标统计和维度统计。

总体指标统计：依据现有供电可靠性评价规程及实际评价需要，主要评价指标包括用户平均供电可靠率、用户平均停电时间、用户平均停电次数、用户平均停电持续时间、用户重复停电率等。

维度指标统计：依托低压用户停电属性研判结果，从停电范围、停电性质和停电原因等方面分别开展低压可靠性多维度指标统计；包括各停电范围类型的停电时户数及可靠性指标、故障与预安排停电时户及可靠性指标、低压停电原因时户及占比、各台区低压可靠性指标及中低压可靠性指标趋势等，为低压用户供电可靠性评价工作提供依据。

（2）基于图模的停电计划线上管控。通过探索预安排停电智能化管理手段，构建了包含停电计划智能申报、平衡辅助决策和平衡质量多级审查于一体的停电计划线上全管控机制。

1）基于图模的停电计划申报。充分利用配电网图模和营配贯通成果，在检修计划申报阶段，只需选定停电线路的源端设备和末端设备，基于配电网拓扑模型自动分析停电范围内的影响配变、影响用户、停电时户数、重复停电设备和保电对象情况，从停电计划申报起始即开展停电预平衡辅助分析。

2）停电计划多专业协同平衡。在停电计划申报过程中，各级专业人员基于停电计划的图模直观展现，可根据本专业或本单位需求进行已申报计划的任务补充，以此通过增强多专业协同能力，有效支撑一停多用的综合检修。

3）停电计划多级平衡审查。按照站所、区县、地市管理级别，逐层开展停电计划汇总，通过核查停电时户是否超出本级可靠性预控要求、是否存在重复停电设备、是否涉及保电范围、是否曾开展过不停电作业等情况，形成可一停多用、可拆分实施、可转不停电作业的智能化平衡策略，辅助各级审批专责开展停电计划平衡审查操作。对可采取不停电作业、停电时户数较多及重复停电的计划采取线下平衡、提级踏勘，优化检修方案，确保停电时户数最少、检修方案最优。

4）停电计划发布贯通。停电信息平衡审核发布后，自动将计划同步至 PMS 系统，并自动根据检修计划生成计划停电信息，推送至 95598 呼叫中心，实现检修计划发布流程全贯通。

5）低压可靠性月度预控目标汇总。依据平衡发布后的月度停电计划及其影响用户分析结果，分别统计出以地市、区县、班组、线路、台区为层次对象，以负荷密度、用电类型、停电业务类型为类别的低压预安排停电时户数月度汇总值，以此为计划停电的过程管理制定预控目标。

（3）基于图模的停电计划执行过程监控。

1）停电过程实时监控。依托低压失电监测模块、配电自动化和用电信息采集系统的物联组网及数据同步，实时感知各级开关跳闸变位情况和配变停上电信号，基于配电网图模实时展现设备停复电状态及实际停电范围。通过计划执行前后图模对比，实时跟踪计划停电范围变动过程和计划开展情况，精准计算可靠性变化情况，对提前停电、施工超时、延迟送电、停电范围偏差等未按停电计划执行的情况进行自动感知及预警，对计划停电执行真实情况完成信息记录，实现停电计划的事中过程管控。并以此通过贯通 OMS、PMS 指令票等管理信息，闭环停电计划线上流转，满足检修过程在线管控。

2）低压月度预控目标实时监视。依托低压用户停电数据的自动化采集及研判，开展低压用户停电时户数的实时统计分析，通过与月度预控目标进行偏差对比、区间环比，实现了对低压用户供电可靠性的风险预警及责任单位督办，以此严格实施低压可靠性指标预算管控。

3）数据质量核查。根据实际采集的停上电事件，结合图模、调度日志、停电公告、两票台账、不停电作业记录等资料，核查比对各专业数据及与实际情况存在的差异，开展跨专业的数据质量现场稽查，提升可靠性基础台账和停电数据的完整准确。

（4）低压用户供电可靠性评价分析。开展低压用户供电可靠性计划预控和过程管控成效的月度评价，对低压用户供电可靠性水平、预安排停电平衡质量、停电计划执行过程、时户数偏差、专业考核等方面进行综合评价。

1）预安排停电平衡效果量化分析。在停电计划线上管控过程中，针对停电计划多专业、多层次平衡审查结果，对逐次低压停电时户数压降效果开展智能化统计，从转不停电作业数量、计划合并数量、压降时户数、压降比例、减少重复停电次数等方面实现停电计划平衡前后对比，为平衡质量评价提供量化依据。

2）可靠性薄弱环节分析。依据低压用户供电可靠性指标统计结果，利用单线图、热力图、密度图等方式对可靠性指标薄弱区域、频繁检修区域、故障高发区域等进行自动分析定位，持续跟踪变化情况，通过问题溯源，针对性优化配电网检修策略。

3）不停电作业评估。依据不停电作业执行结果，计算不停电作业减少的停电时户数，评估不停电作业对供电可靠性的贡献，评价不停电作业平衡质量。

4）可靠性专业考核。对供电可靠性完成水平、指标偏差、停电计划执行过程、停电平衡质量及故障停电压降等方面进行综合评价，用低压用户供电可靠性指标对电力生产各环节进行评价考核，总结问题共性、执行专业考核、制定改进措施、提交职能督办。

针对由于规划设计不周造成中低压供电设施停运，用停电责任原因为规划设计不周的可靠性指标，对规划设计部门的可靠性工作进行评价。

针对故障频发、可靠性较差的设备，造成设备全寿命周期内运行维护、改造、更换成本较大等方面评价时，可以用电力设施评价退役寿命等指标来评价。

针对电力建设管理部门未能优化施工方案，建设期间造成在役设备重复停电或停电时间较长，对施工安装质量把关不严，造成电力设施移交生产一年内运行维护成本较大等方面评价时，可以用电力设施投运一年内可靠性等指标来评价。

针对营业所未能及时发现中低压配网故障导致低压用户停电时间长，可以用低压供电系统故障导致"低压用户平均停电时间、平均停电次数"来评价。

（5）故障压降专项治理。为进一步提升低压用户供电可靠性和用电服务水平，有效降低用电低压用户故障停电时长、减少设备运行异常风险，依托供电服务指挥中心开展故障主动抢修建设，并以此为基础持续开展了故障压降专项研究工作。

1）故障主动抢修。依托接入配电自动化系统中的低压表箱失电实时信号，及时感知配电网故障停电，快速研判故障定位、开展主动抢修，及时处置、精准派工、有效缩短故障抢修时长。通过建立配网调度、抢修指挥以及现场抢修各专业协同工作机制，以信息化手段支撑高效沟通，合理高效地调配抢修资源，提升配网抢修效率。

2）线路自愈建设。在继电保护、自动化一体化管理的基础上，开展了自愈电网建设和运行分析。通过完善就地型自愈开关动作逻辑，实现带电合闸加速功能，所有设备只需一次合闸，线路非故障区域恢复时间缩短一半，大幅提升配电线路自愈能力。通过稳步推进集中式自愈线路功能投入，对所辖配电线路开展基础数据的核查及继电保护定值校核。

3）公变过电压监测治理。为避免公用配变长时间、高电压运行造成变压器故障隐患，采取有效措施进行过电压治理。通过加强公配变过电压日监测工作，对严重过电压公配变推送预警工作单，限期反馈整改情况。对长期轻载、空载公变进行容量季节性调整，合理规划运行方式，优化网架结构，提高电压质量，有效降低了配网运行风险。

**（五）低压配电网可靠性管理实践**

按照国家能源局及国网公司关于进一步开展低压用户供电可靠性管理工作的要求，为持续深化电力可靠性管理，推进公司供电可靠性管理向低压用户延伸，国网宁夏电力有限公司于 2019—2020 年开展了低压配电网可靠性管理试点工作，实现了试点区域内低压停电信息的自动化采集及指标动态统计。

（1）试点区域范围。选取石嘴山大武口区作为试点区域，包含市区及城镇的 30 个中压公变台区，覆盖面积约 23.6km²，共计 9450 个智能电表低压用户；选取银川市 CBD 商务区作为试点区域，包含市中心 48 个中压公变台区，覆盖面积约 9.93km²，共计 8560 个智能电表低压用户。

2021 年的扩大试点区域为银川市主城区（金凤区、兴庆区、西夏区城网），供电面积 231.89km²，包含 3714 台公用变、90.75 万低压用户。

（2）工作开展情况。

1）低压可靠性信息采集及统计模式研究。宁夏公司通过开展试点范围中低压网络拓扑关系、基础台账的数据治理，安装智能电表 HPLC 模块 18 010 个，实现了试点区域低压用户停电数据监测。

试点采用两种采集方式：一是基于智能电表 HPLC 模块的低压用户停电数据采集，通过 HPLC 高速通信机制及用电信息采集系统，实现低压户表停复电信息的实时上报，在石嘴山大武口区和银川 CBD 商务区共计试点 1062 个低压表箱，覆盖 5015 个低压用户；二是基于 LoRa 失电监测装置的低压表箱停电数据采集，在试点小区楼道的低压表箱总开关出线侧安装低压失电监测装置，通过 LoRa 无线通信技术实现低压表箱失复电信号的实时上报，在石嘴山大武口区共计试点 1635 个低压表箱。

2）低压可靠性分析评价。基于基础数据治理和低压停电数据采集研判，以 2020 年 5 月 20 日至 12 月 31 日的低压停电数据为样本，开展了试点区域低压用户供电可靠性指标统计校核和多维度分析。

试点区域中低压供电可靠性指标统计结果对比如表 2-4 所示。

表 2-4　　　　试点区域中低压用户供电可靠性指标对比（2020.5—2020.12）

| 指标项 | 大武口区 | | 银川 CBD | |
|---|---|---|---|---|
| | 中压用户指标 | 低压用户指标 | 中压用户指标 | 低压用户指标 |
| 等效总户数 | 30 | 9450 | 0 | 8560 |
| 停电户次数 | 5 | 7282 | 0 | 3654 |
| 停电时户数 | 68.1 | 22 576.14 | 0 | 6776.28 |
| 户均停电时间（h/户） | 2.27 | 2.39 | 0 | 0.79 |
| 户均停电次数（次/户） | 0.17 | 0.77 | 0 | 0.43 |
| 用户供电可靠率（%） | 99.955 6 | 99.953 3 | 100 | 99.984 5 |

石嘴山大武口区此次试点区域样本数据的中、低压用户供电可靠性水平比较接近、趋势相似，结合维度指标分析结论，进一步明确大武口区试点的"中压侧故障停电"为低压可靠性主要影响因素。

银川 CBD 区此次样本数据显示中压用户供电可靠性为 100%，采样时间范围内未发生中压用户停电，进一步明确银川 CBD 试点的低压可靠性主要影响因素为"低压侧故障停电"。

根据低压用户停电拓扑范围组成，分别统计配电网各层级停电所影响的低压可靠性指标。用以评价中、低压侧停电对低压用户总体可靠性的影响程度，见表 2-5。

表 2-5　　　　　　　　试点区域低压用户停电时户数占比-按停电范围

| 停电范围类型 | 大武口区停电时户数占比 | 银川 CBD 停电时户数占比 |
|---|---|---|
| 中压线路停电导致低压停电 | 68.83% | 0% |
| 单配变停电导致低压停电 | 27.36% | 0% |
| 低压侧停电 | 3.81% | 100% |
| 单户停电 | 0% | 0% |

根据指标统计结果，大武口区低压用户停电主要影响源自中压侧停电；银川 CBD 均为低压侧停电。

根据预安排和故障停电性质组成分别统计低压可靠性指标影响，用以评价预安排和故障停电的影响占比，见表 2-6。

表 2-6　　　　试点区域低压用户供电可靠性指标维度统计结果-按停电性质

| 区域 | 停电性质 | 停电时户数 | 平均停电时间 | 平均停电次数 | 停电时户数占比 |
|---|---|---|---|---|---|
| 大武口区 | 预安排停电 | 6836.06 | 0.72 | 0.15 | 30.28% |
| | 故障停电 | 15 740.08 | 1.67 | 0.62 | 69.72% |
| 银川 CBD | 预安排停电 | 1265.13 | 0.15 | 0.03 | 18.67% |
| | 故障停电 | 5511.15 | 0.64 | 0.4 | 81.33% |

根据指标统计结果，试点区域故障停电时户数占比均较大。结合之前的停电范围分析结果，中压侧故障停电为低压可靠性主要影响。

针对各试点台区，开展各单台区低压可靠性指标统计，识别出如下低压可靠性薄弱台区，见表 2-7。

表 2-7　　　　　　　　　可 靠 性 薄 弱 台 区

| 指标项 | 户均停电时间 | 用户供电可靠率 |
|---|---|---|
| FQSA 小区 030 号公变压器 | 11.38 | 99.870 4% |
| WA 小区 1 号箱式变压器 | 11.17 | 99.872 8% |
| WA 小区 2 号箱式变压器 | 8.55 | 99.902 6% |
| JZW 小区西区配电室 6 号变压器 | 6.14 | 99.930 1% |
| JYF 小区配电室 T1 配电变压器 | 6.09 | 99.930 6% |
| JYF 小区配电室 2 号配电变压器 | 5.1 | 99.941 9% |

（3）低压可靠性信息化功能模块建设。依托供电服务指挥系统研发建设低压可靠性管理模块，包括基础数据管理、低压停电信息池、低压可靠性指标统计、低压可靠性专题监视四个专项功能模块，并在停电计划管理模块中完善了低压可靠性典型应用内容。

1）基础数据管理。基础数据管理模块运用营配贯通成果，实现了低压用户注册信息

的同步集成，并按照"变电站－中压线路－配电变压器－低压表箱－低压用户"的配电网
拓扑结构对中低压侧设备台账进行层次化展示及汇总统计，方便用户直观查询本单位基础
数据整体规模及用户明细，见图2-6。

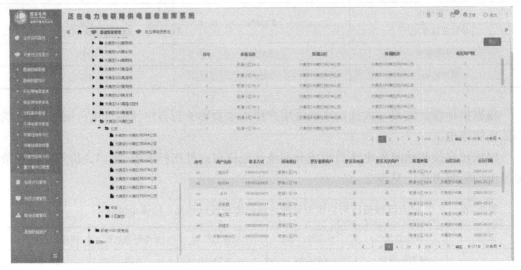

图2-6　基础数据管理界面示例

2）低压停电信息池。低压停电信息池主要实现低压表箱、低压用户停电数据的自动
化采集及综合研判。用户可自定义查询低压用户停电事件，查看事件停电范围层级、停电
性质、停电原因、关联上级停电、停电时户统计等研判明细，见图2-7。

图2-7　低压停电信息池界面示例

3）低压可靠性指标统计。低压可靠性指标统计模块实现低压可靠性指标的常态化统
计，可从单位、地区特征、时间周期等维度开展指标维度统计，见图2-8。

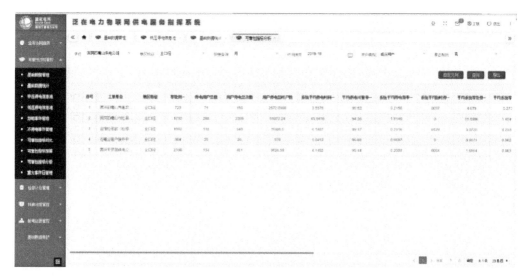

图2-8 低压可靠性指标统计界面示例

4）低压可靠性专题监视。低压可靠性专题监视模块对试点管理区域开展全景监视及实时分析，包括试点区域基础规模、当月及年累计实时指标、低压可靠性指标月度变化趋势、停电类型占比、停电范围分布、停电原因分布等信息，见图2-9。

图2-9 低压可靠性专题监视界面示例

（4）低压可靠性数据应用场景。在供服系统已有的停电计划管控模块中完善了低压可靠性相关管理内容。

一是在停电计划申报过程中增加低压停电影响分析。针对停电源端设备和末端设备，系统基于配电网拓扑模型自动分析停电范围、影响分析到户、统计低压用户停电时户，对涉及的重复停电用户、敏感用户、重要用户进行自动预警，辅助申报人员开展停电计划自

35

主平衡，见图 2－10。

图 2－10　低压停电影响分析界面示例

二是在停电计划审查平衡过程中增加低压可靠性辅助预警。系统按照站所、区县、地市管理级别，逐层开展停电计划汇总，通过核查低压停电时户是否超出本级可靠性预控要求、是否存在重复停电用户、是否涉及保电范围、是否曾开展过不停电作业等情况，形成可一停多用、可拆分实施、可转不停电作业的智能化平衡策略，辅助各级审批专责开展停电计划平衡审查操作，见图 2－11。

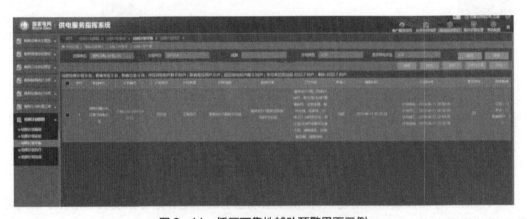

图 2－11　低压可靠性辅助预警界面示例

# 第三节　供电可靠性提升措施

## 一、管理措施

### （一）完善可靠性管理体系

完善的管理体系是供电可靠性提升的基础保障。

（1）强化可靠性管控机制。设备部建立了供电可靠性全过程管控机制，逐步将供电可靠性管理要求贯穿于配电网规划、设计、建设、运维、服务全过程，实现全员、全业务聚焦供电可靠性业务提升。

（2）强化时户数预算式管控。建立供电可靠性停电时户数目标管理机制，组织市县公司制定年、季、月度停电时户数预控目标和计划，逐级分解落实。

（3）加强预安排停电计划审核。建立专业团队，分层分级开展预安排停电方案审核及审批制度，确保预安排停电计划"停电次数最少、停电时长最短、停电范围最小、停电影响最低"。

（4）加强可靠性数据跟踪预警。建立供电可靠性动态跟踪、定期分析、超标预警机制，对可靠性指标异常情况开展跟踪督办，保障停电时户数预控目标实现。

（5）提升供电可靠性智能分析能力。建设基于网格的可靠性智慧管控模块，以网格为单元开展可靠性评估和预算式管控，从网架结构、设备状态、抢修效率等方面对可靠性制约因素量化评估，支撑精准投资和精益运维。

（6）实现预安排停电智能统筹。基于 PMS3.0 构建预安排停电智能统筹微应用，实现配网工程、业扩迁改、消缺等预安排停电的智能统筹优化，进一步压缩预安排停电时户数。

（7）推行标准作业工时模式。制定各类配网作业标准工序及人员配置要求，明确标准作业时长，加强对于超标准预安排停电计划审核，切实做到作业时长最优。

### （二）推行可靠性差异化策略

可靠性差异化提升策略能有效保障精准投资。

（1）编制网格可靠性目标规划。综合考虑配网基础、政府规划、经济发展等因素，逐网格科学制定可靠性规划目标，确保网格可靠性建设目标合理、投资可控。

（2）以规划目标指导配网投资。对于与规划目标差距较大的网格，加大在网架建设、设备升级改造等方面投资。对于已实现可靠性规划目标的网格，适度控制投资，通过强化设备精益运维维持网格内可靠性水平。

（3）开展可靠性提升措施成效评估。对已建成项目开展可靠性提升成效评估，对可靠性提升作用较小或无效的建设项目，及时调整投资建设策略，避免无效投资。

### （三）提升配电网运维质效

夯实精益运维基础是降低故障停电的最经济手段。

（1）提升配网巡检效率。基于配网故障、智能巡检、在线监测、用户投诉报修，逐线制定差异化巡检策略，基于工单驱动业务提升设备巡检效率，重点加大故障频发、老旧设备、外破高风险等区域巡检频度，切实压降配网故障。

（2）加快故障频发线路治理。从网架结构、设备状态、通道状况等方面，逐线分析故障频发原因，针对性制定网架优化调整、设备改造及综合消缺方案，按时完成故障频发线路问题销号。

（3）开展运检抢一体化网格建设。制定网格化运检抢一体化管理标准、业务流程和评价方法，加快推进运检抢一体化网格驻点建设，加强人员业务能力及服务水平培训，提升运维质量及抢修效率。开展运检抢一体化网格达标创建，将一体化网格驻点打造成为配网运检"第二班组"，围绕故障压降、抢修效率等方面开展网格人员技能培训，推进网格班组数字化建设，依托工单驱动、移动作业、智能巡检等技术，提升网格运维效率和响应能力。

（4）深化工单驱动业务。利用新型智能移动巡检终端，通过配网巡视、消缺、配电自动化缺陷管控等业务工单化，实现精准排查消除隐患消缺。

（5）加强季节性隐患排查治理。持续改进鸟害防治措施，探索新型驱鸟措施；严抓配网通道特巡，开展树线矛盾、外破防治专项治理；开展汛期、台风、雷暴等特殊天气下的配电设施基础隐患排查，提升灾害抵御能力。

（6）加强专项隐患治理。推进电缆、环网柜、线路关键搭接点等设备周期性专项检测，及时开展设备防凝露治理，开展重要区段全绝缘化改造。

（7）抓故障闭环分析治理。强化各运检单位故障分析及时性和准确性，狠抓原因不明故障的分析深度，利用无人机、自动化、带电检测等综合手段查找不明原因故障的真实成因。

**（四）推进配网网格化建设**

（1）开展网格化需求滚动修编。从接线组接线方式、线路联络、分段、大支线、负载及 $N-1$ 校验等方面，逐网格开展现状评估分析，查找影响供电可靠性的薄弱环节，按网格做好标准网架建设规划，滚动修编项目需求。

（2）加快推进配电网网格化建设。以供电网格为单元，重点围绕网格内接线不清晰、联络不足、分段不合理等问题，兼顾网格内设备改造、自动化建设等项目，加快实施标准接线改造，打造分区供电、接线标准的供电网格，提升网格互联互供能力。

（3）强化建设工艺质量管控。全面推广电气模块化装配及土建基础预制技术，现场作业向机械化、轻量化、拼装化过渡，提升施工质量，缩短现场停电作业时长。

**（五）加快主配网薄弱环节治理**

消除电网薄弱环节能有效防范大面积故障停电。

（1）提升主网故障供电保障能力。从保障配网供电可靠性角度，全面梳理上级电网网架薄弱点，按照主网主设备故障预想和检修方式，逐一制定主网网架薄弱地区的供电保障应急预案。

（2）补强配网网架结构。加快网格化标准接线改造，重点排查治理单辐射、同杆及同母线联络等问题，有序推进三回及以上存量同杆线路改造，制定不同变电站联络提升计划。

（3）推动设备升级改造。加快年限长、状态差、故障频发的设备改造，分年度推进非专供区 20kV 设备降压改造及故障频发的 20kV 电缆附件更换，针对性实施关键部位全绝缘化。

（4）狠抓建设工艺质量。落实柱上变台、柱上开关等电气工厂化预制率、土建基础工厂化预制率两个 100%的要求，对故障频发、新入网设备加强打样检测和物资抽检，加强土建施工、电缆头制作等关键工艺验收，确保设备"零缺陷"投运。

此外，积极推进配网管理体制机制创新：

（1）全面建立以工单驱动业务的配网运检管理新模式。深化供电服务指挥中心运营，巩固营配贯通成果，在供电服务指挥系统中研发用户内部故障智能研判功能，提高抢修资源有效利用率。利用台区智能终端、智能电表等边端设备实现中低压拓扑动态辨识，拓展停电分析到户成果应用。强化供电服务业务状态全方位实时监测和问题全过程跟踪督办，依托供电服务指挥中心将任务工单贯穿配网通道巡视、设备检修、故障抢修、项目管理、数据贯通等各项业务全流程，深化移动终端现场业务、图形台账、电子信息交互应用，建立以工单驱动业务的管理新模式。

（2）加强配网建设运维一体化管理。按照"管办分离"原则优化调整地市公司配网管理模式，构建一部二中心多业务主体的"1+2+N"配网建设运维一体化管理模式。强化地市公司运检部的配电专业职能管理，充分发挥地市公司项目管理中心作用，支持配网建设改造规模较大的地市公司成立配网项目中心。持续深化供电服务指挥中心建设运营，规范运作模式、业务流程和内设机构。强化地市公司对县公司的专业管理延伸，完善地市公司营配协同的区域化供电服务机构和全能型供电所建设，设置配电业务专业化班组，开展运检抢一体、中低压统筹、一二次兼顾的综合运检班组试点建设，有力支撑配网可靠供电和客户优质服务。

## 二、技术措施

（1）提升不停电作业能力。不停电作业是大幅度压降预安排停电时户数的有力保障。

1）完善不停电作业管理体系。修编配电网典型设计，提升不停电作业适应性，从设计源头提升不停电作业可行性。建立全流程不停电作业预审机制，将不停电作业管控关口前移至项目储备阶段，切实做到能带不停。

2）优化不停电作业资源配置。打造市县"区域一体、资源共享"管理模式，建立地市级不停电作业专业指挥机构，实现不停电作业资源统筹和高效调配，将人员、车辆等不停作业资源最大化利用。

3）持续提升不停电作业能力。实施不停电作业三年提升专项行动，2020 年依托产业化发展建成 1 家不停电作业中心，补充不停电作业人员 13 人，车辆 3 辆，建成一个不停电作业培训基地。

4）提升复杂不停电作业能力。依托省、市、工区（县域）三级培训体系，加强不停电作业技能培训，重点加快县域复杂不停电作业能力孵化，力争至 2023 年底实现所有县域公司具备复杂作业能力。加快外部电源快速接口、中低压发电储能车、履带式绝缘斗臂车等先进技术装备应用，从技术上提升复杂作业可行性。

5）创新不停电作业类型。开发斗内绝缘短杆作业、发电车作业等 7 项不停电作业新项目，编制配套标准化作业规范，为全省拓展作业类型奠定基础。

6）加快县域公司不停电能力建设。对作业能力较强的县域公司，开展复杂项目独立作业能力认证。协同产业单位，加快县域不停电作业车辆及人员配置，加大人员培训力度，满足县域简单类不停电作业项目开展需求。

7）打造零计划停电示范区。开展零计划停电示范区建设，实施网架专项提升及运维消缺，开展关键设备检修方案预想，针对无法实现负荷转供场景制定不停电作业检修预案，2023年起城市核心区基本取消计划停电。

（2）提升配电自动化实用化应用水平。推进配电自动化的实用化应用水平可大幅度压降故障停电时户数。

1）完成新一代配电自动化建设。完成新一代配电自动化主站投运，坚持配电自动化建设"五同步"原则，差异化开展配电自动化建设，实现配电自动化线路全覆盖。

2）持续提升自动化实用化水平。通过三遥线路自愈功能投运，实现三遥线路故障自动隔离时间缩短至1min内，坚持应遥必遥，大幅提升设备操作效率，压降检修或故障抢修时长。此外，推进配电自动化终端布点优化及专网接入，加快自动化开关二遥转三遥进度，城市核心区三遥线路、全自动FA线路全覆盖。

3）加大分级保护应用。对于故障率高的重要用户或分支线逐一制定分级保护启用计划，固化配网分级保护加全自动FA模式，实现故障点就近、快速切除，防止用户、支线等故障影响整条线路。

4）强化自动化设备运维质量。开展配电自动化终端全检工作，确保所有配电自动化终端零缺陷投运；构建运行终端缺陷库，限时完成缺陷隐患处理，避免因自动化缺陷导致的线路故障停电。

5）提升设备状态感知能力。依托配电自动化、融合终端、物联传感等在线监测手段，实现停电事件全智慧感知、中低压故障分钟级研判、抢修过程全过程指挥，提升配网主动抢修能力。

（3）提升配电网智能化管控能力。

1）推进电网资源业务中台建设。总结配网侧电网资源业务中台建设经验，持续迭代完善现有服务，拓展服务支撑应用，并向全网推广，分批次发布配网侧电网资源业务中台服务目录，形成规模化支撑能力。积极拓展主网侧电网资源业务中台建设，全面支撑"网上电网"、数字基建、资产多维精益和设备资产全寿命周期管理。

2）推进以台区智能终端为核心的配电物联网建设。结合配网建设和技改专项，大力推进公变台区智能终端建设与应用，做好与营销表计和HPLC更换工作的协同推进。切实发挥智能终端作用，深化停电主动分析研判、电动汽车有序充电、分布式电源接入等功能应用。探索中压物联网建设，打造中低压一二次深度融合的标准体系。积极构建第三方APP服务产业生态链。

3）全面深化配电自动化系统实用化应用。推进新一代配电自动化主站改造，实现地市配电自动化主站全覆盖，10kV配电线路自动化覆盖率达到"十三五"目标要求。加大一二次融合设备应用力度，提升配网单相接地故障准确定位和快速处置能力，完善配网线路分级保护管理规范，加强配电终端保护定值管理，实现配网故障分区分段快速处置隔离。

（4）试点开展高弹性电网建设。当前，电网发展面临深刻变化和转型需求，电源侧发电类型丰富，新能源发展迅速，调节能力持续下降；电网侧安全红线不断箍紧，设备和运行冗余度大；负荷侧资源处于沉睡状态，交互机制能力尚未建立；储能侧设施配置少、难利用、无政策。电网面临源荷缺乏互动、安全依赖冗余、平衡能力缩水、提效手段匮乏等四大问题。

电网发展受源网荷储四方面集中挤压，亟须加快建设能源互联网形态下多元融合的高弹性电网，推进电网从"源随荷动"转变为"源荷互动"，从"以冗余保安全"转变为"降冗余促安全"，从"电力平衡"转变为"电量平衡"，从"保安全降效率"转变为"安全效率双提升"。

能源互联网形态下多元融合的高弹性电网是能源互联网的核心载体，是海量资源被唤醒、源网荷储全交互、安全效率双提升的电网，具有高承载、高互动、高自愈、高效能四大核心能力。基本特征表现为互动资源足，调节能力强，运行效率高，冲击恢复快，综合能效优。

能源互联网形态下多元融合的高弹性电网依托于"四梁八柱"的体系架构。其中，"四梁"指源、网、荷、储四个电力系统核心环节，是多元融合的物理基础；"八柱"指为"四梁"赋能的八方面业务功能，是实现高弹性的支撑体系。具体为，灵活规划网架坚强的规划柱、电网引导多能互联的多能柱、设备挖潜运行高效的效率柱、安全承载耐受抗扰的安全柱、源网荷储弹性平衡的平台柱、用户资源唤醒集聚的资源柱、市场改革机制配套的市场柱、科创引领数智赋能的数智柱。

1）灵活规划网架坚强。建设灵活性可调节资源储备库及应用场景库，创新开展电网弹性规划，建设高适应性的骨干网架，构建全景式高弹性电网评价体系，建立效能提升红利全环节共享机制，从规划源头提高电网灵活高效调节能力。

2）电网引导多能互联。发挥电网配置能源资源核心平台作用，引导优化电源布局，推广全景式即插即用系统化应用，推动多方主体参与储能建设。探索能源互联网新业态，拓展示范应用，促进电网向能源互联网演进，提升全社会综合能效。

3）设备挖潜运行高效。利用多元感知和灵活调控等技术，开展设备动态增容、断面限额在线计算、短路电流柔性抑制、潮流柔性控制、网络重构优化、配网降损增效等应用，实时评估设备载流能力，改善电网潮流分布，提升电网动态运行极限。

4）安全承载耐受抗扰。完善高弹性电网安全理论，强化三道防线，建设电网动态运行极限综合防御系统，确保电网在低冗余、高承载状态下的安全稳定运行。

5）源网荷储弹性平衡。打造源网荷储友好互动系统平台，提升电网资源汇聚和协调控制能力，推动"源随荷动"向"源荷互动"转变。

6）用户资源唤醒集聚。唤醒负荷侧海量沉睡资源，引导用户用电行为，聚合互动潜力、谋划互动收益，拓展可控负荷类型和规模，培育负荷聚合商，以强交互能力支撑电网弹性。

7）市场改革机制配套。完善市场机制，建立各类电源、可中断负荷、储能参与现货和辅助服务市场的框架体系、准入规则、交易策略、价格机制，推动政策配套，疏导灵活性资源建设和运营的成本。

8）科创引领数智赋能。通过科技进步为电网发展注入新动能，助推"大云物移智链"技术与先进能源电力技术融合发展，信息平台支撑多元智慧应用，电力大数据价值得到充分发挥。

# 第三章

# 供电可靠性提升管理措施

## 第一节 规划设计环节的主要措施

### 一、配电网规划设计技术原则

10kV 中压配电网的规划设计以 Q/GDW 10370—2020《配电网技术导则》和 Q/GDW 10738—2020《配电网规划设计技术导则》为依据，与供电可靠性相关的主要技术原则包括以下十个部分。

1. 基本规定

坚强智能的配电网是能源互联网基础平台、智慧能源系统核心枢纽的重要组成部分，应安全可靠、经济高效、公平便捷地服务电力客户，并促进分布式可调节资源多类聚合，电、气、冷、热多能互补，实现区域能源管理多级协同，提高能源利用效率，降低社会用能成本，优化电力营商环境，推动能源转型升级。

配电网应具有科学的网架结构、必备的容量裕度、适当的转供能力、合理的装备水平和必要的数字化、自动化、智能化水平，以提高供电保障能力、应急处置能力、资源配置能力。

配电网规划应坚持各级电网协调发展，将配电网作为一个整体系统，满足各组成部分之间的协调配合、空间上的优化布局和时间上的合理过渡。各电压等级变电容量应与用电负荷、电源装机和上下级变电容量相匹配，各电压等级电网应具有一定的负荷转移能力，并与上下级电网协调配合、相互支援。

配电网规划应坚持以效益效率为导向，在保障安全质量的前提下，处理好投入和产出的关系、投资能力和需求的关系，应综合考虑供电可靠性、电压合格率等技术指标与设备利用效率、项目投资收益等经济性指标，优先挖掘存量资产作用，科学制定规划方案，合理确定建设规模，优化项目建设时序。

配电网规划应遵循资产全寿命周期成本最优的原则，分析由投资成本、运行成本、检修维护成本、故障成本和退役处置成本等组成的资产全寿命周期成本，对多个方案进行比选，实现电网资产在规划设计、建设改造、运维检修等全过程的整体成本最优。

配电网规划应遵循差异化规划原则,根据各省各地和不同类型供电区域的经济社会发展阶段、实际需求和承受能力,差异化制定规划目标、技术原则和建设标准,合理满足区域发展、各类用户用电需求和多元主体灵活便捷接入。

配电网规划应全面推行网格化规划方法,结合国土空间规划、供电范围、负荷特性、用户需求等特点,合理划分供电分区、网格和单元,细致开展负荷预测,统筹变电站出线间隔和廊道资源,科学制定目标网架及过渡方案,实现现状电网到目标网架平稳过渡。

配电网规划应面向智慧化发展方向,加大智能终端部署和配电通信网建设,加快推广应用先进信息网络技术、控制技术,推动电网一、二次和信息系统融合发展,提升配电网互联互济能力和智能互动能力,有效支撑分布式能源开发利用和各种用能设施"即插即用",实现源网荷储协调互动,保障个性化、综合化、智能化服务需求,促进能源新业务、新业态、新模式发展。

配电网规划应加强计算分析,采用适用的评估方法和辅助决策手段开展技术经济分析,适应配电网由无源网络到有源网络的形态变化,促进精益化管理水平的提升。

配电网规划应与政府规划相衔接,按行政区划和政府要求开展电力设施空间布局规划,规划成果纳入地方国土空间规划,推动变电站、开关站、环网室(箱)、配电室站点,以及线路走廊用地、电缆通道合理预留。

2. 供电安全准则

A+、A、B、C类供电区域高压配电网及中压主干线应满足"$N-1$"原则,A+类供电区域按照供电可靠性的需求,可选择性满足"$N-1-1$"原则。"$N-1$"停运后的配电网供电安全水平应符合 DL/T 256 的要求,"$N-1-1$"停运后的配电网供电安全水平可因地制宜制定。配电网供电安全标准的一般原则为:接入的负荷规模越大、停电损失越大,其供电可靠性要求越高、恢复供电时间要求越短。根据组负荷规模的大小,配电网的供电安全水平可分为三级,如表 3-1 所示。各级供电安全水平要求如下:

第一级供电安全水平要求:

(1)对于停电范围不大于 2MW 的组负荷,允许故障修复后恢复供电,恢复供电的时间与故障修复时间相同。

(2)该级停电故障主要涉及低压线路故障、配电变压器故障,或采用特殊安保设计(如分段及联络开关均采用断路器,且全线采用纵差保护等)的中压线段故障。停电范围仅限于低压线路、配电变压器故障所影响的负荷或特殊安保设计的中压线段,中压线路的其他线段不允许停电。

(3)该级标准要求单台配电变压器所带的负荷不宜超过 2MW,或采用特殊安保设计的中压分段上的负荷不宜超过 2MW。

第二级供电安全水平要求:

(1)对于停电范围在 2~12MW 的组负荷,其中不小于组负荷减 2MW 的负荷应在 3h 内恢复供电;余下的负荷允许故障修复后恢复供电,恢复供电时间与故障修复时间相同。

(2)该级停电故障主要涉及中压线路故障,停电范围仅限于故障线路所供负荷,A+类供电区域的故障线路的非故障段应在 5min 内恢复供电,A 类供电区域的故障线路的非故障段应在 15min 内恢复供电,B、C 类供电区域的故障线路的非故障段应在 3h 内恢复供电，故障段所供负荷应小于2MW，可在故障修复后恢复供电。

（3）该级标准要求中压线路应合理分段，每段上的负荷不宜超过2MW，且线路之间应建立适当的联络。

第三级供电安全水平要求：

（1）对于停电范围在12～180MW的组负荷，其中不小于组负荷减12MW的负荷或者不小于2/3的组负荷（两者取小值）应在15min内恢复供电，余下的负荷应在3h内恢复供电。

（2）该级停电故障主要涉及变电站的高压进线或主变压器，停电范围仅限于故障变电站所供负荷，其中大部分负荷应在15min内恢复供电，其他负荷应在3h内恢复供电。

（3）A+、A类供电区域故障变电站所供负荷应在15min内恢复供电；B、C类供电区域故障变电站所供负荷，其大部分负荷（不小于2/3）应在15min内恢复供电，其余负荷应在3h内恢复供电。

（4）该级标准要求变电站的中压线路之间宜建立站间联络，变电站主变及高压线路可按$N-1$原则配置，见表3-1。

表3-1 配电网的供电安全水平

| 供电安全等级 | 组负荷范围 | 对应范围 | $N-1$停运后停电范围及恢复供电时间要求 |
|---|---|---|---|
| 第一级 | ≤2MW | 低压线路、配电变压器 | 维修完成后恢复对组负荷的供电 |
| 第二级 | 2～12MW | 中压线路 | a）3h内：恢复（组负荷－2MW）。<br>b）维修完成后：恢复对组负荷的供电 |
| 第三级 | 12～180MW | 变电站 | a）15min内：恢复负荷≥min（组负荷－12MW，2/3组负荷）。<br>b）3h内：恢复对组负荷的供电 |

为了满足上述三级供电安全标准，配电网规划应从电网结构、设备安全裕度、配电自动化等方面综合考虑，为配电运维抢修缩短故障响应和抢修时间奠定基础。

B、C类供电区域的建设初期及过渡期，以及D、E类供电区域，高压配电网存在单线单变，中压配电网尚未建立相应联络，暂不具备故障负荷转移条件时，可适当放宽标准，但应结合配电运维抢修能力，达到对外公开承诺要求；其后应根据负荷增长，通过建设与改造，逐步满足上述三级供电安全标准。

3. 供电质量

供电质量主要包括供电可靠性和电能质量两个方面，配电网规划重点考虑供电可靠率和综合电压合格率两项指标。

供电可靠性指标主要包括系统平均停电时间、系统平均停电频率等，宜在成熟地区逐步推广以终端用户为单位的供电可靠性统计。

配电网规划应分析供电可靠性远期目标和现状指标的差距，提出改善供电可靠性指标的投资需求，并进行电网投资与改善供电可靠性指标之间的灵敏度分析，提出供电可靠性近期目标。

配电网近中期规划的供电质量目标应不低于公司承诺标准：城市电网平均供电可靠率应达到99.9%，居民客户端平均电压合格率应达到98.5%；农村电网平均供电可靠率应达到99.8%，居民客户端平均电压合格率应达到97.5%；特殊边远地区电网平均供电可靠率和居民客户端平均电压合格率应符合国家有关监管要求。各类供电区域达到饱和负荷时的规划目标平均值应满足表3-2的要求。

表3-2 　　　　　　　　　　　　　饱和期供电质量规划目标

| 供电区域类型 | 平均供电可靠率 | 综合电压合格率 |
| --- | --- | --- |
| A+ | ≥99.999% | ≥99.99% |
| A | ≥99.990% | ≥99.97% |
| B | ≥99.965% | ≥99.95% |
| C | ≥99.863% | ≥98.79% |
| D | ≥99.726% | ≥97.00% |
| E | 不低于向社会承诺的指标 | 不低于向社会承诺的指标 |

4. 中性点接地方式

中性点接地方式对供电可靠性、人身安全、设备绝缘水平及继电保护方式等有直接影响。配电网应综合考虑可靠性与经济性，选择合理的中性点接地方式。中压线路有联络的变电站宜采用相同的中性点接地方式，以利于负荷转供；中性点接地方式不同的配电网应避免互带负荷。

中性点接地方式一般可分为有效接地方式和非有效接地方式两大类，非有效接地方式又分不接地、消弧线圈接地和阻性接地。

（1）110kV系统应采用有效接地方式，中性点应经隔离开关接地。

（2）66kV架空网系统宜采用经消弧线圈接地方式，电缆网系统宜采用低电阻接地方式。

（3）35kV、10kV系统可采用不接地、消弧线圈接地或低电阻接地方式。

35kV架空网宜采用中性点经消弧线圈接地方式；35kV电缆网宜采用中性点经低电阻接地方式，宜将接地电流控制在1000A以下。

10kV配电网中性点接地方式的选择应遵循以下原则：

（1）单相接地故障电容电流在10A及以下，宜采用中性点不接地方式。

（2）单相接地故障电容电流超过10A且小于100～150A，宜采用中性点经消弧线圈接地方式。

（3）单相接地故障电容电流超过100～150A以上，或以电缆网为主时，宜采用中性点经低电阻接地方式。

10kV配电设备应逐步推广一二次融合开关等技术，快速隔离单相接地故障点，缩短接地运行时间，避免人身触电事件。

10kV电缆和架空混合型配电网，如采用中性点经低电阻接地方式，应采取以下措施：

（1）提高架空线路绝缘化程度，降低单相接地跳闸次数。

（2）完善线路分段和联络，提高负荷转供能力。

（3）降低配电网设备、设施的接地电阻，将单相接地时的跨步电压和接触电压控制在规定范围内。

消弧线圈改低电阻接地方式应符合以下要求：

（1）馈线设零序保护，保护方式及定值选择应与低电阻阻值相配合。

（2）低电阻接地方式改造，应同步实施用户侧和系统侧改造，用户侧零序保护和接地宜同步改造。

（3）10kV 配电变压器保护接地应与工作接地分开，间距经计算确定，防止变压器内部单相接地后低压中性线出现过高电压。

（4）根据电容电流数值并结合区域规划成片改造。

配电网中性点低电阻接地改造时，应对接地电阻大小、接地变压器容量、接地点电容电流大小、接触电位差、跨步电压等关键因素进行相关计算分析。

220/380V 配电网主要采用 TN、TT、IT 接地方式，其中 TN 接地方式主要采用 TN-C-S、TN-S。用户应根据用电特性、环境条件或特殊要求等具体情况，正确选择接地方式，配置剩余电流动作保护装置。

5. 继电保护及自动装置

配电网应按 GB/T 14285 的要求配置继电保护和自动装置。

配电网设备应装设短路故障和异常运行保护装置。设备短路故障的保护应有主保护和后备保护，必要时可再增设辅助保护。

110～35kV 变电站应配置低频低压减载装置，主变高、中、低压三侧均应配置备自投装置。单链、单环网串供站应配置远方备投装置。

10kV 配电网主要采用阶段式电流保护，架空及架空电缆混合线路应配置自动重合闸；低电阻接地系统中的线路应增设零序电流保护；合环运行的配电线路应增设相应保护装置，确保能够快速切除故障。全光纤纵差保护应在深入论证的基础上，限定使用范围。

220/380V 配电网应根据用电负荷和线路具体情况合理配置二级或三级剩余电流动作保护装置。各级剩余电流动作保护装置的动作电流与动作时间应协调配合，实现具有动作选择性的分级保护。

接入 110～10kV 电网的各类电源，采用专线接入方式时，其接入线路宜配置光纤电流差动保护，必要时上级设备可配置带联切功能的保护装置。

变电站保护信息和配电自动化控制信息的传输宜采用光纤通信方式；仅采集遥测、遥信信息时，可采用无线、电力载波等通信方式。对于线路电流差动保护的传输通道，往返均应采用同一信号通道传输。

对于分布式光伏发电以 10kV 电压等级接入的线路，可不配置光纤纵差保护。采用 T 接方式时，在满足可靠性、选择性、灵敏性和速动性要求时，其接入线路可采用电流电压保护。

分布式电源接入时，继电保护和安全自动装置配置方案应符合相关继电保护技术规程、运行规程和反事故措施的规定，定值应与电网继电保护和安全自动装置配合整定；接入公共电网的所有线路投入自动重合闸时，应校核重合闸时间。

6.电网结构与主接线方式

（1）一般要求。合理的电网结构是满足电网安全可靠、提高运行灵活性、降低网络损耗的基础。高压、中压和低压配电网三个层级之间，以及与上级输电网（220kV 或 330kV 电网）之间，应相互匹配、强简有序、相互支援，以实现配电网技术经济的整体最优。

A+、A、B、C 类供电区域的配电网结构应满足以下基本要求：

1）正常运行时，各变电站（包括直接配出 10kV 线路的 220kV 变电站）应有相对独立的供电范围，供电范围不交叉、不重叠，故障或检修时，变电站之间应有一定比例的负荷转供能力。

2）变电站（包括直接配出 10kV 线路的 220kV 变电站）的 10kV 出线所供负荷宜均衡，应有合理的分段和联络；故障或检修时，应具有转供非停运段负荷的能力。

3）接入一定容量的分布式电源时，应合理选择接入点，控制短路电流及电压水平。

4）高可靠的配电网结构应具备网络重构的条件，便于实现故障自动隔离。

D、E 类供电区域的配电网以满足基本用电需求为主，可采用辐射结构。

变电站间和中压线路间的转供能力，主要取决于正常运行时的变压器容量裕度、线路容量裕度、中压主干线的合理分段数和联络情况等，应满足供电安全准则及以下要求：

1）变电站间通过中压配电网转移负荷的比例，A+、A 类供电区域宜控制在 50%～70%，B、C 类供电区域宜控制在 30%～50%。除非有特殊保障要求，规划中不考虑变电站全停方式下的负荷全部转供需求。为提高配电网设备利用效率，原则上不设置变电站间中压专用联络线或专用备供线路。

2）A+、A、B、C 类供电区域中压线路的非停运段负荷应能够全部转移至邻近线路（同一变电站出线）或对端联络线路（不同变电站出线）。

配电网的拓扑结构包括常开点、常闭点、负荷点、电源接入点等，在规划时需合理配置，以保证运行的灵活性。各电压等级配电网的主要结构如下：

1）高压配电网结构应适当简化，主要有链式、环网和辐射结构；变电站接入方式主要有 T 接和 π 接等。

2）中压配电网结构应适度加强、范围清晰，中压线路之间联络应尽量在同一供电网格（单元）之内，避免过多接线组混杂交织，主要有双环式、单环式、多分段适度联络、多分段单联络、多分段单辐射结构。

3）低压配电网实行分区供电，结构应尽量简单，一般采用辐射结构。

在电网建设的初期及过渡期，可根据供电安全准则要求和实际情况，适当简化目标网架作为过渡电网结构。

变电站电气主接线应根据变电站功能定位、出线回路数、设备特点、负荷性质及电源与用户接入等条件确定，并满足供电可靠、运行灵活、检修方便、节约投资和便于扩建等要求。

（2）高压配电网。各类供电区域高压配电网目标电网结构可参考表 3-3 确定。

表 3-3 高压配电网目标电网结构推荐表

| 供电区域类型 | 目标电网结构 |
| --- | --- |
| A+、A | 双辐射、多辐射、双链、三链 |
| B | 双辐射、多辐射、双环网、单链、双链、三链 |
| C | 双辐射、双环网、单链、双链、单环网 |
| D | 双辐射、单环网、单链 |
| E | 单辐射、单环网、单链 |

A+、A、B 类供电区域宜采用双侧电源供电结构，不具备双侧电源时，应适当提高中压配电网的转供能力；在中压配电网转供能力较强时，高压配电网可采用双辐射、多辐射等简化结构。B 类供电区域双环网结构仅在上级电源点不足时采用。

D、E 类供电区域采用单链、单环网结构时，若接入变电站数量超过 2 个，可采取局部加强措施。

110~35kV 变电站高压侧电气主接线有桥式、线变组、环入环出、单母线（分段）接线等。高压侧电气主接线应尽量简化，宜采用桥式、线变组接线。考虑规划发展需求并经过经济技术比较，也可采用其他形式。

110kV 和 220kV 变电站的 35kV 侧电气主接线主要采用单母线分段接线。

110~35kV 变电站 10kV 侧电气主接线一般采用单母线分段接线或单母线分段环形接线，可采用 $n$ 变 $n$ 段、$n$ 变 $n+1$ 段、$2n$ 分段接线。220kV 变电站直接配出 10kV 线路时，其 10kV 侧电气主接线参照执行。

（3）中压配电网。各类供电区域中压配电网目标电网结构可参考表 3-4 确定，如图 3-1 所示。

表 3-4 中压配电网目标电网结构推荐表

| 线路型式 | 供电区域类型 | 目标电网结构 |
| --- | --- | --- |
| 电缆网 | A+、A、B | 双环式、单环式 |
| | C | 单环式 |
| 架空网 | A+、A、B、C | 多分段适度联络、多分段单联络 |
| | D | 多分段单联络、多分段单辐射 |
| | E | 多分段单辐射 |

网格化规划区域的中压配电网应根据变电站位置、负荷分布情况，以供电网格为单位，开展目标网架设计，并制定逐年过渡方案。

中压架空线路主干线应根据线路长度和负荷分布情况进行分段（一般分为 3 段，不宜超过 5 段），并装设分段开关，且不应装设在变电站出口首端出线电杆上。重要或较大分支线路首端宜安装分支开关。宜减少同杆（塔）共架线路数量，便于开展不停电作业。

中压架空线路联络点的数量根据周边电源情况和线路负载大小确定，一般不超过 3 个联络点。架空网具备条件时，宜在主干线路末端进行联络。

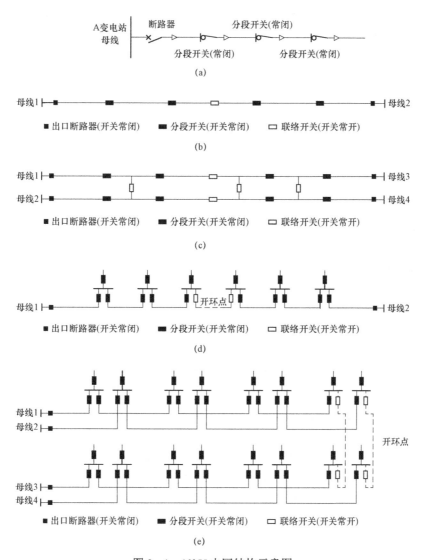

图 3-1　10kV 电网结构示意图

(a) 架空多分段单辐射；(b) 架空多分段单联络；(c) 架空多分段适度联络；
(d) 电缆单环网；(e) 电缆双环网

中压电缆线路宜采用环网结构，环网室（箱）、用户设备可通过环进环出方式接入主干网。

中压开关站、环网室、配电室电气主接线宜采用单母线分段或独立单母线接线（不宜超过两个），环网箱宜采用单母线接线，箱式变电站、柱上变压器宜采用线变组接线。

（4）低压配电网。低压配电网以配电变压器或配电室的供电范围实行分区供电，一般采用辐射结构。

低压配电线路可与中压配电线路同杆（塔）共架。

低压支线接入方式可分为放射型和树干型，如图 3-2 所示。

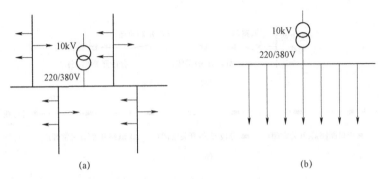

图 3-2　低压电网结构示意图
(a) 放射型；(b) 树干型

7. 设备选型

（1）一般要求。配电网设备的选择应遵循资产全寿命周期管理理念，坚持安全可靠、经济实用的原则，采用技术成熟、少（免）维护、节能环保、具备可扩展功能、抗震性能好的设备，所选设备应通过入网检测。

配电网设备应根据供电区域类型差异化选配。在供电可靠性要求较高、环境条件恶劣（高海拔、高寒、盐雾、污秽严重等）及灾害多发的区域，宜适当提高设备配置标准。

配电网设备应有较强的适应性。变压器容量、导线截面、开关遮断容量应留有合理裕度，保证设备在负荷波动或转供时满足运行要求。变电站土建应一次建成，适应主变增容更换、扩建升压等需求；线路导线截面宜根据规划的饱和负荷、目标网架一次选定；线路廊道（包括架空线路走廊和杆塔、电缆线路的敷设通道）宜根据规划的回路数一步到位，避免大拆大建。

配电网设备选型应实现标准化、序列化。同一市（县）规划区域中，变压器（高压主变、中压配变）的容量和规格，以及线路（架空线、电缆）的导线截面和规格，应根据电网结构、负荷发展水平与全寿命周期成本综合确定，并构成合理序列，同类设备物资一般不超过三种。

配电线路优先选用架空方式，对于城市核心区及地方政府规划明确要求并给予政策支持的区域可采用电缆方式。电缆的敷设方式应根据电压等级、最终数量、施工条件及投资等因素确定，主要包括综合管廊、隧道、排管、沟槽、直埋等敷设方式。

配电设备设施宜预留适当接口，便于不停电作业设备快速接入；对于森林草原防火有特殊要求的区域，配电线路宜采取防火隔离带、防火通道与电力线路走廊相结合的模式。

配电网设备选型和配置应考虑智能化发展需求，提升状态感知能力、信息处理水平和应用灵活程度。

（2）10kV 配电线路。10kV 配电网应有较强的适应性，主变容量与 10kV 出线间隔数量及线路导线截面的配合可参考表 3-5 确定，并符合下列规定：

1）中压架空线路通常为铝芯，沿海高盐雾地区可采用铜绞线，A+、A、B、C 类供电区域的中压架空线路宜采用架空绝缘线。

2）表 3-7 中推荐的电缆线路为铜芯，也可采用相同载流量的铝芯电缆。沿海或污秽严重地区，可选用电缆线路。

3）35kV/10kV 配电化变电站 10kV 出线宜为 2～4 回。

表 3-5　　　　　　　主变容量与 10kV 出线间隔及线路导线截面配合推荐表

| 110～35kV 主变容量（MVA） | 10kV 出线间隔数 | 10kV 主干线截面（mm²） | | 10kV 分支线截面（mm²） | |
| --- | --- | --- | --- | --- | --- |
| | | 架空 | 电缆 | 架空 | 电缆 |
| 63 | 12 及以上 | 240、185 | 400、300 | 150、120 | 240、185 |
| 50、40 | 8～14 | 240、185、150 | 400、300、240 | 150、120、95 | 240、185、150 |
| 31.5 | 8～14 | 185、150 | 300、240 | 120、95 | 185、150 |
| 110～35kV 主变容量（MVA） | 10kV 出线间隔数 | 10kV 主干线截面（mm²） | | 10kV 分支线截面（mm²） | |
| | | 架空 | 电缆 | 架空 | 电缆 |
| 20 | 6～8 | 150、120 | 240、185 | 95、70 | 150、120 |
| 12.5、10、6.3 | 4～8 | 150、120、95 | — | 95、70、50 | — |
| 3.15、2 | 4～8 | 95、70 | — | 50 | — |

在树线矛盾隐患突出、人身触电风险较大的路段，10kV 架空线路应采用绝缘线或加装绝缘护套。

10kV 线路供电距离应满足末端电压质量的要求。在缺少电源站点的地区，当 10kV 架空线路过长，电压质量不能满足要求时，可在线路适当位置加装线路调压器。

（3）10kV 配电开关。柱上开关的配置应符合下列规定：

1）一般采用柱上负荷开关作为线路分段、联络开关。长线路后段（超出变电站过流保护范围）、大分支线路首端、用户分界点处可采用柱上断路器，并上传动作信号。

2）规划实施配电自动化的地区，所选用的开关应满足自动化改造要求，并预留自动化接口。

开关站的配置应符合下列规定：

1）开关站宜建于负荷中心区，一般配置双电源，分别取自不同变电站或同一座变电站的不同母线。

2）开关站接线宜简化，一般采用两路电源进线、6～12 路出线，单母线分段接线，出线断路器带保护。开关站应按配电自动化要求设计并留有发展余地。

根据环网室（箱）的负荷性质，中压供电电源可采用双电源，或采用单电源，进线及环出线采用断路器，配出线根据电网情况及负荷性质采用断路器或负荷开关-熔断器组合电器。

8. 智能化基本要求

（1）一般要求。配电网智能化应采用先进的信息、通信、控制技术，支撑配电网状态感知、自动控制、智能应用，满足电网运行、客户服务、企业运营、新兴业务的需求。

配电网智能化应适应能源互联网发展方向，以实际需求为导向，差异化部署智能终端感知电网多元信息，灵活采用多种通信方式满足信息传输可靠性和实时性，依托统一的企业中台和物联管理平台实现数据融合、开放共享。

配电网智能化应遵循标准化设计原则，采用标准化信息模型与接口规范，落实公司信息化统一架构设计、安全防护总体要求。

配电网智能化应采用差异化建设策略，以不同供电区域供电可靠性、多元主体接入等实际需求为导向，结合一次网架有序投资。

配电网智能化应遵循统筹协调规划原则。配电终端、通信网应与配电一次网架统筹规划、同步建设。对于新建电网，一次设备选型应一步到位，配电线路建设时应一并考虑光缆资源需求；对于不适应智能化要求的已建成电网，应在一次网架规划中统筹考虑。

配电网智能化应遵循先进适用原则，优先选用可靠、成熟的技术。对于新技术和新设备，应充分考虑效率效益，可在小范围内试点应用后，经技术经济比较论证后确定推广应用范围。

配电网智能化应贯彻资产全寿命周期理念。落实企业级共建共享共用原则，与云平台统筹规划建设，并充分利用现有设备和设施，防止重复投资。

（2）配电网智能终端。配电网智能终端应以状态感知、即插即用、资源共享、安全可靠、智能高效为发展方向，统一终端标准，支持数据源端唯一、边缘处理。

配电网智能终端应按照差异化原则逐步覆盖配电站室、配电线路、分布式电源及电动汽车充电桩等配用电设备，采集配电网设备运行状态、电能计量、环境监测等各类数据。

110～35kV 变电站应按照 GB 50059、GB/T 51072 的要求配置电气量、设备状态监测、环境监测等智能终端。

110～35kV 架空线路在重要跨越、自然灾害频发、运维困难的区段，可配置运行环境监测智能终端。

配电自动化终端宜按照监控对象分为站所终端（DTU）、馈线终端（FTU）、故障指示器等，实现"三遥"、"二遥"等功能。配电自动化终端配置原则应满足 DL/T 5542、DL/T 5729 要求，宜按照供电安全准则及故障处理模式合理配置，各类供电区域配电自动化终端的配置方式如表 3-6 所示。

表 3-6　　　　　　　　　　　　配电自动化终端配置方式

| 供电区域类型 | 终端配置方式 |
| --- | --- |
| A+ | 三遥为主 |
| A | 三遥或二遥 |
| B | 二遥为主，联络开关和特别重要的分段开关也可配置三遥 |
| C | 二遥为主，如确有必要经论证后可采用少量三遥 |
| D | 二遥 |
| E | 二遥 |

在具备条件的区域探索低压配电网智能化，公用配变台区可配置能够监测低压配电网的智能终端。

智能电表作为用户电能计量的智能终端，宜具备停电信息主动上送功能，可具备电能质量监测功能。

接入 10kV 及以上电压等级的分布式电源、储能设施、电动汽车充换电设施的信息采集应遵循 GB/T 33593、GB/T 36547、GB 50966 标准，并将相关信息上送至相应业务系统。

（3）配电通信网。配电通信网应满足配电自动化系统、用电信息采集系统、分布式电源、电动汽车充换电设施及储能设施等源网荷储终端的远程通信通道接入需求，适配新兴业务及通信新技术发展需求。

110～35kV 配电通信网属于骨干通信网，应采用光纤通信方式；中压配电通信接入网可灵活采用多种通信方式，满足海量终端数据传输的可靠性和实时性，以及配电网络多样性、数据资源高速同步等方面需求，支撑终端远程通信与业务应用。

配电网规划应同步考虑通信网络规划，根据业务开展需要明确通信网建设内容，包括通信通道建设、通信设备配置、建设时序与投资等。

应根据中压配电网的业务性能需求、技术经济效益、环境和实施难度等因素，选择适宜的通信方式（光纤、无线、载波通信等）构建终端远程通信通道。当中压配电通信网采用以太网无源光网络（EPON）、千兆无源光网络（GPON）或者工业以太网等技术组网时，应使用独立纤芯。无线通信包括无线公网和无线专网方式。无线公网宜采用专线接入点（APN）/虚拟专用网络（VPN）、认证加密等接入方式；无线专网应采用国家无线电管理部门授权的无线频率进行组网，并采取双向鉴权认证、安全性激活等安全措施。

配电通信网宜符合以下技术原则：

1）110（66）kV 变电站和 B 类及以上供电区域的 35kV 变电站应具备至少 2 条光缆路由，具备条件时采用环形或网状组网。

2）中压配电通信接入网若需采用光纤通信方式的，应与一次网架同步建设。其中，工业以太网宜采用环形组网方式，以太网无源光网络（EPON）宜采用"手拉手"保护方式。

（4）配电网业务系统。配电网业务系统主要包括地区级及以下电网调度控制系统、配电自动化系统、用电信息采集系统等。配电网各业务系统之间宜通过信息交互总线、企业中台、数据交互接口等方式，实现数据共享、流程贯通、服务交互和业务融合，满足配电网业务应用的灵活构建、快速迭代要求，并具备对其他业务系统的数据支撑和业务服务能力。

110～35kV 变电站的信息采集、控制由地区及以下电网调度控制系统的实时监控功能实现，并应遵循 DL/T 5002 相关要求。在具备条件时，可适时开展分布式电源、储能设施、需求响应参与地区电网调控的功能建设。

配电自动化系统是提升配电网运行管理水平的有效手段，应具备配电 SCADA、馈线自动化及配电网分析应用等功能。配电自动化系统主站应遵循 DL/T 5542、DL/T 5729 相关要求，应根据各区域电网规模和应用需求进行差异化配置，合理确定主站功能模块。

电力用户用电信息采集系统应遵循 DL/T 698 相关要求，对电力用户的用电信息进行采集、处理和实时监控，具备用电信息自动采集、计量异常监测、电能质量监测、用电分析和管理、相关信息发布、分布式能源监控、负荷控制管理、智能用电设备信息交互等功能。

（5）信息安全防护。信息安全防护应满足国家发展和改革委员会令第 14 号《电力监控系统安全防护规定》及 GB/T 36572、GB/T 22239 的要求，满足安全分区、网络专用、横向隔离、纵向认证要求。位于生产控制大区的配电业务系统与其终端的纵向连接中使用无线通信网、非电力调度数据网的电力企业其他数据网或者外部公用数据网的虚拟专用网络方式（VPN）等进行通信的，应设立安全接入区。

9. 用户及电源接入要求

（1）用户接入。用户接入应符合国家和行业标准，不应影响电网的安全运行及电能质量。

用户的供电电压等级应根据当地电网条件、供电可靠性要求、供电安全要求、最大用电负荷、用户报装容量，经过技术经济比较论证后确定。可参考表 3-7 所示，结合用户负荷水平确定，并符合下列规定：

1）对于供电距离较长、负荷较大的用户，当电能质量不满足要求时，应采用高一级电压供电。

2）小微企业用电设备容量 160kW 及以下可接入低压电网，具体要求应按照国家能源主管部门和地方政府相关政策执行。

3）低压用户接入时应考虑三相不平衡影响。

表 3-7 用户接入容量和供电电压等级参考表

| 供电电压等级 | 用电设备容量 | 受电变压器总容量 |
| --- | --- | --- |
| 220V | 10kW 及以下单相设备 | — |
| 380V | 100kW 及以下 | 50kVA 及以下 |
| 10kV | — | 50kVA～10MVA |
| 35kV | — | 5～40MVA |
| 66kV | — | 15～40MVA |
| 110kV | — | 20～100MVA |

注：无 35kV 电压等级的电网，10kV 电压等级受电变压器总容量为 50kVA 至 20MVA。

应严格控制变电站专线数量，以节约廊道和间隔资源，提高电网利用效率。

受电变压器总容量 100kVA 及以上的用户，在高峰负荷时的功率因数不宜低于 0.95；其他用户和大、中型电力排灌站，功率因数不宜低于 0.90；农业用电功率因数不宜低于 0.85。

重要电力用户供电电源配置应符合 GB/T 29328 的规定。重要电力用户供电电源应采用多电源、双电源或双回路供电，当任何一路或一路以上电源发生故障时，至少仍有一路电源应能满足保安负荷供电要求。特级重要电力用户应采用多电源供电；一级重要电力用户至少应采用双电源供电；二级重要电力用户至少应采用双回路供电。

重要电力用户应自备应急电源，电源容量至少应满足全部保安负荷正常供电的要求，并应符合国家有关技术规范和标准要求。

用户因畸变负荷、冲击负荷、波动负荷和不对称负荷对公用电网造成污染的，应按"谁污染、谁治理"和"同步设计、同步施工、同步投运、同步达标"的原则，在开展项目前期工作时提出治理、监测措施。

（2）电源接入。配电网应满足国家鼓励发展的各类电源及新能源、微电网的接入要求，逐步形成能源互联、能源综合利用的体系。

电源并网电压等级可根据装机容量进行初步选择，可参考表 3-8 所示，最终并网电压等级应根据电网条件，通过技术经济比较论证后确定。

表 3-8　　　　　　　　　　　　电源并网电压等级参考表

| 电源总容量范围 | 并网电压等级 | 电源总容量范围 | 并网电压等级 |
| --- | --- | --- | --- |
| 8kW 及以下 | 220V | 400kW～6MW | 10kV |
| 8～400kW | 380V | 6～100MW | 35kV、66kV、110kV |

接入 110kV 及以下配电网的电源，在满足电网安全运行及电能质量要求时，可采用 T 接方式并网。

在分布式电源接入前，应以保障电网安全稳定运行和分布式电源消纳为前提，对接入的配电线路载流量、变压器容量进行校核，并对接入的母线、线路、开关等进行短路电流和热稳定校核，如有必要也可进行动稳定校核。不满足运行要求时，应进行相应电网改造或重新规划分布式电源的接入。

在满足供电安全及系统调峰的条件下，接入单条线路的电源总容量不应超过线路的允许容量；接入本级配电网的电源总容量不应超过上一级变压器的额定容量以及上一级线路的允许容量。

分布式电源并网应符合 GB/T 33593 等相关国家、行业技术标准的规定；微电网并网应符合 GB/T 33589 等相关国家、行业技术标准的规定。

（3）电动汽车充换电设施接入。电动汽车充换电设施接入电网时应进行论证，分析各种充电方式对配电网的影响，合理制定充电策略，实现电动汽车有序充电。

电动汽车充换电设施的供电电压等级应符合 GB/T 36278 的规定，根据充电设备及辅助设备总容量，综合考虑需用系数、同时系数等因素，经过技术经济比较论证后确定。

电动汽车充换电设施的用户等级应符合 GB/T 29328 的规定。具有重大政治、经济、安全意义的电动汽车充换电设施，或中断供电将对公共交通造成较大影响或影响重要单位正常工作的充换电站可作为二级重要用户，其他可作为一般用户。

220V 供电的充电设备，宜接入低压公用配电箱；380V 供电的充电设备，宜通过专用线路接入低压配电室。

接入 10kV 电网的电动汽车充换电设施，容量小于 4000kVA 宜接入公用电网 10kV 线路或接入环网柜、电缆分支箱、开关站等，容量大于 4000kVA 宜专线接入。

接入 35kV、110（66）kV 电网的电动汽车充换电设施，可接入变电站、开关站的相应母线，或 T 接至公用电网线路。

（4）电化学储能系统接入。电化学储能系统接入配电网的电压等级应综合考虑储能系统额定功率、当地电网条件确定，可参考 GB/T 36547 的相关规定。

电化学储能系统中性点接地方式应与所接入电网的接地方式相一致；电化学储能系统接入配电网应进行短路容量校核，电能质量应满足相关标准要求。

电化学储能系统并网点应安装易操作、可闭锁、具有明显断开指示的并网断开装置。

电化学储能系统接入配电网时，功率控制、频率适应性、故障穿越等方面应符合 GB/T 36547 的相关规定。

10. 规划计算分析要求

（1）一般要求。应通过计算分析确定配电网的潮流分布情况、短路电流水平、供电安全水平、供电可靠性水平、无功优化配置方案和效率效益水平。

配电网计算分析应采用合适的模型，数据不足时可采用典型模型和参数。计算分析所采用的数据（包括拓扑信息、设备参数、运行数据等）宜通过在线方式获取，并遵循统一的标准与规范，确保其完整性、合理性和一致性。

分布式电源和储能设施、电动汽车充换电设施等新型负荷接入配电网时，应进行相关计算分析。

配电网计算分析应考虑远景规划，远景规划计算结果可用于电气设备适应性校核。

配电网规划应充分利用辅助决策手段开展现状分析、负荷预测、多方案编制、规划方案计算与评价、方案评审与确定、后评价等工作。

（2）供电安全水平计算分析。应通过供电安全水平分析校核电网是否满足供电安全准则。

供电安全水平计算分析的目的是校核电网是否满足供电安全标准，即模拟低压线路故障、配电变压器故障、中压线路（线段）故障、110～35kV 变压器或线路故障对电网的影响，校验负荷损失程度，检查负荷转移后相关元件是否过负荷，电网电压是否越限。

可按典型运行方式对配电网的典型区域进行供电安全水平分析。

（3）供电可靠性计算分析。供电可靠性计算分析的目的是确定现状和规划期内配电网的供电可靠性指标，分析影响供电可靠性的薄弱环节，提出改善供电可靠性指标的规划方案。

供电可靠性指标可按给定的电网结构、典型运行方式以及供电可靠性相关计算参数等条件选取典型区域进行计算分析。计算指标包括系统平均停电时间、系统平均停电频率、平均供电可靠率、用户平均停电缺供电量等。

供电可靠性指标计算方法可参照 DL/T 836 的相关规定。

## 二、基于供电可靠性的配电网规划

### （一）配电网供电可靠性评估方法

配电网供电可靠性的定量评估是在配电网现有运行状态的基础上，为了规划、设计和建设新的系统，或者扩建、改造和发展现有配电网供电能力而进行的预测估计，主要是比较配电网规划与改造不同方案的可靠性，最终确定经济、合理的接线方案。配电网供电可靠性的定量评估可以促进和改善电力工业的生产技术和管理，为配电网规划和城网改造提供科学的依据。

配电网中由于设备元件众多，网络结构复杂，运行方式多种多样，给供电可靠性评估工作带来了很大的困难，使得配电网供电可靠性定量评估工作远没有达到工程实际应用的要求。目前供电可靠性评估方法主要包括三类：模拟法、解析法和人工智能法。其中，模拟法灵活且不受系统规模的限制，但耗时多且精度不高，这种方法主要用于发、输电组合系统及变电站的可靠性评估中。人工智能法正处于发展之中，工程实用性有待进一步提高。解析法可进一步分为状态空间法和网络法。以马尔可夫模型来描述的状态空间法能较好地处理各种复杂的情况，但当系统规模很大、结构很复杂时，该方法将变得十分繁杂；网络法是配电网可靠性分析中最为流行的方法，诸如故障模式与后果分析法（Failure Mode and Effeet Analysis，FMEA）、故障遍历法等。其中，FMEA法是最传统的配电网供电可靠性评估方法，这种方法原理简单、清晰，模型准确，但是，它的计算量随元件数目的增加成指数增长，面对复杂配电网络，该方法也将面临难以克服的"计算灾"，因此需要对该方法进行改进。

改进的配电网可靠性评估方法的解析法有故障模式与后果分析法、最小路法、等值法、最小割集法。其中，最小割集法为配电网分析软件 CYMDIST 的可靠性评估模块中采用的计算方法，在典型区域的可靠性评估部分使用 CYMDIST 软件对选择的典型区域配电网进行可靠性计算分析及评估。

### （二）基于可靠性的中压配电网网架结构规划方法

为设计高效且经济的配电系统，需要平衡以下 3 个主要因素：以合格的电压质量输送充足的电力、满足客户供电可靠性需求、减少总投资费用。除了这 3 大要素外，还需考虑许多次要因素，例如适应未来扩建的灵活性、美观方面和政府或公众对系统设计的限制等。

基于可靠性的网架结构规划方法，其准则和目标源于明确的可靠性数值。按照这种方法，利用可靠性分析和规划工具，可直接为了实现可靠性目标来设计配电网网架结构。将预测的负荷和客户数输入到潮流程序和可靠性分析程序中，输出结果会指出薄弱环节，即在规划系统中不满足电压降和负载（潮流）及可靠性准则的区域或情况。然后，集中解决薄弱环节，确定提高可靠性的最佳网架结构（费用最低），使其达到可靠性目标。

为了确保供电可靠性和运行灵活性，配电网常用的总体原则就是：合理安排系统运行方式，便于将故障隔离到系统的一个小范围内，如果需要，可以通过备用线路对停电设备继续供电。其目的是将由于故障而必须退出运行的系统容量和设备数量以及由于故障导致停电的客户数量减到最小。这种规划理念主要通过两个线路分段和切换来体现。线路分段设计，包括设计馈线保护方案，从而尽可能限制由于线路故障导致停电的客户数量。线路切换设计，包括提供备用线路及其路径，以便系统内主要设备停运时，仍保证供电正常。

1. 中压配电网网架结构规划的重要方面

在规划方面，规划人员必须考虑几个重要方面的问题，并对它们之间的相互影响进行预测，做到合理配置，从而为中压配电网网架结构制订一个合理的分段与联络的组合方案。网架结构规划的重要方面主要包括备用线路容量、线路分段，此外配电自动化水平（切换时间）也是一个很重要的因素。

（1）备用线路的容量（联络）。在为新增负荷供电时，从电流（负荷大小）和电压（供电范围）角度来说，为了满足准则的下限，联络线路应有足够的容量。同样，只有具备足够的容量，线路才可作为联络开关另一侧馈线的备用线路。因此，线路需要具备充足的容量来实现这种功能。

（2）线路分段。在一定程度上，合理的分段旨在隔离所有故障或故障设备，以将停电客户的数量减到最少。不合理的分段就是指一条馈线只装设一个保护设备（变电站内的断路器），线路任何地方发生故障都会导致该馈线上的全部客户停电。合理的分段是馈线中任何故障都能被隔离，不会造成客户停电，但这在实际辐射状系统规划中是很难实现的。当然，高可靠性的配电网架结构设计总能获得极高水平的可靠性。采用好的设计方案，停运就不会导致客户停电。

但是，对于辐射状网架结构，线路分段需要在某种程度上备用线路容量相互配合。所以应该把"分段"步骤放在"联络（主干线和分支线的结构和导线截面）"步骤之后进行，即作为线路规划的第 3 个步骤。因此，推荐的规划方法是：首先确定一个规划方案，并选择能够提供适当备用容量的主干线—分支线的截面，然后进行线路的分段规划。

（3）配电自动化水平。配电自动化水平，即切换时间，是一个很重要的因素。将备用线路投入运行完成操作所需的平均时间差异很大：无人值守的远方现场进行人工操作需要数小时；若采用快速反应、自动投切的开关，则几乎是瞬时。切换时间仅为检修停电持续时间，它的效率取决于馈线自身所能提供的应急备用能力，这种能力由网架结构和容量所决定。

在很多系统中，"先恢复再检修"的方法是获取高可靠性的关键。开关的备用位置和容量（最大遮断电流和最大负荷电流）最初均在"设定备用线路容量"阶段确定，并常常会同线路分段情况被细化。选择切换速度或时间主要是为了根据需要而减少预期停电持续时间。一般来说，切换时间可用于对停电持续时间（*SAIDI*）进行微调，从而完全满足总体可靠性目标。

（4）三个方面与可靠性之间的相互影响。备用线路容量、线路分段和切换时间这 3 个方面是相互影响、相互依存的。这 3 个方面和系统可靠性的 3 种指标系统平均停电频率（*SAIFI*）、系统平均停电时间（*SAIDI*）、平均短时停电频率（*MAIFI*）也相互影响。

a）线路分段与事故发生的频率或次数（*SAIFI* 和 *MAIFI*）的联系最为紧密。

合理的分段可以减少停电范围，即减少由于隔离系统停运部分所造成的停电客户数。对规划人员来说，提高 *SAIFI* 指标最直接、效果最明显的方法就是合理的分段：如果改变系统分段使得停运范围缩小一半，*SAIFI* 指标就会降低一半，因为停电客户数量减少了一半。此外，改变线路分段也会影响 *SAIDI* 指标：停运范围缩小一半，同样也会减少与馈线相关的 *SAIDI* 指标，虽然不一定都正好减少 50%，但减少量也是极为显著的。

分段仅对中压配电网的可靠性有影响，并不能提高高压配电电网或变电站的可靠性，这与备用线路的容量（联络）对可靠性的影响是不同的。

b）线路的切换能力（由联络和备用线路容量共同决定）与停电持续时间（*SAIDI*）的联系最为密切。

线路切换能力与线路分段不同，对事故发生的频率或次数（如 *SAIFI*）没有直接影响，但是它可以帮助系统恢复对部分或所有停电客户的供电，这些客户是由于故障未修复而导致停电的。因此，良好的切换能力可以降低 *SAIDI* 指标，尤其是在系统故障预期修复时间较长（如城市地下电缆故障）或自然灾害（暴雨）导致工作人手不足的情况下。

与通过合理的线路分段提高可靠性不同，通过切换能力来提高可靠性并不局限于恢复中压系统的事故。一个具备最佳"切换能力"（利用备用线路恢复供电的能力）的中压系统，可以在部分或全部高压配电系统以及相关变电站发生停运期间保证供电。这通常也是切换本身最具成本效益之处。这种"层级间"应对事故的能力可通过适当地选择线路路径、备用线路容量和开关位置来实现，它对提高系统可靠性的作用最大。

高压配电层与变电层的设备一般承担大量客户的供电任务，其检修时间有时以天计，所以，提高系统的 *SAIDI* 指标将非常重要。这种层级间的能力并不说明线路切换就比线路分段更加重要，就如同线路分段能够降低 *SAIFI* 指标，并不意味着它在所有情况下都显得更加重要。线路切换和分段是系统彼此不同、相互共存的能力。

c）线路切换时间对停电持续时间（*SAIDI*）的作用，主要有两种情况。

首先，快速切换将减小 *SAIDI* 指标。如果故障后负荷能转移出去，则切换时间减半可以将事故引起的停电持续时间减半。并不是所有负荷都能被转移出去，有些故障段的客户需要维修完成后才能恢复供电。但在特殊情况下，如果分段能够很好地隔离故障，则减少切换时间会明显影响 *SAIDI* 指标。对大部分系统而言，切换时间减少一半，会使 *SAIDI* 指标下降至少 33%。

其次，很多电力企业都更加注重实施自动化或使用自动化设备来减少切换时间，快速切换可以将停电持续时间降低至 *MAIFI* 指标的限值以下。如果通过减少切换时间可使恢复供电的时间小于该限值，那么对那些本来用 *SAIFI* 和 *SAIDI* 指标来统计的停电故障来说，现在就可以只用 *MAIFI* 指标来统计了。这类故障根本不用计及其停电持续时间，因为它们不会被统计到 *SAIDI* 指标中，而且 *MAIFI* 指标值也不测算停电持续时间。但是，快速切换的确大幅度缩短了客户的总停电时间，因此非常具有实用价值。

2. 可靠性整体规划方法的流程

当规划一个中压配电网架结构时，推荐采用的方法是：首先制订一个具有足够分区和备用线路的方案，然后再考虑备用线路和开关的容量，为负荷潮流计算做好准备，从而保证所选择的网架结构和容量发挥良好的作用，并充分满足事故运行准则。然后进行线路分段设计，这一步通常要反复进行：要考虑对开关位置、保护位置进行微调，也要考虑切换速度。整体规划方法流程如图 3－3 所示。

**（三）中压配电网典型网架结构可靠性及经济性分析**

1. 典型网架结构

（1）架空（混合）网。中压架空网的典型网架结构主要有多分段单辐射、多分段单联络、多分段适度联络 3 种，其特点、适用范围和接线示意图如下文所述。

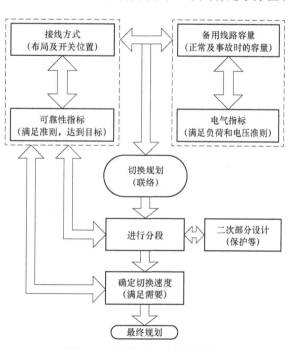

图 3－3 整体规划方法流程图

1）多分段单辐射。特点是接线简单清晰、运行方便、建设投资低。当线路或设备故障、检修时，用户停电范围大，但主干线可分为若干（一般 2～3）段，以缩小事故和检修停电范围；当电源故障时，则将导致整条线路停电，供电可靠性差，不满足 $N-1$ 要求，但主干线正常运行时的负载率可达到 100%。

适用范围：多分段单辐射接线是架空线路中最原始的形式，一般仅适用于负荷密度较低、用户负荷重要性一般、缺少变电站布点的地区，但同站线路之间应进行联络。

多分段单辐射接线示意如图 3-4 所示。

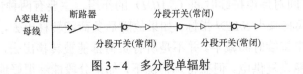

图 3-4　多分段单辐射

2）多分段单联络。特点是通过一个联络开关，将来自不同变电站（开关站）的中压母线或相同变电站（开关站）不同中压母线的两条馈线连接起来。任何一个区段故障，闭合联络开关，将负荷转供到相邻馈线，完成转供。满足 $N-1$ 要求，但主干线正常运行时的负载率仅为 50%。

该接线模式的最大优点是可靠性比辐射式接线模式大大提高，接线清晰、运行比较灵活。线路故障或电源故障时，在线路负荷允许的条件下，通过切换操作可以使非故障段恢复供电，线路的备用容量为 50%。若配电网中 1 条线路的电源出现故障时，可将联络开关闭合，从另 1 条线路送电，使相应供电线路达到满载运行。但由于考虑了线路的备用容量，线路投资将比辐射式接线有所增加。

优先推荐不同变电站之间、不同母线之间的联络，在特殊情况下，可采用首端联络。随着电网的发展，在不同回路之间通过建立联络，就可以发展为更为先进、有效的接线模式，线路利用率进一步提高，供电可靠性也相应地有所加强，便于过渡，适合负荷的发展。

适用范围：单联络是架空线路中最为基本的形式，适用于电网建设初期，较为重要的负荷区域，能保证一定的供电可靠性。

单联络一般有两种：本变电站单联络和变电站间单联络，如图 3-5 所示。

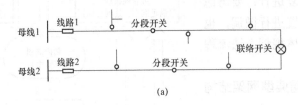

(a)

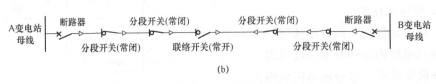

(b)

图 3-5　单联络

（a）变电站内单联络；（b）变电站间单联络

3）多分段适度联络。架空线路采用环网接线开环运行方式，分段与联络数量应根据用户数量、负荷密度、负荷性质、线路长度和环境等因素确定，一般将线路 3 分段、2～3 联络，每条线路负荷电流控制在 300A 以下，每一分段的负荷电流控制在 70～100A。线路分段点的设置应随网络接线及负荷变动进行相应调整，优先采取线路尾端联络，逐步实现对线路大支线的联络。

该接线模式的最大优点是，由于每一段线路具有与其相联络的电源，任何一段线路出现故障时，均不影响其他线路段正常供电，这样使每条线路的故障范围缩小，提高了供电可靠性。另外，由于联络较多，也提高了线路的利用率，两联络和三联络接线模式的负载率可分别达到 67% 和 75%。

适用范围：适用于负荷密度较大，可靠性要求较高的区域。

典型的多分段适度联络一般有三分段两联络和三分段三联络两种接线。

a）三分段两联络。特点是通过两个联络开关，将变电站（开闭站）的一条馈线与来自不同变电站（开闭站）或相同变电站（开闭站）不同母线的其他两条馈线连接起来。这种接线模式，通过在干线上加装分段开关把每条线路进行分段，并且每一分段都有联络线与其他线路相连接，当任何一段出现故障时，均不影响另一段正常供电，这样使每条线路的故障范围缩小，提高了供电可靠性，如图 3-6 所示。

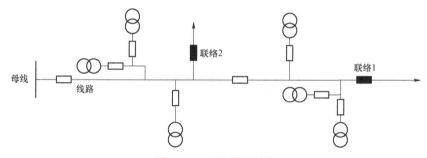

图 3-6 三分段两联络

这种接线最大的特点和优势是可以有效提高线路的负载率，降低不必要的备用容量。在满足 $N-1$ 的前提下，主干线正常运行时的负载率可达到 67%。

b）三分段三联络。特点是通过三个联络开关，将变电站（开闭站）的一条馈线与来自不同变电站（开闭站）或相同变电站（开闭站）不同母线的其他三条馈线连接起来。任何一个区段故障，均可通过联络开关将非故障段负荷转供到相邻线路。在满足 $N-1$ 的前提下，主干线正常运行时的负载率可达到 75%，如图 3-7 所示。

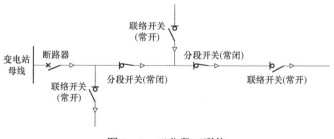

图 3-7 三分段三联络

（2）电缆网。中压电缆网典型网架结构主要有单环式、双环式 2 种类型，其特点、适用范围和接线示意图如下文所述。

1）单环式。特点是自同一供电区域的两个变电站的中压母线（或一个变电站的不同中压母线）、或两个开关站的中压母线（或一个开关站的不同中压母线）或同一供电区域一个变电站和一个开闭所的中压母线馈出单回线路构成单环网，开环运行。任何一个区段故障，闭合联络开关，将负荷转供到相邻馈线，完成转供，在满足 $N-1$ 的前提下，主干线正常运行时的负载率仅为 50%，如图 3-8 所示。

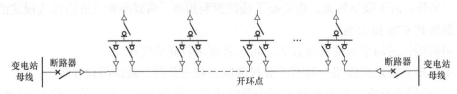

图 3-8　双侧电源单环式

单环网的环网点一般为环网柜、箱式站或环网配电站，与架空单联络相比它具有明显的优势，由于各个环网点都有两个负荷开关（或断路器），可以隔离任意一段线路的故障，客户的停电时间大为缩短，只有在终端变压器（单台配置）故障的时候，客户的停电时间是故障的处理时间。

这种接线的最大优点是可靠性比单电源辐射式大大提高，接线清晰、运行比较灵活。根据线路长度、负荷密度适当分段，线路故障或电源故障时，在线路负荷允许的条件下，通过切换操作可以使非故障段恢复供电。在这种接线模式中，线路的备用容量为 50%，即正常运行时，每条线路最大负荷只能达到该线路允许载流量的 1/2。一般采用异站单环接线方式，不具备条件时采用同站不同母线单环接线方式；在单环网尚未形成时，可与现状架空线路暂时拉手。

适用范围：单环接线主要适用于城市一般区域（负荷密度不高、三类用户较为密集、一般可靠性要求的区域），中小容量单路用户集中区域，工业开发区、线性负荷的农村地区以及电缆化区域容量较小的用户。

这种接线模式可以应用于电缆网络建设的初期阶段，对环网点处的环网开关考虑预留，随着电网的发展，在不同的环之间通过建立联络，就可以发展为更为复杂的接线模式。所以，它还适用于城市中心区、繁华地区建设的初期阶段或城市外围对市容及供电可靠性都有一定要求的地区。

2）双环式。特点是自同一供电区域的两个变电站（或两个开关站）的不同段母线各引出一回线路或同一变电站的不同段母线各引出一回线路，构成双环式接线方式。如果环网单元采用双母线不设分段开关的模式，双环网本质上是两个独立的单环网。在满足 $N-1$ 的前提下，主干线正常运行时的负载率仅为 50%，如图 3-9 所示。

双环网为最可靠、最灵活的接线方式。双环网中可以串接多个开闭所，类似于架空线路的分段联络接线模式，这种接线当其中一条线路故障时，整条线路可以划分为若干部分被其余线路转供，供电可靠性较高，运行较为灵活。

这种接线模式最大的特点和优势就是能够提高线路理论负载率，这种接线最高运行负

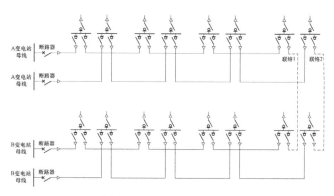

图 3-9 双侧电源双环式

载率为 67%，不宜超过 75%。该接线模式可以使客户同时得到两个方向的电源，满足从上一级 10kV 线路到客户侧 10kV 配电变压器的整个网络的"$N-1$"要求，供电可靠性高，运行较为灵活。

适用范围：双环式接线适用于城市核心区、繁华地区，重要用户供电以及负荷密度较高、二类用户较为密集、可靠性要求较高，开发比较成熟的区域，如高层住宅区、多电源用户集中区的配电网。

2. 典型网架结构可靠性及经济性分析

根据可靠性算法的原理，使用 CYMDIST 作为分析工具，针对各种典型网络结构，分别计算其可靠率及系统平均停电时间等指标。研究其可靠性随负荷密度的变化趋势，以及在同一种负荷密度和变电站容量条件下不同网络结构之间的比较。计算结果如图 3-10、图 3-11 所示，其中，相邻的曲线代表不同网络结构的供电可靠性指标，相同负荷密度下不同颜色的相邻柱图代表不同网络结构的供电可靠性指标。

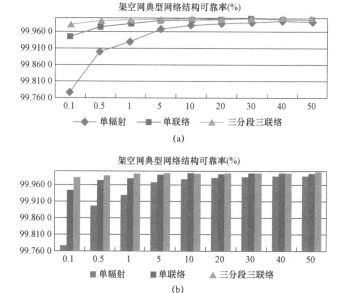

图 3-10 架空网典型网络结构供电可靠性指标
（a）折线图；（b）柱状图

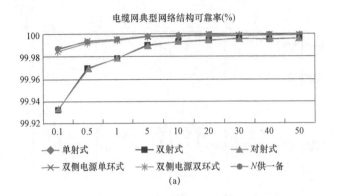

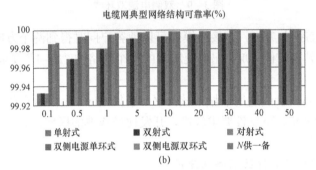

图 3-11　电缆网典型网络结构供电可靠性指标

(a) 折线图；(b) 柱状图

通过计算可得出如下一些结论：

（1）在变电站容量一定时（50MVA），对于同一种网络结构，供电可靠率指标随着负荷密度的增大而增大。这主要是由于随着负荷密度的增大，变电站的供电半径减小，变电站到负荷的线路长度也会相应地缩短，而在单位长度线路的故障率一定的情况下，线路的平均故障率与线路长度成正比关系，所以配电网的可靠率指标就会相应的提高。

（2）架空网中三种典型网络结构的可靠率由高到低依次为多分段适度联络、多分段单联络、多分段单辐射。

（3）电缆网中典型网络结构的可靠率由高到低依次为双环式和单环式。

（4）架空网的可靠率低于电缆网的可靠率。这主要是因为在综合情况下单位长度架空线路的故障率高于电缆线路。

综合考虑，对以上分析的五种典型网络结构的适用选择可参照以下原则进行选取。

（1）架空网。中压线路的负载率达到经济负载率时。

1）多分段单辐射结构的经济性最好，但不能满足供电安全 $N-1$ 的要求，供电可靠性很低，因此，多分段单辐射结构只适用于对供电可靠性要求较低的地区。

2）由于多分段单联络结构的经济负载率为 50%，故其经济性较差，但其供电可靠性相比于多分段单辐射结构有了很大提高，因此，多分段单联络结构适用于供电可靠性要求较高，负荷密度较低，线路负载率低于 50% 的区域，如农村区域以及负荷增长未到位的新建城区。

3）多分段适度联络结构的可靠性最好，但由于其联络数较多，故障时倒闸操作复杂，因此，主要适用于供电可靠性要求高，负荷密度高，线路负载率高于67%、低于75%的，且配电自动化水平较高的区域。

综上所述，中压架空网在供电区域负荷密度低、供电可靠性要求不高、条件不成熟时可暂时采用多分段单辐射结构，但应尽快向多分段单联络结构过渡，并根据区域内供电可靠性以及负荷发展的要求，逐渐增加联络，逐步形成多分段两联络和多分段三联络的形式。

（2）电缆网。中压线路的负载率达到经济负载率时，由于单环式结构与双环式结构（不带母联）的经济负载率为50%，故其经济性较差，因此，单环式结构适用于供电可靠性要求较高，负荷密度较低，线路负载率低于50%的区域。

# 第二节 物资采购环节的主要措施

## 一、总体思路

根据《配电网技术导则》《配电网工程典型设计（2016版）》及2016版配电网标准化物料目录，进一步精简设备型式、优化设备序列、规范设备选型，提高技术标准；提高配电网设备通用性、互换性，按照"成熟可靠、技术先进、节能环保"原则，注重节能降耗、兼顾环境协调，选用技术成熟、免（少）维护、低损耗、小型化具备可扩展功能的设备，实现配网设备的坚固耐用。

针对配电网中存量的配变、开关、线缆等设备，结合配电网改造计划，逐步开展存在安全隐患及非节能型配电设备的升级换代；针对新建配网工程，积极推广节能型配变、环境友好型（免/少维护）开关，配置接口标准化配电终端等，提高配电设备的环保性、可靠性、智能化及标准化水平。

## 二、主要目标

设备提升主要建设目标：优化设备序列，简化设备类型，按照坚固耐用的原则，开展差异化设备配置，多采用技术成熟、少（免）维护、具备可扩展功能、满足一二次融合要求的设备，提高配电网设备可靠性；按照"依靠业主单位、联合专业部门、引导生产厂家、强化质量管控"的思路，深入开展供应商产品质量抽检，提前谋划优质设备选型；利用大数据分析、供应商评价等方式，加强产品全寿命周期质量监督。

## 三、设备差异分析

### （一）配电开关

配电开关技术方面，欧、美、日等发达国家受环境保护和能源政策以及现代新技术的驱动，配电开关技术发展很快。国内大多数配电开关企业仍处于仿制、跟随阶段，缺乏核心技术，产品质量良莠不齐，功能参差不齐，在稳定性和可靠性方面与国际知名产品存在着较大差距。受成本和技术的双重影响，国内配电开关产品的标准化程度低，互换性差，智能化程度低、一二次融合程度低。

配电开关应用趋势方面，考虑到环境污染问题，目前国际上使用环保绝缘气体替代 $SF_6$ 是一个发展方向，少维护或免维护的充气柜也成为开关设备新的发展方向。欧美发达国家在户内或运行环境较好的条件下较多使用空气绝缘开关设备，户外较多使用充气式开关设备；日本较多使用固体绝缘或全密封充气式开关设备，且基本已实现全覆盖。近年来，环保型充气柜及固体绝缘开关柜开始在国内试点应用，正在积累应用经验。

### （二）配电变压器

配电变压器方面，使用节能环保型配电变压器是配变发展的新趋势，美国、欧洲、日本等发达国家主要倾向于新型材料、新结构、新型工艺节能配变的研发及应用，相关技术水平较成熟，投运率较高。近年来，国内开始大规模应用非晶合金铁心配电变压器、立体卷铁心配电变压器、有载调容配电变压器、S13 型及以上系列节能配变，且运行稳定性及经济效益良好。

### （三）配电线缆

在线缆方面，国内架空绝缘电缆普遍采用单芯型结构或平行集束结构，国外城市多采用多芯拧绞结构，国外单芯结构导体多采用铝合金材质。

从国内外对比结果来看，目前我国在运配电设备种类较多，通用性、互换性较差，存在部分配电设备和电缆质量参差不齐、缺陷多发等问题，配电网设备标准化程度与质量水平有待持续加强。

## 四、存在问题

### （一）设备健康水平有待进一步提升

目前配电网中仍存在部分技术落后、健康水平低的设备，部分早期建设的选择的 HK、HXGN 系列开关柜经过十余年的运行，设备老化严重、无法适应自动化建设需求，受气候影响曾多次发生 TA、支撑瓷瓶击穿事故，已对安全运行造成威胁。部分环网柜柜面腐蚀生锈现象比较严重；还有部分环网柜操作机构失灵，经过一次操作往往会产生操作机构卡死等情况，对设备安全运行及正常的倒闸操作形成威胁。

### （二）设备建设标准有待进一步规范

通过现状分析可知，中压主干线路中还存在部分小截面导线，干线线规规范性需要进一步加强，同时市区建设较早的电缆网中还有大量 240mm² 导线，设备规格与现有执行标准存在一定差距；随着近年来 A+、A 类地区负荷密度迅速攀升，此类线路重载、过载问题频繁出现。

中压架空线路绝缘化率为 94.32%，仍存在 1100km 的架空裸导线，主要分布于 C 类、D 类地区，部分山区线路树线矛盾突出，大风天气、雨雪天气时故障多发；低压架空线路绝缘化率为 95.1%，仍有 700 余千米裸导线，存在运行安全风险。

从运行情况看，目前架空线路雷击故障多差异化建设标准低需加强，尤其是架空线路防雷措施的差异化建设，对雷害频发地区的线路逐基装设防雷设施，开展专项行动，消除防雷空白点。

部分箱式变电站为美式老旧箱变，运行年限较长，缺乏备品备件，需整体刚换。

**（三）设备制造质量有待进一步加强**

截至 2020 年底，配电网的设备故障共计 891 起，其中：避雷器故障 131 起，由于产品质量导致故障 23 起，主要出现了玻璃丝带与电阻片之间密封不良等问题；柱上开关故障 151 起，由于产品质量导致故障 23 起，主要出现了开关本体密封性能不良、套管存在裂纹缺陷和内置 TV 缺陷等问题；电缆接头故障 74 起，由于产品质量导致故障 19 起；此外 264 起变压器故障中，设备老化导致故障 48 起。

**（四）设备施工工艺有待进一步严控**

由于配网工程标准化安装施工执行不到位、管控不严而造成架空和电缆线路等设备故障，其原因主要有两个方面：一是电缆中间接头防水密封处理不当引发故障；二是电缆中间接头安装不规范引发故障，如在割伤电缆主绝缘、中间接头过度弯曲。这体现出在工程建设过程中缺乏管控意识，缺少对工程全过程、全方位的监控；没有严格把控施工人员的施工工艺水平，对施工关键环节及施工后的验收把关不严，最终造成了设备故障。

**（五）质量管控体系有待进一步完善**

（1）入网检测阶段，在实际执行中容易出现供应商供货产品与入网检测产品不一致的情况，如供货产品选用质量较差或材质较差的组部件、尺寸不一致、制造工艺有差异等问题，导致入网检测不能有效控制实际入网设备的质量。

（2）抽检阶段，随着抽检规模的不断增加，设备抽检单位承担的压力也不断增强。受到检测仪器设备制约，开展型式试验项目部分项目不能全面有效开展。此外人力资源严重不足，而抽检物资数量急速增长，也大幅度影响了检测时效。目前技术条件主要对电气性能等参数进行了规范，对于影响设备质量的工艺标准、组部件参数、材质等缺少具体要求。

（3）到货验收阶段，由于目前技术条件主要对电气性能等参数进行了规范，对于影响设备质量的工艺标准、材质等要求不够全面细致。因此，现阶段根据招标技术条件难以对设备质量进行有效管控。

（4）运行反馈手段限于实际条件，尚存如下问题：一是运行反馈数据量少，很多设备故障后并未开展有效的原因分析和反馈，是否是质量问题以及什么原因的质量问题并没有深入追溯，导致反馈信息较差；二是不少设备故障发生于设备投运后较长时间，无法与设备投运前的设备供应信息、质量管控信息对应，不能与入网检测、质量抽检、到货验收等设备质量管控形成闭环。

（5）不良供应商处理有待进一步提高。物资质量管控对不良供应商的处罚力度轻，不良供应商的违约代价小。

## 五、建设改造原则

### （一）提高设备选型技术标准

一是按照城区、城镇、乡村三类区域制定差异化建设目标、设备选型标准和建设改造原则；二是配电网建设改造严格按照《配电网技术导则》和配电网典型设计执行，进一步优化设备序列，精简设备类型，提升设备通用互换性，满足配电自动化发展和分布式电源、电动汽车充电站（桩）、电采暖等新型负荷接入要求。三是提升设备配置标准，新入网设备满足三十年免维护要求，实现配网设备的经济高效、坚固耐用，全面应用一二次融合设备，提升设备智能化水平，加强对电能质量的监控力度。

**（二）健全质量监督体系，实现设备全寿命周期管控**

装备质量闭环管理，从招投标规则、随机抽检、分级验收把关、运行缺陷故障分析等各关键环节强化技术监督和质量管控，强化新设备、新技术、新工艺入网检测，加大开关类、电缆附件类等关键设备质量抽检力度，加强物资全过程监督管理和供应商质量考评，实现物资全过程监督管理。

（1）配电变压器。

1）存量设备改造原则：

a）S9 以下及运行年限超过 20 年的 S9 型配电变压器应全部更换，提高配变能效等级。

b）经过设备状态评价认定抗短路能力有缺陷或有严重缺陷又无法通过现场大修解决的配电变压器应全部更换，提高设备安全水平。

c）对于离建筑物或居住区较近的设有配电变压器的供配电设施，噪声（声功率）大于 GB 12348《工业企业厂界环境噪声排放标准》时，应采取更换低噪声变压器、现场隔音降噪或减震措施，使供配电设施运行噪声满足环境噪声限值要求。

2）新建设备配置原则：

a）配电变压器适应深入低压负荷中心，采取"小容量、密布点、短半径"且便于更换和设备检修的原则设置，选用低损耗、低噪声的节能、环保型配电变压器，容量选取应按照规划远期负荷，一次性建设改造到位。

b）一般采用无励磁调压变压器，当低压用电负荷时段性或季节性差异较大，年平均负荷率低于配变高档位额定容量25%，可选用有载调容变压器；电压波动范围较大的配变台区，可选用有载调压配电变压器；对于年平均负载率低于 25%、荷峰谷差大特定时期（如春节农忙等）短幅增长容易造成变压器短时严重过载的配电台区，可选用高过载配电变压器；在非噪声敏感区且平均负载率低于 35%、轻（空）载运行时间长的供电区域，应优先采用非晶合金配电变压器供电。

c）柱上变压器采用全密封油浸式变压器，一般采用三相变，其中无励磁调压变压器容量选用 50、100、200、400kVA，有载调容调压变压器容量选用 400（125）kVA。居民分散居住、以单相负荷为主的场所可采用单相变压器，容量选用 30、50、100kVA；配电室变压器采用油浸式或干式三相变压器，其中油浸变选用 400、630kVA，干变选用 400、630、800kVA，用于存量设备改造时还可选用 1000、1250kVA。

d）单相变压器选用 D11 型及以上，接线组别 Yy0；三相变压器油变选用 S14 及以上、干变选用 SC（B）13 及以上的配电变压器，接线组别应采用 Dyn11。具备抗突发短路能力。

e）根据电网运行情况选择变压器变比。城区或供电半径较小地区的三相变压器额定变比宜采用 10.5±2×2.5%/0.4kV；郊区或供电半径较大、布置在线路末端的三相变压器额定变比宜采用 10±2×2.5%/0.4kV。

（2）环网柜（箱）。

1）存量设备改造原则：

a）现有起分支作用、进出线不带开关的中压电缆分支箱逐步更换为环网箱。

b）及时更换外壳防护性能较差的环网箱外壳。

c）更换 FZRN 型开关、GG1A、XGN、HXGN 等技术落后、存在安全隐患的设备为环网柜。

d）更换存在五防装置故障、严重放电、严重破损、过热等情况的环网柜（箱）。

e）更换绝缘性能、载流能力、短路开断能力、SF$_6$ 泄漏率、机械特性等评价结果为严重状态的环网柜（箱）。

f）更换内部故障电流大小和短路持续时间达不到（IAC 等级水平）20kA/0.5s，泄压通道正对巡视通道，影响安全运行的环网柜（箱）。

2）新建设备配置原则：

a）环网柜（箱）适用于 10kV 电缆线路环进环出及分接负荷，应设置在车辆、行人不易碰及且电缆进出方便的地方。

b）电缆网新建设备优先采用环网柜设于户内的环网室和配电室型式，当布点确实困难，方可采用环网柜设于户外的环网箱型式。

c）环网柜（箱）应具有可靠的"五防"功能，线路带电并应闭锁接地。采用成熟的全绝缘、全封闭、防凝露等技术，一次带电部分防护等级达到 IP67。额定电流 630A，额定短路开断电流 20kA，接地开关短路关合能力为 5 次。配置弹簧或永磁操作机构，具备电动并可手动操作功能，户内环网柜操作机构电压为 DC48V/DC110V，户外环网箱操作机构电压为 DC48V。

d）环网柜（箱）中用于环进环出的开关采用负荷开关，用于分接负荷的开关采用负荷开关或断路器，用于变压器单元保护的开关采用负荷开关－熔断器组合电器。安装在由 10kV 电缆单环网或单射线接入的用户产权分界点处的环网柜，宜具有自动隔离用户内部相间及接地故障的功能。

e）环网箱采用单母线接线，选用 2 进 4 出或 2 进 2 出，外壳采用厚度不小于 2mm 的不锈钢材板或 GRC 材质，防护等级不低于 IP43。箱内电压互感器应采用全绝缘结构型式。

f）环网柜（箱）应选用 IAC 级产品，内部故障电弧及允许持续时间为 20kA/1s。除二次小室外，在气箱和电缆室均应设有排气通道和泄压装置，当内部产生故障电弧时，泄压通道应自动打开，释放内部压力，释放的电弧或气体不得危及操作及巡视人员人身安全和其他环网单元设备安全。

g）环网柜二次仪表小室及电缆室内应通过安装根据条件自启动的除湿装置（二次仪表小室除湿装置严禁使用加热板形式）或其他形式，满足凝露试验要求。

h）与自动化终端连接时采用航空插头方式。

i）采用 SF$_6$ 绝缘或灭弧的环网柜（箱）SF$_6$ 年泄漏率应低于 0.05%，并装设气体密度表。

j）沿海城市的环网柜（箱）应根据 GB 2423.17《电工电子产品环境试验 第 2 部分：试验方法：盐雾》的要求开展盐雾试验，试验周期为 96h。

（3）开关柜。

1）存量设备改造原则：

a）改造存在安全隐患的开关柜和运行年限超过 20 年的落地式手车柜、间隔式开关柜。

b）改造柜内元部件外绝缘爬距不满足开关柜加强绝缘技术要求的开关柜，母线室、断路器室、电缆室为连通结构的开关柜，外绝缘性能（如绝缘件外绝缘爬距、伞形结构及机械强度）不能满足设备安装地点污秽等级要求的开关柜。

c）改造外壳为网门结构或外壳防护性能较差的开关柜。

d）改造存在五防装置故障、严重放电、严重破损、过热等严重状态不能通过大修进行完善的开关柜。

e）改造通过设备状态评价认定为绝缘性能、载流能力、短路开断能力、$SF_6$ 泄漏率、机械特性等评价结果为严重状态且无法通过现场大修解决的开关柜。

f）改造内部故障电流大小和短路持续时间达不到（IAC 等级水平）20（25）kA/0.5s，影响安全运行的开关柜。

g）改造避雷器、电压互感器和熔断器等柜内设备未经隔离开关（或隔离手车）与母线相连的开关柜。

h）改造累计短路开断次数达到产品设计值，或累计合分操作次数到产品设计的额定机械寿命，且无修复价值的开关柜。

i）柜内配用少油断路器（SN 系列）或电磁机构的开关柜应进行改造。

2）新建设备配置原则：

a）开关柜用于中压开关站内，作为变电站 10kV 母线延伸功能的交流金属封闭开关设备。

b）开关柜宜采用箱式气体绝缘金属封闭开关设备（C-GIS），也可采用金属铠装移开式封闭开关设备（中置柜）。应具有可靠的"五防"功能，进线柜、联络柜额定电流 1250A，馈出柜额定电流 630A，额定短路开断电流 25kA，配置弹簧操作机构，具备电动并可手动操作功能，操作机构电压 DC110V。

c）开关柜应采用 IAC 级产品，内部故障电弧及允许持续时间应不小于 25kA/1s，其中中置柜母线室、断路器室、电缆室、二次装置室及相邻母线室之间并应相互独立。柜体采用敷铝锌钢板，厚度不小于 2mm，外壳防护等级 IP4X。

d）中置柜电压互感器等柜内设备应经隔离断口与母线相连，严禁与母线直接连接。开关柜内二次回路端子要求使用 V0 级阻燃型可通断式电压、电流端子，接线端子号应清晰可见。柜内并配备温湿度控制器或采用手动控制，对于手动控制的加热器应在柜外设置控制开关，以进行投入或切除操作，加热器并能确保柜内潮气排放。

e）C-GIS 开关柜应具备零表压条件下正常开断额定短路故障能力，二次仪表小室及电缆室内通过安装根据条件自启动的除湿装置，（二次仪表小室除湿装置严禁使用加热板形式）或其他形式，满足凝露试验要求。

f）开关柜配置微机保护，微机保护装置具备综合自动化功能。

g）沿海城市的开关柜应根据 GB 2423.17《电工电子产品环境试验 第 2 部分：试验方法：盐雾》的要求开展盐雾试验，试验周期为 96h。

（4）箱式变电站。

1）存量设备改造原则：

a）设有 S9 以下及运行年限超过 20 年的 S9 型变压器的箱变，采取更换变压器（其中欧式箱变更换变压器，美式箱变整体更换）为节能型配变，提高设备能效水平及安全水平。

b）对于离建筑物或居住区较近的箱变，噪声（声功率）大于 GB 12348《工业企业厂界环境噪声排放标准》时，应采取更换变压器（其中欧式箱变更换变压器、美式箱变整体更换）为低噪声变压器、或现场隔音降噪措施，使箱变噪声满足噪声限值要求。

c）更换经设备状态评价认定变压器抗短路能力有缺陷或存在漏油等严重缺陷又无法通过现场大修解决的箱式变电站，消除设备安全隐患。

2）新建设备配置原则：

a）箱式变电站适用于施工用电、临时用电场合、架空线路入地改造地区，以及现有配电室无法扩容改造的场所。

b）新建工程应采用终端型欧式箱变，改造工程不具备条件时，方可采用环网型箱变。

c）箱变内仅配置 1 台变压器，变压器采用 S14 型及以上全密封油浸式三相变压器或非晶合金变压器，额定电压比 10（10.5）±2×2.5%，接线组别 Dyn11。

d）箱变中压侧一般采用 SF$_6$ 绝缘环网柜，采用三工位负荷开关，额定电流 630A，额定短时耐受电流 20kA/4s，配变出线开关采用负荷开关–熔断器组合电器，额定电流 125A，额定短路开断电流 31.5kA。容量选用 400kVA、500kVA、630kVA，外壳可选用 304 不锈钢或选用 GRC 材质。

e）箱变低压开关在环境温度 60℃时，开关降容不得超过 10%，并具备试验报告。其中进线总开关采用框架式空气断路器，额定运行短路分断能力 65kA，具有微处理器的电子式控制脱扣器；低压馈出开关采用塑壳断路器，额定运行短路分断能力 50kA，配电子脱扣器，三段保护；无功补偿采用智能型电容器，补偿容量按变压器容量 30%左右配置。

f）箱式变电站内环网柜、变压器及低压设备导体应绝缘封闭，环网柜及箱式变电站的箱体设计有压力释放通道，能够防止故障引发内部电弧造成箱外人员伤害，燃弧级别达到 IAC–AB。箱式变电站外壳防护等级应不低于 IP33，外壳温升级别 10K，噪声（声功率级）不大于 45dB。

（5）柱上开关。

1）存量设备改造原则：

a）更换所有油开关设备及运行状况较差，三相不同期、机构卡涩、储能失效、过热等现象的柱上开关。

b）更换通过设备状态评价认定为存在绝缘性能、直流电阻、温度、机械特性等评价结果为严重状态又无法通过现场大修解决的柱上开关。

c）为满足线路馈线自动化配置标准及线损管理关口计量要求，应结合建设改造将不具备条件的柱上开关进行更换，并对无通信功能的控制器进行更换改造。

d）逐步将主干架空线路中压用户分界点处，不具备自动切除并隔离用户内部故障的开关设备更换为柱上分界开关。

e）更换本体出现严重破损、锈蚀、松动、操作时弹动、支架位移、表面有明显或严重放电痕迹的，对地距离、相间距离不满足技术标准的柱上开关。

f）更换载流能力及短路电流开断能力不足的柱上开关。

2）新建设备配置原则：

a）适用于中压架空线路的分段、联络、馈线分支及用户进线的开关设备。其中分段开关和联络开关可采用柱上负荷开关或柱上断路器，大分支线路首端、用户分界点处应采用柱上断路器。对于变电站出线开关过电流保护无法保护线路全长的馈线，可在该馈线上选择适当分段处配置一级过电流保护，定值与变电站出线开关过电流保护和下级线路过电流保护配合，宜采用重合器方式。

b）中压架空线路用户接入产权分界点处，电网侧应配置柱上分界断路器，具备自动切除并隔离用户内部接地故障和相间短路，相间短路保护 0s 跳闸，小电流接地系统单相接地保护有一定延时并与上级保护相配合。当用户内部电缆线路较长时（累加），需要计算当用户界外发生接地故障，从用户界内向界外流经分界开关的零序电流，其值应低于分界开关零序动作整定值，否则应重新选择分界开关的安装位置。

c）柱上负荷开关采用 $SF_6$ 气体绝缘，真空或 $SF_6$ 灭弧，弹簧或电磁操作机构，气体绝缘的操作机构内置于封闭气箱内，$SF_6$ 年泄漏率≤0.05%，壳体防护等级不低于 IP67，外绝缘采用瓷或复合绝缘，额定电流 630A，额定短时耐受电流不小于 20kA/4s，短路关合能力为 E3 级。

d）柱上断路器采用 $SF_6$ 气体或空气绝缘，真空灭弧，弹簧或电磁操作机构，气体绝缘的操作机构内置于封闭气箱内，外绝缘采用瓷或复合绝缘。额定电流 630A，额定短路开断电流不小于 20kA，额定机械操作寿命不低于 10 000 次，$SF_6$ 气体绝缘开关 $SF_6$ 年泄漏率≤0.05%，壳体防护等级不低于 IP67。

e）柱上开关宜采用全封闭绝缘结构，采用电动操作机构，具备电动并可手动操作功能，操作电压 DC24V/DC48V，采用外置 TV（设置熔断器保护）和内置 TA 形式，开关本体配置 26 芯航空插座。

（6）熔断器。

1）存量设备改造原则：

a）跌落式熔断器故障后应及时更换。

b）本体有严重破损、有裂纹、表面有明显或严重放电痕迹的、无法正常操作的、熔断器故障跌落次数超厂家规定值的应进行更换。

c）接头（触头）实测温度在 75℃ 以上或相间温差在 10K 以上的应进行更换。

d）出现锈蚀、操作时弹动、本体松动、支架位移，对地距离、相间距离不满足技术标准的等现象应进行更换。

e）跌落式熔断器熔丝不合格（熔断电流值和熔断时间分散性大、熔断值不符合规程要求等）或与配电变压器容量不匹配，应更换熔丝。

2）新建设备配置原则：

a）熔断器仅用于架空线路柱上变压器短路保护，一般采用跌落式，对于线路绝缘化水平要求较高及树线矛盾严重、鸟害严重的线路宜选用封闭型喷射式熔断器。

b）跌落式熔断器应采用负荷型，具备开合负荷电流的能力。可采用高强瓷绝缘子或复合材料，采用高强瓷绝缘子时，应符合 GB/T 772《高压绝缘子瓷件技术条件》的规定。导电片应采用材质 T2 及以上，其中上、下触头导电片厚度不小于 2mm。导电片、上、下触头导电接触部分均要求镀银，且厚度≥3μm。

c）熔断器熔座额定电流 100A，熔芯额定短路开断电流应不小于 12.5kA。熔断器等级应选择 B 级。

d）同型号规格的跌落式熔断器熔管应具有互换性。

（7）低压开关柜。

1）存量设备改造原则：

a）更换 PGL、BSL 型等技术水平落后，不满足安全运行的低压开关柜。

b）更换内置 DW、AE、AH 型及存有家族性缺陷（如 M 型开关）主开关的低压开关柜；更换内置 DZ 系列塑壳低压馈线开关的低压开关柜。

2）新建设备配置原则：

a）低压开关柜可采用固定式、固定分隔式或抽屉式，母线规格按终期变压器容量配置一次配置到位，柜体外壳防护等级不低于 IP31，具有良好的通风散热性能。

b）柜内低压开关在环境温度 60℃时，开关降容不得超过 10%，并具备试验报告。低压进线总开关采用框架式空气断路器，额定运行短路分断能力 65kA，具有微处理器的电子式控制脱扣器；低压馈出开关一般采用塑壳断路器，额定电流 630A 及以上宜采用框架断路器，额定运行短路分断能力 50 kA，配电子脱扣器，三段保护。

c）对供电可靠性要求较高区域，结合建设改造，低压开关柜母线预留应急电源接口。

（8）低压综合配电箱。

1）存量设备改造原则：

a）不满足安全运行要求的综合配电箱应优先进行改造。

b）更换载流能力与开断电流能力与变压器不匹配的综合配电箱。

c）柱上变压器低压侧采用 PGL 等技术落后设备的低压配电室，逐步更换为综合配电箱。

2）新建设备配置原则：

a）适用于柱上变压器低压侧，实现低压电能分配、计量、保护、控制、无功补偿功能。

b）低压综合配电箱根据变压器远景容量选用，其中 200kVA 配电箱与容量为 100kVA 以下三相配电变压器配合使用，400kVA 配电箱与容量为 200kVA、400kVA 三相配电变压器配合使用。30kVA、50kVA 单相变压器配电箱额定电流选用 200A，100kVA 单相变压器配电箱额定电流选用 400A。

c）三相变压器用低压综合配电箱进线采用熔断器式隔离开关，由箱体侧上部接入；出线根据低压接地系统选用塑壳断路器（TN 系统）或塑壳断路器，带剩余电流保护（TT 系统），根据运行要求，可采用电子式或电子式带通信接口型式断路器，由箱体侧下部或底部出线；箱内应配置具有计量、电能质量监测无功补偿控制、运行状态监控等功能的智能配变终端。三相变压器根据功率因数情况一般应配置自动无功补偿装置，低压以电缆线路为主的配电台区可根据电压及功率因数情况不配置无功补偿装置；箱体材料采用 304 不锈钢材质或玻纤维增强不饱和聚酯片状模塑料（SMC），箱门宜安装带防误闭锁功能锁具。

d）单相变压器用低压配电箱进线采用隔离开关、出线根据低压接地系统选用塑壳断路器（TN 系统）或带剩余电流保护的塑壳断路器（TT 系统）。

（9）低压无功补偿。

1）存量设备改造原则：

a）不满足安全运行要求的无功补偿装置应进行改造。

b）丧失无功补偿能力的无功补偿装置应进行改造。

2）新建设备配置原则：

a）低压无功补偿应根据分层分区、就地平衡和便于调整电压的原则进行配置，可采用集中补偿或分散和集中补偿相结合的方式。

b）低压侧一般采用集中补偿，在低压侧母线上装设，容量宜根据计算确定，或根据变压器容量 10%～30%配置；无功补偿以电压为约束条件，根据无功需量进行分组自动投切，采取三相共补与分相补偿相结合的方式。

c）无功补偿装置应采用智能型电容器，采用交流接触器 – 晶闸管复合投切方式，SVG 或其他无涌流投切方式，实现电压过零时投入，电流过零时切除。

（10）低压三相不平衡自动调节装置。

新建设备配置原则：

a）适用于三相负荷不平衡问题由特殊负荷随机变化引起，且通过日常运维管理措施难以治理的配电台区。

b）低压三相不平衡自动调节装置应根据三相不平衡的具体情况，选择通过电容器、换相开关或电力电子型式实现调节。其中电容器型三相负荷自动调节装置用于配电台区同时存在三相负荷不平衡和无功不足问题及供电半径较短的配电台区；换相开关型三相负荷自动调节装置用于配电台区低压主干线和主要分支线为三相供电方式、配电变压器低压侧功率因数大于 0.85 且供电范围内无对可靠性要求高的敏感性负荷；电力电子型三相负荷自动调节装置适用于用户对电能质量要求较高或同时存在三相负荷不平衡、无功不足和谐波超限问题及供电半径较短的配电台区。

c）电容器型三相负荷自动调节装置性能应满足以下要求：装置的电流互感器测量精度不低于0.5级；装置的电容投切开关过零投切，投入无涌流、切除无弧光；装置的整机功率损耗不大于30W；装置的控制终端需预留远程通信接口，支持远程投切控制。

d）换相开关型三相负荷自动调节装置性能应满足以下要求：装置的电流互感器测量精度不低于 0.5 级。换相开关单元换相过程失压时间不超过 20ms，换相开关单元额定工作电流不小于 100A、整机功率损耗不大于 10W；换相开关单元 A、B、C 三相应具备机械闭锁功能，防止发生相间短路。换相开关单元机械寿命大于 10 万次、电气寿命大于 5 万次；换相开关单元应支持与换相控制终端组网运行和独立运行两种方式。

e）电容器型三相负荷自动调节装置性能应满足以下要求：三相负荷不平衡度控制在

5%以内，功率因数在－1～1之间连续、平滑、快速调节，有效滤除2～13次谐波、谐波滤除率80%以上、输出波形畸变率小于等于$3\%I_n$；具备无功、谐波和三相负荷不平衡补偿多种控制模式，且不同模式之间可随意组合；整机功率损耗需小于额定容量的3%，噪声小于等于60dB。

（11）中压架空线路。

1）存量设备改造原则：

a）结合线路改造，对人群密集区域及树线矛盾突出场所的架空裸导线，逐步开展绝缘线改造。

b）更换不满足供电能力和安全运行要求的架空导线。

c）杆塔存在严重老化、裂纹、露筋、锈蚀、沉降、倾斜、埋深不足、对地距离不够等情况，应进行改造。

d）架空导线存在严重腐蚀、断股、散股、绝缘层破损等现象，导线弧垂、电气、交跨、水平距离不满足安全运行要求，铁件、金具、绝缘子、拉线存在老化、破损、锈蚀、污秽、松动等情况应进行更换。

e）结合线路改造，逐步淘汰预应力电杆及中压针式绝缘子。

f）导线非承力连接处使用并沟线夹的，应结合建设改造进行更换。

g）供电距离远、功率因数低的10kV架空线路上，可适当安装并联补偿电容器，用以补充线路无功损耗，改善电能质量、提高功率因数、降低线路损耗，稳定线路末端电压。容量一般按线路上配电变压器总容量的7%～10%配置（或经计算确定），但不应在低谷负荷时向系统倒送无功。

h）在缺少电源站点的地区，架空配电线路过长，导致电压质量不能满足要求时，可在线路适当位置加装线路调压器，调压器额定电流应满足线路负荷发展要求，采用自动投切方式，一般采用三相调压器方式。

i）针对易遭受台风、覆冰灾害地区，应增强10kV架空配电线路抵御风灾和冰灾的能力，提高架空线路安全运行水平。

2）新建设备配置原则：

a）中压架空线路导线采用铝导线，截面应按远景规划一次建成，选用240mm²、150mm²、70mm²截面。

b）一般采用耐候铝芯交联聚乙烯绝缘导线；林区、严重化工污秽区以及系统中性点经低电阻接地地区应采用架空绝缘导线；沿海及严重化工污秽区域的一般档距线路可采用耐候铜芯交联聚乙烯绝缘导线（宜选用阻水型），大跨越线路可采用铝锌合金镀层的钢芯铝绞线或防腐钢芯铝绞线；走廊狭窄或周边环境对安全运行影响较大的大跨越线路可采用绝缘铝合金绞线或绝缘钢芯铝绞线。

c）10kV铝芯交联聚乙烯绝缘导线采用绝缘厚度不小于3.4mm普通绝缘导线，只有当存量线路进行换线改造，经核算，原有杆塔强度确实不能承受采用普通绝缘导线的荷载，方可采用绝缘厚度不小于2.5mm的薄绝缘导线。

d）中压架空线路电杆可选用强度等级为M级的非预应力混凝土电杆及强度等级为

O、T、U2 级的部分预应力电杆，同类区域电杆的标准抗开裂弯矩宜一致，适应承受目标网架导线荷载的要求。无底部法兰电杆的杆长可采用 12m、15m，底部法兰电杆的杆长可采用 10m、13m、15m。交通运输不便地区可采用轻型高强度电杆、组装型杆或窄基铁塔。繁华市区受条件所限，转角杆、耐张杆可选用钢管杆，山区交通不便处可采用窄基铁塔。混凝土电杆表面应有永久性标志，包含生产厂家、埋深标志、开裂检验荷载、杆长、梢径及生产年份等。

e）直线杆采用柱式绝缘子，10kV 线路绝缘子的雷电冲击耐受电压宜选用 105kV；耐张杆一般采用悬式盘形绝缘子。绝缘子一般采用瓷质，沿海、严重化工污秽区域可采用有机复合绝缘子，或采用防污绝缘子及大爬距绝缘子。

f）架空线路应采用节能型铝合金线夹，绝缘导线耐张固定亦可采用专用线夹。导线承力接续宜采用对接液压型接续管，导线非承力接续不应使用传统依赖螺栓压紧导线的并沟线夹，应选用螺栓 J 型、螺栓 C 型、弹射楔形、液压型等依靠线夹弹性或变形压紧导线的线夹，配电变压器台区引线与架空线路连接点及其他须带电断、接处应选用可带电装、拆线夹，与设备连接应采用液压型接线端子。

g）架空绝缘线路防雷应根据运行环境采用复合外套无间隙金属氧化物避雷器、复合外套串联外间隙金属氧化物避雷器、放电箝位绝缘子及架空地线等差异化防雷技术措施。其中复合外套无间隙金属氧化物避雷器用于柱上开关常闭开关的电源侧，常开开关的两侧、柱上电缆终端、线路调压器或柱上变压器的过电压保护；复合外套串联外间隙金属氧化物避雷器及放电箝位绝缘子用于中压线路防雷击断线保护；复合外套串联外间隙金属氧化物避雷器与架空地线联合措施用于防范一般幅值的感应雷。

h）多雷地区无建筑物屏蔽的绝缘线路应安装带间隙氧化锌避雷器或放电箝位绝缘子等，并宜采取逐杆接地措施防止雷击断线；中雷区及以上区域，中压架空线路裸导线跨越高等级公路、河流等大档距处应采用带间隙避雷器保护，带有重要负荷或供电连续性要求较高负荷的架空裸导线线路宜采用带间隙避雷器保护；变电站出口线路 2km 范围内应逐杆装设带间隙避雷器并接地，宜联合架设架空地线保护，避免雷击断线及雷电过电压短路对主变压器的冲击；对于可靠性要求高的中压架空绝缘线路或线路周围有高大建筑等屏蔽物时可不采取防雷击断线措施。

i）氧化锌避雷器标称放电电流一般采用 5kA，对于中雷区、多雷区、河流湖泊等故障不易查找的区域，避雷器的标称放电电流可提高至 10kA。无间隙氧化锌避雷器额定电压 17kV，标称放电电流下的残压站用型选用 45kV，配电型选用 50kV；带间隙氧化锌避雷器宜采用带支撑件固定间隙型式，额定电压 12.7kV，标称放电电流下的残压 40kV。

（12）中压电缆线路。

1）存量设备改造原则：

a）结合老旧线路改造，油纸绝缘电缆应优先予以更换，减少无油化设备选用，提高装备水平。

b）更换不满足安全运行要求的电缆。

2）新建设备配置原则：

a）10kV 电缆绝缘水平 U0/U 采用 8.7/15kV，采用三芯交联聚乙烯绝缘聚氯乙烯（PVC）外护套铜芯电缆（YJV），阻燃级别不低于 C 类。为提高防水性能，可采用内护套为聚乙烯（PE）材质的电缆（YJY）。

b）主干线 10kV 电缆截面选用 300mm²，分支线电缆截面选用 240、185、120、70mm²。

（13）低压架空线路。

1）存量设备改造原则：

a）结合老旧线路改造，对采用裸导线的低压架空线路开展绝缘线改造，逐步淘汰预应力电杆。

b）杆塔存在严重老化、裂纹、露筋、锈蚀、沉降、倾斜、埋深不足等情况，应进行改造。

c）导线弧垂、电气、交跨、水平距离不满足安全运行要求的架空导线及接户线，应进行改造。

d）架空导线存在严重腐蚀、断股、散股、绝缘层破损等现象，铁件、金具、绝缘子、拉线存在老化、破损、锈蚀、污秽、松动等情况应进行更换。

e）导线非承力连接处使用并沟线夹的，应结合建设改造进行更换。

f）配电变压器改造增容后，不满足供电能力的低压线路应进行改造。

g）针对易遭受侵蚀的铝芯导线，截面选用 185、150、120、70mm²；也可采用铜芯，截面选用 150、70mm²。化工污秽及沿海地区可采用铜芯水密型交联聚乙烯绝缘线。受环境条件限制的地区，也可酌情采用集束型绝缘架空导线。架空线路 N 线截面应与相线相同；台风、覆冰灾害地区，应增强架空配电线路抵御风灾和冰灾的能力，提高架空线路安全运行水平。

2）新建设备配置原则：

a）低压架空线路采用单芯交联聚乙烯绝缘架空电缆。

b）低压架空线路电杆可选用强度等级为 I、M 级的非预应力混凝土电杆及强度等级为 O、T、U2 级的部分预应力电杆，杆长一般选用 10m、12m。繁华市区受条件所限，转角杆、耐张杆可选用钢管杆。

c）接户线采用铜芯交联聚乙烯绝缘导线，截面根据负荷选用 10、16、35、70、120mm²。

（14）低压电缆线路。

1）存量设备改造原则：

更换不满足安全运行要求的电缆。

2）新建设备配置原则：

a）低压电缆线路绝缘水平 U0/U 采用 0.6/1kV，选用交联聚乙烯绝缘聚乙烯护套铜芯或铝芯电缆，截面 240、150、95、70、50mm²；三相供电电缆根据低压接地系统型式采用 4 芯或 5 芯，单相供电电缆采用 2 芯，其中 N 线截面与相线相同。

b）接户电缆采用交联聚乙烯绝缘聚氯乙烯护套铜芯或铝芯电缆，截面根据负荷需求选用。

## 六、健全质量监督体系

### （一）配电网设备质量管控

遵循国网公司制定的《国家电网公司物资采购标准管理办法》《国家电网公司物资管理监察办法》和《国家电网公司物资质量管理办法》，针对实际特点制定了《配网物资质量管理规定》，据此开展物资质量管理工作。

目前，质检中心的检测能力范围覆盖配电变压器、高低压开关柜、电容电抗、避雷器等配网设备及架空绞线、电力电缆、母线槽、绝缘子、电力金具、紧固件、金属材料等共计 57 大类，237 个检测项目。

（1）实现入网设备检测工程类型全覆盖。省公司"物资抽检管理实施细则"中规定的物资抽检范围仅针对公司系统各类电网物资，以及重要设备原材料、组部件，而对非公司出资、投产后资产移交给公司的用户工程，省公司并未做明确。为确保此类用户工程入网设备质量，明确了保证每个项目批次、产品类别及供应商 100%全覆盖进行抽检的原则，同时规定检测费用出资、各单位送检流程等内容，实现了入网设备检测主业、用户工程类型全覆盖。

（2）加强配电网入网设备质量检测力度。运检、物资联合加强配网设备入网检测力度，物资部门编制平衡月度抽检计划，在完成省物资公司下发的指令性抽检计划的前提下，加大自主性检测计划比例。10kV 配变送检比例提高 30%、10kV 电缆送检比例提高60%、导线送检比例提高 60%、绝缘子送检比例提高 100%、金具送检比例提高 100%。相关检测结果反馈公司运检、物资部门。

（3）强化运检环节配网设备质量全管控。由运检部明确设备现场交接验收流程，强调现场交接试验等环节在质量管控上的重要性。加强配网设备缺陷和故障分析，明确配网主设备、主材料发生故障均需编写故障分析报告，以月报形式上报市公司运检部；新投运设备故障或设备故障问题严重的要求重点分析并即时汇报。

### （二）建立健全"四个工作机制"

（1）建立健全配网设备质量专项督查工作机制。从计划制定与执行、日常监督工作开展、突发情况处置、后续问题整改闭环等方面进行检查，进一步规范到货验收、质量抽检、运维检测等常规质量管理的各项工作，提升配网设备质量监督机制的运转效率。

（2）建立健全质量信息共享机制。整合质量问题信息资源，推动跨部门、跨单位质量问题联动防范。及时、准确上报发现的质量问题，包含抽检发现和运行过程中发现的设备质量问题，公司安监部、运检部、营销部、物资公司将定期组织对上报的问题进行核实、汇总，引导和鼓励各单位优先选用质量稳定、诚信可靠的供应商及其产品。

（3）建立健全质量问题联合查办机制。针对抽检、安装、运维等各环节发现的质量问题，加强分工协作，合力推动质量问题高效解决，安监、物资、运检、营销、监察等部门联合召开质量问题分析会，查明质量原因和深层次问题。

（4）建立健全质量问题评价改进机制。归集质量问题信息，分析质量问题背后的深层次原因，寻找薄弱环节、制定整改计划、落实改进措施，形成定期分析评估和常态化改进机制，促进配网设备质量管理不断提升。

**（三）开展"两排查一整治"专项行动**

（1）开展新到货配网设备专项排查。

1）加强常规抽检监督检查。按照省公司"两排查一整治"活动安排，结合市、县公司配网设备抽检工作实际情况，开展配网设备常规抽检监督检查工作，加强对配网设备常规抽检工作全过程管控，确保各相关单位、部门各负其职、各尽其责，真正做好、做实、做细配网设备常态化抽检工作，提高工作成效。

结合每月配网物资匹配、履约和当前检测能力的实际情况，合理制定月度抽检计划，有序开展送检、抽检工作，确保七类重点设备常规抽检全覆盖。针对各单位抽检工作开展情况、抽检计划执行情况、试验项目设置情况、问题设备闭环处置情况等，公司督查小组将选取部分县公司开展重点专项督查。

2）开展问题设备专项排查。结合近三年来公司供应商不良行为处罚情况和配网设备抽检情况，排查、梳理、形成曾发生抽检不合格设备的供应商信息清单。根据梳理的供应商信息清单，在专项行动期间，对同厂家、同类别设备开展专项排查，提高抽检样本数量到常规抽检规定数量的三倍。

物资部门要结合物资履约、到货实际情况，认真组织排查，每月向本单位安监部上报排查和抽检工作开展情况，并抄送市公司物资供应公司。

3）开展典型设备重点排查。结合近三年来国网公司供应商不良行为处罚情况和省公司配网设备抽检情况，排查、梳理、形成七类设备近三年来发生过"铝代铜""铜包铝""假冒名牌"等偷工减料、以旧翻新、以次充好等严重质量问题的供应商清单，各单位重点关注此类供应商新到货同类产品，对于同厂家、同类别产品做到所有批次全覆盖、常规检测项目全检测，一旦发现问题立即上报。

（2）开展在运配网设备质量专项排查。

1）加强在运设备质量排查。根据自身配网设备运行的实际情况和季节性特点，在配网设备历年运行经验的基础上，结合巡视、消缺、隐患排查、状态评价等日常工作，采取超声波局放、红外测温等必要技术手段，对在运的配网设备质量情况进行摸底排查，全面诊断、查漏补缺，准确掌握本单位所辖在运配网设备运行状况和质量问题。市公司将结合电能质量在线监测系统等信息系统和各类检查、巡查、稽查对各单位排查工作开展成效进行督查。

2）加大问题设备排查力度。根据近三年来日常消缺、计划检修和紧急抢修信息，对在运配网设备曾发生过的一般质量问题进行汇总、分析，梳理质量问题设备和供应商等相关信息。经分析研究后结合春检预试、计划停电、年度检修等工作，根据下发的清单，开展同类问题专项排查。在检查过程中，有针对性的丰富检测项目或检测手段，及时发现在运同类设备的隐蔽问题，对于发现普遍性问题的设备，组织实施试验、检测，必要时进行拆解分析，追溯问题根源，落实问题整改，夯实配网本质安全物质基础。

3）突出典型设备重点排查。梳理近三年来曾发生过烧毁、爆炸、击穿等严重质量问题设备的供应商清单，根据省公司下发的供应商清单，对同厂家、同类别设备进行全面排查，加强监控。如发现问题设备，应结合计划停电、年度检修等工作，开展试验、检测，必要时立即更换，确保在运设备质量可靠。

（3）开展排查问题集中整治。公司对新到货、在运配网设备在专项行动期间排查发现的质量问题进行归类、汇总，按照省公司要求，加大整治力度，提高配网设备质量水平，具体要求如下：

1）新到货设备质量问题整治。对于首次发现质量问题的产品，供应商可进行退换货，并按照国网公司供应商不良行为处罚管理规定适度处罚。对省内近三年以来曾经发生过设备质量问题仍发现同类型不合格设备的供应商，要立即依照约定解除合同，并按照合同及国网公司供应商不良行为处罚管理规定加重处罚。

2）在运设备质量问题整治。对于首次发现的在运设备质量问题，要及时安排复检，复检合格的，对问题设备及时予以更换；复检仍不合格的，该供应商同批次、同型号设备要全部予以更换或修理，并依照合同及供应商产品质量承诺进行索赔。对于省内近三年来曾经发生过质量问题换货情况，抽检仍发现同类型不合格设备的供应商，不再安排复检，直接将该供应商同批次、同型号设备全部予以更换或修理，依照合同及供应商产品质量承诺进行追责。

# 第三节　建设施工环节的主要措施

目前，配网工程的施工工艺有待进一步提高，因施工质量导致的配网故障时有发生；为此，需要实现配电建设一张网管理，提升施工工艺水平、完善配网工程质量管理体系，提升工程投资效益、优质服务水平，打造配网工程精益化管理体系。

## 一、配网建设水平现状

### （一）配网建设施工工艺水平现状

新工艺传授困境。施工队伍中主要人员有主业员工和外部协作人员，主业员工有技术精湛、经验丰富的员工同时也有经验缺乏的新工，但责任心较强，通过老带新、师带徒的方式可以快速成长，这部分员工是施工队伍的主心骨，对施工技术和工艺的要求掌握较好，施工工艺较高；外部协作人员流动快、技术水平普遍不高、责任心不强，对新工艺、新设备、新技术掌握一般，接受能力较弱，导致由外协队伍建设的配电网工程工艺差，质量不高，而外协人员往往是配网建设施工的主要力量；新技术、新工艺、新设备、新方法在建设公司的推广力度不够大，建设公司对新技术、新工艺、新设备、新方法的尝试意愿不够强烈，仍在沿用现行的技术、方法，施工工艺得不到质的提升；工程机械、施工工器具较为齐全，但更新受制于资金审批、管理的重视程度不高等因素，先进工程机械、施工工器具的普及速度不快，影响到施工工艺的提升；施工队伍对标准化施工执行不到位、管控不严，直接降低了施工工艺水平，制作和安装工艺上，特别是连接线走向、弯度等随意性较大；现场安装制作工序较多，工作效率不高。主要体现在施工现场安装制作所需的机具设施较多，加上施工现场环境较差，工作效率低，作业时间难以掌控。

工艺关键环节把控。目前配网线路建设施工主要包含架空部分和土建部分两大类。在县公司层面，整体配电网建设的施工工艺主要由三大项目部在采购设备的验收、隐蔽工程验收、中间验收、竣工验收等关键环节实施把控。

采购设备的验收环节，主要是查看厂品设备的施工工艺、设备性能是否满足工程需求，但现实情况往往达不到预先设定的标准。经统计采购的箱式开闭所、欧变、美变、环网柜等配网大型设备的施工工艺可以达到国家标准的比例为 89%。其主要原因为：设备的主要技术条款已达到技术规范书的要求，而其他次要条件，因价格、生产水平、技术规范书未做详细规定等客观条件限制，低于国标的要求，这类设备往往在运行一段时间后产生各种问题。

隐蔽工程验收环节的施工工艺把控，主要体现在电杆基坑及基础的开挖、回填，土建管道的基坑、垫层、排管支模及钢筋绑扎、工作井、设备基础混凝土的浇筑和养护等方面。在县公司，因配网工程数量逐年增长，点多面广，施工压力大等特点，土建部分的施工通常进行专业分包，加之土建施工的固有特性（工程量大），专业分包单位经常性再次劳务分包，劳务分包单位的施工成员普遍存在人员流动性大、专业技能水平有限，其施工工艺达不到既定要求。比如要求电缆井壁与电缆管接口不严密，管口内侧有尖刺、杂物，管孔排列不整齐、孔距不满足设计要求。经统计针对设备基础、土建管道的隐蔽工程能够达到图纸标准仅为 85%，在后续的运行过程中存在基础塌方、电缆管道被压断、因附近土建施工管道发生偏移沉降等隐患。

中间验收、竣工验收环节的施工工艺把控，主要体现在现场施工阶段。对杆塔组立、横担、绝缘子、拉线安装、导线架设、固定、（非）承力连接、修补，熔断器、开关、避雷器、配变的安装等施工工艺的检查，县公司采用"依靠三大项目部、联合专业部门、突出施工单位"模式管理。对验收的问题，划分责任主体和整改时限、要求，确保"问题不带进运行、问题不重复出现"，不断提升电网建设施工工艺水平。

**（二）配网建设全过程管理水平现状及存在的问题**

目前配电网工程的主要流程：从开始的建库（项目需求建立）、项目可行性论证，确定项目，到入库年度综合计划编制、初步设计（工程概算）编制，到出施工图、工程开工、施工，到竣工验收、启动投产，到结算审计、决算归档、综合评价、后期保修，按照精益化标准可分解为 47 个步骤。目前，工程全过程的建设管理主要由业主项目部、监理项目部、施工项目部相互分工，相互负责。

配电网是整个供电服务的实现基础，直接决定供电的质量和可靠性，尽管近些年给予配电网建设相关方面一定的支撑，但是仍然存在很多问题。

（1）招标流程过长对工程建设的制约。招标时间过长。目前在进行配网建设的过程中都是通过招标的方式进行的，而主要方式是公开招标。值得注意的是招标公告的发行、招标程序的流转、结果的公示和定标等过程是公开招标的必然程序，在这一过程中需要经过较长的时间，再加上签订合同等步骤，将导致整个招标时间需要持续最多四个月的时间，这是导致工程施工进度减缓的重要原因之一，同时这也说明相关部门在配网工程管理中，针对招标问题管理上的欠缺。

招标流程的衔接过慢。某个工程的勘察设计、监理招标结果已经出来，合同已经签订，往往需要较长时间才进行后续的施工招标，这就会造成工程开工的时间再次延后。这样往往会造成不必要的政策处理等不利于施工开展的因素产生。特别是与地方政府配套的工程，严格按照招标流程勘察设计、监理、施工招标结束后，往往与地方政府要求的工程竣工、通电的时间不相匹配。

（2）可研设计深度对工程建设的影响。近年来，在不断加强配网建设的过程中，存在盲目的现象，即只加强配网建设，而忽视其真实施工的可行性，设计人员在设计过程中也没有更加深入地对当地的具体情况进行充分的考察和研究。从研究阶段的不足到设计得不够深入，促使工程的整合施工过程中，不断做出设计调整，来弥补先天设计的不足，这就导致工程施工的成本增加，延误工期。例如，很多配网建设施工中才发现没有实施一定的规划道路，当地环境不支持有效的建设电缆管廊等现象。这些现象主要的原因是设计人员没有深入考察当地客观限制因素，如地址及环境等，设计图同实际状况存在较大差距；设计人员没有较高的责任感，设计中存在较多漏洞，图纸和预算存在较大差距，图纸存在前后矛盾等现象。

（3）停电计划安排对工程建设的制约。目前，对配电线路的停电计划进行了约束（主线1个月1次、分支线1个月2~3次），而往往一些比较复杂的配网工程涉及的线路，不管是主停还是陪停，往往是需要多次停送，加之其他工程的要求，往往导致一个月可完工的工程因停电次数的约束，导致需跨很长时间才能完工。若前期没有对整体工程的停电计划进行年统筹安排，很容易造成工程的形象进度滞后，不能在上级要求的时间内竣工。对策：统筹安排全年整体工程的计划，通过分析开、投产时间，停电线路、台区范围，施工队伍力量等因素，尽量将同时段、同范围内的停电施工计划进行合并，减少停电次数和运行单位的配合工作量。提前梳理、平衡年度项目的实施计划，综合考虑运行单位的承载力和停电检修作业计划的年度统筹。

（4）工程物资质量对工程建设的影响。目前配网工程物资来源主要是通过协议库存采购（包括统购统配平台采购、寄售平台采购）、批次招标采购、超市化采购三种途径。采购的物资目前经常存在质量缺陷，且平台匹配的每个厂家的产品样式存在一定的差异，比如开关、箱式开闭所、欧变、电缆分支箱等设备，一百个厂家有一百个样式，而在设计单位和厂家技术确认过程中，重点就是设备的功能达到达不到工程的需要，对设备的外观往往是忽略的，加之厂家模具制作时间、成本等的客观因素，往往造成一个区域内的箱式开闭所等设备外观皆不同。采购物资因招标价格等其他因素极易造成质量问题，比如目前电缆的配送主要是直送现场，经常出现第一批电缆满足要求，后续的几批偷工减料的情况，而这种情况被物资或监理单位发现了，厂家往往也是要求送检，等待检测报告出具后才采取解决措施，严重影响工期。若这种情况被发现的时机比较滞后，将导致已敷设的电缆需要再次抽出敷设，加大施工成本的支出，工期的严重滞后。

（5）技经编制水平对工程建设的影响。现阶段越来越重视电网的建设，对电网建设的投资也越来越大，而工程综合计划资金的下达通常是依据可研阶段的估算书。每年年初以及年中都会要求上报对应批次工程的财务预算，并且年底对财务预算及综合计划下达的资金进行考核。目前经常存在一种现象：设计单位出具的估算书、批准概算书、施工图预算书与施工单位出具的结算书所套取的定额不一致，主要是材料设备价格。这极易造成下达投资金额的浪费，部分单位为完成指标而采取的一些不正规的手段。原因有以下两点：
① 时间跨度比较长，从可研阶段至工程具备进场施工条件，一般情况至少需要两年时间，

而两年时间很容易造成材料设备价格的波动，比如电缆价格主要依据铜价的价格不断调整。② 设计、施工、业主技经专职的水平参差不齐，对定额的选取缺乏一致性，特别对一些库内没有可套用定额的材料或设备分解成可套用定额的材料存在不一致的情况，比如电缆井定额的选取等。

## 二、配网工程建设管理存在的问题

### （一）技术水平有待提高

设计内容深度不足，促使工程的整合施工过程中，不断做出设计调整，来弥补先天设计的不足，同时设计单位出具的估算书、批准概算书、施工图预算书与施工单位出具的结算书所套取的定额不一致，造成下达投资金额的浪费；专业分包单位项目负责人或主要技术人员对标准化安装方式及典设安装模式不熟知，标准化施工执行不到位，施工成员技术水平普遍不高，对设计图纸研究甚少，经常性发生领取材料后按照自己的想法进行现场安装。

### （二）管理力量严重缺乏

目前配电网建设投资已超过主网投资，与主网建设项目相比，配电网项目单体工程投资较小，项目更多、涉及面更广、管理难度更大。省、市公司层面管理人员仅设一个管理岗位，管理力量严重缺乏。各单位普遍采用在运检部设立临时性配网办的形式，通过抽调人员缓解管理力量不足的问题，但由于没有岗位编制，人员流动率高，衔接延续性差，不能从根本上解决配网建设管理力量不足的问题。

### （三）质量监督体系不完善

目前省电科院相关检测机构、设施、人员配置不能满足全批次全种类覆盖的检测需求，在地市、县公司没有专门工程和设备质量检测机构，同时由于配网工程量大，实施周期短，以及仓储能力的限制，现有检测能力难以满足工程质量检测需求，无法保证厂家供货质量与及时对供应商进行评价与考核。

## 三、配网工程标准化建设体系

为适应内外部环境变化，在现有建设成果的基础上，以各级配改办为组织中心，充分依托"三中心"的专业支撑，实现配网工程标准化建设。

### （一）完善组织体系

强化省、市、县三级配改办的职能，按独立机构建设，负责配网工程建设组织管理；扩充业务覆盖范围，负责配网全项目范围的配工程建设管理，把目标网架与"五化两全"品质配网作为最终目标，统筹安排配网建设资源，合理制定阶梯过渡方案，是实现配网工程建目标的载体。市公司各供电营业服务部成立后，按照县公司的模式成立配改办，负责营业区域的配网建设管理。县公司在供电所层面加强配网工程管理力量，按照类似于业主项目部的机制运作，作为县公司配改办的管理支撑。

省公司根据已发布的三个项目部（业主项目部、监理项目部、施工项目部）管理标准，按组织建设、制度建设、员工素质、资料台账、车辆办公条件、工程现场管理、管理技术创新等类别，周期性开展检查和项目部流动红旗评比。进一步制定与工程规模匹配的项目部人员配置最低标准，完善三个项目部组建和工作方案，强化三个项目部的力量，落实三个项目部的项目管理责任，特别是监理和施工单位对项目负有的合同责任。通过充实三个项目部的力量，推进配网工程安全、质量、工艺和竣工资料的全方位标准化管理。市、县配改办要组织项目部管理人员加强配网工程相关管理知识的学习，提升配网项目建设全过程的管理水平。

**（二）配套专业技术支撑体系**

依托配网项目管理中心、智能配网技术中心、配网设备检测中心为三级配改办提供专业技术支撑：

省市配网项目管理中心：协助做好配网项目规划、可研、设计、造价的经济技术支撑及科学研究工作；协助开展公司配网规划及可研（含自动化及通信）编制与评审工作，及配网项目（含自动化及通信）初步设计的技术及造价评审；指导地市公司、各县公司概预算编制工作；负责配网项目评审意见的审批程序的办理。

省市智能配网技术中心：协助编制配网各项技术原则、实施细则；协助开展标准化成果培训、典型经验评选及交流活动；协助优化典型设计和标准物料，协助明确施工工艺及验收标准；协助开展配网设备质量专项技术监督和专项抽检工作；协助公司配改办做好配网新技术、新设备、新材料、新工艺的测评、检测、应用及推广工作；协助做好配网工程管控信息化系统的建设工作。

省市配网设备检测中心：贯彻执行国家、行业、公司有关产品检测、质量监督的标准、规程等，参与公司相关配网设备、材料质量检测技术标准的编写。开展配网工程建设、物资采购、设备运行等方面的质量监督检查和质量抽检、特检工作，编制专业检测技术方案，并出具检测技术报告。实现一次设备、二次设备、通信设备的入网检测和故障解体分析全覆盖。参加配网工程建设质量事件的调查，对有关技术问题提出鉴定意见和结论。

**（三）提升专业管控能力**

目标网架的确立、管控与实施：

（1）目标网架确定。由省公司管理部门牵头，市公司管理部门组织，设计院按照网格化模式将配网分片分区进行诊断。具体分析当前配网网架存在的问题，近期、中期、远期发展需求及解决方案。以可靠性和投资运营效益为主要目标，按照需求定位、地域环境不同开展差异化目标网架规划，因地制宜选择不同的接线方式和不同的设备。省配网项目管理中心对市配网项目管理中心成果进行评审，并开展专业指导；市配网项目管理中心负责对县公司成果进行评审与指导。

（2）项目管控。根据各级配网规划，由省公司管理部门牵头，市公司管理部门组织，设计院具体实施，将配网规划落地成具体工程建设项目，并编制好"一图一表"。在配网规划落地的过程中，充分发挥配网项目管理中心、设计院的专业技术优势，做好经济技术分析，对比分析不同过渡方案，既满足当前的经济发展需要，又要向目标网架逐步推进，避免重复建设。

（3）计划实施。由各级配改办统筹配网建设资源，把不同投资主体、不同投资来源的项目与储备的"一图一表"项目相匹配，确保所有配网建设项目最终都是实现目标网架的有机组成部分。在投资进度安排上，按照优先满足当前及未来1～2年的发展需要的标准安排项目计划，避免配网建设过度超前引起投资效益低下的情况。

1）贯彻建设标准引领。国网公司组织编制完善了配网工程建设的技术标准汇集，省公司配改办牵头、各级配改办及智能配网技术中心协助做好应用落地：一是要选择适应需求的技术标准。国网公司技术标准体系庞杂，可根据不同城市定位、不同地形地域、不同经济发展水平不选择不同的技术标准。大型中心城市建设国际一流城市配网；在城市一般区域及中心城镇，主要是完善并优化配网网架，推进电缆化、绝缘化和自动化建设；在农村，差异化推进标准化线路与精品台区带建设，全面提升供电能力与供电质量，实现简易自动化全覆盖，配网信息采集全覆盖。二是要做好技术标准的应用。省市智能配网技术中心负责按照同级配改办的要求，指导监督下级单位按照标准化的要求做好配网建设，不定期组织交流学习、交叉检查等活动，确保标准化建设要求落到实处。

2）开展投资效益分析。配网目标网架的落地，有不同的建设技术方案，有不同的过渡方案，也有不同的投资时间表与次序。任何一方面的变化都会引起整个体系投资效益的变化。各级配改办组织配网项目管理中心、设计院对建设方案、投资次序进行分析论证，在满足当前电网安全可靠、经济发展的前提条件下，选择投资效益最优的方案，在工程前期决策上保证了效益最大化。在工程决算完成后，各级配改办组织配网项目管理中心、设计院对工程建设效果进行评估，总结经验，分析不足，并将评估结果用于指导下一阶段的工程建设管理工作，提升投资效益。

3）开展配网物资设备质量管控。省市配网设备检测中心，接受各级配改办的委托，开展配网一次、二次、通信设备的入网检测，实现故障解体分析全覆盖。首先，从源头对工程物资设备质量进行把控，避免了不合格物资设备进入工程建设；其次是建立配网设备材料质量档案，实现配网设备材料全寿命周期质量管理，不断优化供应商，提升配网物资设备质量，实现工程质量的闭环管理。

4）信息化技术与工程过程管控。积极推进配网工程管控平台建设及实用化工作，提升配网工程信息化管控能力。智能配网技术中心负责利用现有 PMS 系统、SAP 系统平台及其数据，开发出能将配网项目规划、储备、可研、综合计划、项目招标、工程实施、竣工验收、结算、决算等环节信息全部纳入公司工程管控信息的模块并对其进行完善。各级配改办通过工程管控信息模块实现配网工程的全过程管控，强化工程进度的在线监控，将其作为省、市、县公司工程过程管理的有效手段，并为考核指标体系提供可靠的数据，最终实现省、市、县配网工程管理"全景化、透明化、一体化"的信息化穿透管控。

5）建立配套的绩效管理机制。为保证体系有效和快速落地，需要同步建立合理、有效的考核评价体系。建立以建设管理成效为核心的考核评价办法，包括规划成效、投资计划、装备技术、投资效益、优质服务五个维度。每年由省公司配改办对各市县公司进行评价，评价结果列入年度同业对标及绩效考核。

## 四、配网工程建设水平提升措施

（1）提升设计水平。设计水平提升是针对各种气象条件、污秽等级、水文地址、防灾能力、多元化电源和带电作业等各类不同条件和特征，进行差异化设计，以国家电网公司配电网典型设计各类单一典型设计条件兼有的模式进行融合，形成非典型多元条件的设计项目来提升设计水平。

1）针对地区需求开展差异化设计。基于国网典型设计、通用设备和标准工艺设计理念，针对区域经济发展水平、地形气候与可靠性需求的不同，从设备选型、布置型式、防雷接地、防污等级、基础形式等方面形成适用于本省的差异化的典型设计方案。

2）制定差异化站址路径选择原则。结合城市规划、地质、气象、水文条件，污秽等级、覆冰、雷暴、鸟害、内涝等相关资料，针对全省不同地区出现的问题，制订出相对应的路径站址选择原则与指导性解决方案，如线路路径和杆塔位、开闭所、环网柜等选址宜避开危险地段，如易出现滑坡、地面沉降、泥石流，当无法避让时，应采取必要措施。

3）针对多元化电源结构、电能代替负荷的差异化设计方案。分布式光伏、风电、小水电等多元化电源以及电能答题负荷接入配电网，对配电网的网架结构、运行方式、就地消纳能力造成较大的困扰，在设计过程中，需针对不同区域的多元化电源、电能代替负荷的发展与分布进行深入了解与分析，结合不同的多元化电源、电能代替负荷特性，对配电网的网架结构、运行方式、就地消纳能力进行差异化分析，制订合理的差异化解决方案。

4）利于运维检修、带电作业的差异化选择。在配网线路典型设计方面，国外线路建设标准必须适应不停电作业要求，采用严格的培训体系和可靠性评价机制，全面减少停电计划，把不停电作业作为电网检修的主流手段，在线路设计、设备选型、现场布置等环节均充分考虑了不停电作业开展的便捷性。而目前推行的配网典型设计，在线路结构、设备选型、现场布置等环节未充分考虑开展不停电的可行性和便捷性，使得部分架空线路设备现场布置无法满足不停电作业安全距离要求，部分因相间距离狭小和操作路径阻碍原因开展效率低下，不利于不停电作业的开展。

在配电网设计选址、选路径过程中，充分考虑运维检修（带电作业）工作开展的实际情况，结合防雷、防冰、防台、防火、防震、防鸟害等方面的差异化需求，对水塘、道路死角、边坡、易积水的洼地、竹林、树林等进行合理避开，合理配置差异化防灾设备，合理配置设备布置，如配置在交通方便、操作空间宽阔、无障碍的路边方便提供带电作业条件。

（2）建立标准化工程管理平台。标准化工程管理平台包含标准化工程设计管理平台和标准化工程建设管理平台。标准化工程设计管理平台按项目的可行性研究、初步设计、施工图设计三个阶段从工程前期现场踏勘、测量数据处理、图纸绘制、典设应用、技经、设计联系单修改等整个闭环对工程设计进行管理。标准化工程建设管理平台从施工图交底、复测勘察、材料准备、施工进度控制、施工安全控制、施工质量控制、竣工验收等过程进行标准化平台管理。

建立标准化工程管理平台，能对工程项目施工过程中产生的工程基本信息、成本数据、合同数据、现场进度数据、现场施工文档、现场质量数据、现场安全管理数据进行管理和分析；实现项目施工信息管理、信息维护和变更管理，施工计划跟踪，现场进度抄报，现场施工信息采集与报送，现场质量数据采集管理，工程文档管理，合同的执行与跟踪等及各类数据的集中、汇总、统计和分析；通过配网工程的进度、质量控制与分析模型，实现项目施工实时进度图展示，受阻进度汇总与跟踪，进度计划跟踪统计分析，质量、安全数据分析图表、数据报送等。

（3）开展工厂化装配送。工厂化装配送的核心在于通过标准化预装和精准化配送全面减少和杜绝施工队伍在实施过程中的随意性，实现"缩短现场作业时间，提高安全风险控制，落实标准施工工艺，跨越文明施工台阶"四方面的提升。实现"杆头附件、跌落式预制、避雷器连接线预制、开关连接线预制、双杆变连接线预制、拉线制作"等六类成套化装配模块，并通过 GPS 开展配网物资智能化监控配送，最终实现作业现场的标准化施工。整个过程最终由信息化系统进行关键节点和资产全寿命控制，确保流程通畅实施有序，责任追溯清晰。

由于存在地区差异，主要从以下三方面考虑工厂化装配送：

1）工程设备类型。对于大型设备，由于设备自身重、尺寸大，成套装配后运输难度较大，因此工厂化装配送适用的范围定位在配电网新建和改造工程中重量较轻、尺寸较小部件的装配。

2）现场交通环境。装配后成套装置的运输对施工现场的交通条件有一定要求，所以对于施工现场交通条件比较便利的工程可优先考虑工厂化装配送。

3）材料标准化程度。工厂化装配送对设备材料形态和尺寸标准化要求较高，所以需要设计单位和施工单位现场勘察后共同确定对标准化程度高的部件进行工厂化装配送。

（4）提升工程施工工艺水平。结合配网工程精益化管理目标，提高配网工程建设水平，一方面可以结合各地区特色编制"配变台区标准工艺卡""架空线路施工工艺卡""土建施工工艺卡"等并推广、落实到三大项目部、生产班组、施工班组，同时建立配套的绩效管理机制，确保提升措施顺利落地见效。另一方面不定期组织开展工程现场检查、互查工作，重点检查施工质量、施工工艺等，并以视频、图像发布通报。监理项目部须对每个项目的中间验收环节、土建工程、电缆工程、调试工程等隐蔽工程、重要节点进行拍照或视频，验收资料中要有带日期和工程名称的图像资料，并及时上传工程管控系统。

（5）加强配网工程施工质量把关。机制建设方面，全面建立配网工程施工质量追溯制度，提高监理技术水平，健全监理、验收人员的考核机制。重点建立电缆接头制作等配网施工关键环节作业人员和施工企业准入机制，强化安装质量管控。借鉴新加坡管理模式，采用施工人员资格认定和作业计分制，对发生施工质量问题的作业人员和施工企业予以扣分、责任追溯直至停止作业资格。

质量把关方面，重点检查土建施工质量，一二次设备安装质量，保护和自动化设备的调试质量，设备交接试验，运维人员工程验收质量等。

智能管控方面，应用"互联网+"构建配网工程施工质量管控体系。利用移动作业APP开展全过程施工质量管控，重点加强关键工序和隐蔽工程监督到位和影像资料收集。按照国网典设、标准化工艺和标准验收卡，建立标准质检库。施工过程中监理人员利用移动端APP开展现场质量管控，现场采集施工关键工序影像资料并实时上传，远程监督人员对照标准工艺和相关规范对上传照片和数据进行核查。

（6）强化工程验收管理。配网工程验收主要分为中间验收和竣工验收两个阶段。施工过程质量管控主要是依托监理公司，由监理公司负责根据施工作业进度进行施工现场日常巡视，针对电缆接头制作等关键工序进行旁站监督，运维人员按照标准化验收规范开展竣工验收。施工质量管控方面，在电缆接头工管理方面尚未明确管理制度，只是有接头施工过程旁站验收、影像资料留存、延长质保期等方式进行管控，难以保证实施到位。

由于关键工序施工质量难以保证、监理人员旁站不到位等因素影响，难以确保工程"零缺陷"投运。现阶段，配网施工质量和验收管控方面还存在较多问题，线路工程现浇基础、杆塔埋设、接地装置安装、电缆埋深、电缆接头制作等施工质量管控不到位，开关保护整定、交接试验等验收管控不严，均易发展成故障。根据故障统计，某市由于配网工程标准化安装施工执行不到位、管控不严而造成架空和电缆线路等设备故障共计1026次，其中电缆附件施工质量问题最为突出，占38.4%；这充分暴露出施工人员标准化施工工艺执行不到位，对施工关键工序及竣工验收把关不严等问题。

（7）加强不停电作业项目管理。坚持关口前移，设计、建设适应不停电作业规范的配电网，建立配网不停电作业示范区。按照"能带电，不停电"原则，积极拓展架空线路三、四类和电缆不停电作业，在县域配电网全面普及一、二类简单作业项目，逐步实现多种作业方法并举的全面不停电作业。加大不停电作业人员、装备配置，提高人员技能水平和装备性能质量，切实提升不停电作业能力。

带电作业中心（班）参与市本级配网新建改造项目（包括配网工程、技改项目、大修工程）立项和设计方案评审，施工方案需经带电作业中心（班）审核方能实施，从配电网架设计和装备选型阶段考虑适应不停电作业的因素，在网架结构调整优化中提高线路转供能力，最大限度地引导项目建设往不停电或短时停电方向实施。

对客服中心受理的业扩接入申请，带电作业中心（班）参与供电方案现场勘查。设计单位在现场勘测时，应考虑线路的架设形式、工作地点，以利于带电作业的安全可靠进行，为实施不停电作业创造条件，并注明是否具备不停电作业条件，经带电作业中心（班）审核签字方能列入作业计划。

（8）提升建设成效。实现"配电一张网"。杜绝了不同投资来源、不同投资主体之间的重复投资。避免了目标网架建设失控，规划纸上谈兵，难以落地的局面。减少了配网一次、二次、信息化、自动化等末端融合相关方面建设不匹配的问题。

提升工程投资效益。在工程投资上做到了事前有研究、事中有控制、事后有分析，有效提升了投资效益，为适应电改带来的市场化竞争做好准备。

提升优质服务水平。配网规划更细致，更符合城乡经济社会的发展需求，更有效地落实，有利于促进城乡建设，提升客户体验。

提升工程质量管理水平。实现了配网工程设备材料检测全覆盖，准确地选择最优供应商，为配网设备全寿命周期管理奠定基础。

提升工程管控能力。实现了省、市、县配网工程管理"全景化、透明化、一体化"的信息化穿透管控，可实时统计分析公司各级单位工程整体、个体进度情况，可随时调取任何工程的过程资料信息，监督各项目单位严格按照精益化、标准化的要求实施工程管理。

# 第四节　运维检修环节的主要措施

## 一、配电网运行管理现状

### （一）配电运维管理体系

1. 配电网运维基础现状

以配电运营管理"投资精准、设施精良、运维精益、服务精心"为原则，努力构建国际一流配电管理体制、建设世界一流配电网理念。以提高供电可靠性、提升运营管控效率为导向，从基础数据质量、运维能力、技术支撑、设备质量管控等方面入手，持续提升配网智能运维能力，实现支撑配网精益管理、满足智能电网发展的目标。

目前配电运检工作主要是对配电网设备设施进行的巡视、检查、维护、设备倒闸操作、缺陷处理、事故抢修、资料管理、统计分析，以及配电运维通道防护、三线搭挂规范整治等工作。自2013年起，按照机构扁平化、资源集约化、运维一体化、检修专业化、管理精益化的要求进行了机构调整。根据职责分工，配网运维管理工作涉及多个部门管理：运维检修部负责配网设备运维检修的归口管理，负责配网设备全过程技术监督归口管理，负责配网实物资产归口管理，负责配网设备状态检测、分析评价和故障诊断，负责组织配网建设、改造工程验收；调度控制中心负责管辖范围内配网调度，95598抢修类工单接收，负责配网故障研判和抢修指挥；营销部负责业扩报装、负责95598客户服务管理、用电检查管理、计量表计管理等等。

配电网运维检修实现全融合，区域内运检工作按片区划分。各运检班组负责管辖片区内所有中低压配网电气设备的日常巡视、消缺、检修工作。各个运检班组间以地理道路划分界限，越界线路按用户归属地划分。除日常巡视、消缺工作外，还进行配网工作许可、中压配网设备故障处理等工作。运检部门设置了配电架空、电缆、站室等专业的运检班、抢修班、带电作业班等班组，各班组按照不同的专业划分开展专业的运维巡视、处缺、抢修等相关工作。

运维巡检以人工周期性巡视为主，巡检过程主要采取徒步及车辆到位方式，以目视检查为主，辅以红外测温等简易带电检测手段，配电巡检过程中兼顾部分一般性维修消缺工作，对巡视发现缺陷、抢修遗留缺陷、一般性维修工作进行处理。周期性巡视按照市区配电线路一个月一次，农村线路三个月一次开展。度夏、度冬、政治保电、电网异常方式等重点时段安排特殊巡视。为了提高巡检质量和效率，近年来综合考虑设备运行工况、线路故障率等因素，开展差异化巡视探索，组织开展会诊巡视，根据会诊结果动态调整巡视周期。建立配网月度运行分析机制，强化落实季节性运维措施，常态化开展隐患排查治理，加强春节等重要节日保电，开展故障率较高的配电线路综合治理，推进先进成熟带电检测技术应用，红外热成像技术已在城市配网中普遍应用，并在县域配网中逐步推广。

2. 配网运维信息化水平

基于 PMS 系统以及配网自动化系统、用电采集系统等搭建配电网智能化运维管控平台，实现全类型供电服务事件集中管控、科学指挥及快速响应，负责停电信息汇集、整合及对外发布，开展极端异常天气预警及应急，有效管控舆情风险。整合用电采集系统、营销系统、OMS 系统、新一代配电自动化系统等多信息平台数据，自动分析判断用户用电信息、计划停电信息、临时停电信息、已知故障停电信息等，智能研判故障原因及影响范围，科学合理调配抢修资源，实现抢修速度和抢修效率的最优化。

全面应用生产管理信息系统，结合地理信息系统建设，全面覆盖中压配电设备和生产业务，提升配网精益化管理水平。全面推进营配数据贯通，积极开展配电网数据采录和治理。实现生产管理系统与电网 GIS 平台、ERP 系统等信息集成应用，通过图数一体化建模构建电网资源中心，不断提升配网信息化应用整体水平；融合 ERP 系统 PM 模块，实现实物管理与价值管理的统一与联动；在基础应用功能上，拓展状态监测、状态检修、移动作业应用、供电电压采集、配网运维管控、故障抢修等功能模块。以配电设备故障率管控，确保设备本质安全为根本的设备运检工作导向，建立省地县三级运营管理体系，依托运维管控平台、配网状态检测和移动作业，感知配电设备运行状态，实现电网运行的"穿透可视化"管理及作业现场全过程标准化、全景化、电子化、实时化管控。优化配网状态检测策略，以差异化巡检为核心，结合先进巡检技术和带电检测技术的应用，提升巡检工作的执行效率，全面动态管控设备状态。

3. 配网自动化技术建设

根据《国家电网公司"十三五"配电自动化建设实施意见》等行动要求，稳步推进配电自动化建设及应用。建立配电自动化典型设计，明确"二遥""三遥"终端配置原则，积极推进经济适用型配电自动化建设。稳步推进配电自动化终端建设，推广小电流接地放大装置的安装，提升单相接地故障研判准确性，应用一二次融合设备、带计量模块配电终端等新设备、新技术，实现配网运行数据深度分析、运行态势智能感知和应用，全省配电自动化线路覆盖率达到 65%，安装各类终端 55 万余台，平均月遥控 1100 次，架空线路在线监测短路故障判断正确率 95%。全面加快 1+N 模式新一代配电自动化主站建设，建成基于阿里云平台的Ⅲ区配电自动化主站，实现配电主站Ⅰ、Ⅲ区数据全贯通。

开展新一代配电自动化主站试点应用。初步完成基于云平台的配电自动化系统升级改造，部署管理信息大区配电自动化主站功能模块，实现基于 PMS 的图模异动交互和多信息源故障综合研判，以提升配电网运行态势感知和故障综合研判能力。推广配网单相接地故障研判技术应用。综合运用接地故障传感器、小电流放大装置、消弧线圈并联中电阻、智能开关等不同方法进行配网单相接地故障研判，通过现场推广应用，积累不同类型单相接地故障特征，同时结合配网架空线路在线监测系统，优化主站接地故障研判算法，以提升配网单相接地故障研判准确性。

开展电力设备带电检测技术的优化提升，突破变压器局放、GIS 局放、开关柜局放带电检测技术抗干扰能力、缺陷精确定位能力不足，研究 $SF_6$ 气体成分检测和检漏、变电站全站局放快速检测与预警、智能可穿戴设备、便携式检测设备等新技术、新设备在运维工作中的应用，深化开展智能运维工作中智能机器人及其他新技术的运用，提升运维现场安全管控，提高运维效率，逐步实现运维智能化。

（二）国外先进企业典型经验

1. 运维管理模式

（1）法国电力公司。法国电力公司采取设立配电子公司的方式，将配电规划、建设、运维和服务全流程业务进行融合管理，提升管理效率。

1）配电设备巡视诊断。

a）中低压配电设备巡视周期，见表 3－9 和表 3－10。

表 3－9　　　　　　　　　中低压线路、配电站巡视周期、手段表

| 名称 | 巡视周期 | 巡视手段 |
| --- | --- | --- |
| 架空线路巡检 | 4 年 | 直升机 |
| 中压线路设施巡检（MV） | 4 年 | 徒步 |
| 低压线路设施巡检（LV） | 4 年 | 徒步 |
| 配电站巡检 | 4 年 | 徒步 |

表 3－10　　　　　　　　　中压开关设备巡视、试验周期表

| 名称 | 巡视周期 | 试验周期 |
| --- | --- | --- |
| 开关柜手动开关（ACM） | 5 年 | 5 年 |
| 架空线手动联络开关（LACMPPI） | 5 年 | 5 年 |
| 其他架空线手动开关（LACM） | 10 年 | 10 年 |
| 开关柜遥控开关（ACT） | 4 年 | 1 年 |
| 架空线遥控开关（LAT） | 4 年 | 1 年 |
| 变电站遥控开关 | 5 年 | 1 年 |

b）巡视诊断项目。设备巡视诊断主要有配电站巡检、局部放电测试、接地测试、温度测量、油色谱分析、直升机巡检、森林地区树木整修等。

中压架空线路巡检：每4年进行一次直升机巡视，及时发现所有需要维修的设备，直升机巡线实现100%业务外包，直升机巡线虽然成本高，但视野良好、巡视用时短；每10年进行一次接地电阻测试。根据巡检结果判断是维持现状、列入检修或是设备更换。

中压地下电缆线路巡检：优先对油浸纸绝缘电缆进行诊断，每年诊断的长度约为3000公里，根据诊断结果实施油浸纸绝缘电缆的更新。

低压电网巡检：维修费用主要用于树木的整修、非正常情况处理、排除对第三方的安全隐患。目前，ERDF公司正在开发低压电缆的诊断工具，用于检测故障点，有目的地进行更换。此外，ERDF公司首先关注的是电网开断装置OCR的检修，其次是线路的手动联络开关，这样就可以保证线路发生故障时，能在最短的时间内尽可能地将线路进行分段，以便查找事故，尽快恢复非故障段的供电。对于广大的郊区和山区，考虑到电网的检修费用，提倡多采用手动开断装置。

2）配电设备状态检修维护。

a）状态评价手段。ERDF公司通过对设备的巡视检查和测温等手段，获取设备运行状态信息，通过配电生产信息系统（GMAO-R系统）辅助分析，决定维护周期及维护类别，批准后进行。GMAO数据库中的内部数据维护，根据设备出厂指标获得基准值。可以根据事故记录、检修记录，修正维护方案，同时改变采购政策，并将信息反馈给制造厂商。

GMAO-R系统正在全ERDF公司推广，为配电设备管理提供维护方案，决定电网状态和电网事件信息输入。与资产管理、GIS设备信息相连，还包括反馈信息、规划、运行数据、详细运维人员故障处理事件记录、造价经济分析系统、SCADA系统。

b）状态评价原则。配电网设备评价时会设立各项指标，每项指标会给出重要性的加权系数，设备越重要，加权系数越高，最后取和，取得设备状态评价结果。设备评价结果小于14为正常维护，14～20为改进型维护，大于20为增强型维护，根据经验值确定划分基准值。每一项工作都会给出相应的维护周期数值。

（2）新加坡能源有限公司。新加坡能源有限公司下设电网公司，具体负责输配电网的运行维护与调度，各部门各专业管理职责清晰，具备足够的深度和专业宽度。

1）以价值创造推进电网管理。在新加坡能源有限公司的"一个方向"中，"可靠性"和"质量"是对电网管理业绩的基本要求，"效率"是电网管理取得效益的保证，而"回报"是企业运营管理的最终目标。要使电网管理的具体行动处处体现出对经济效益增长的支持，不能仅仅依靠员工对"一个方向"的理解和自觉性，还必须拥有能够将经济效益与电网管理行为紧密结合的推动力，使电网管理行为从"以专业要求为中心"走向市场经济化。在新加坡能源有限公司，这一推动力是对经济增加值的分解以及对"价值创造"的管理。

2）配电设备状态检修策略。新加坡能源有限公司自2001年8月起开展输配电设备状态检修，目前是世界上对状态监测应用最好的电网公司之一。设备状态评估是以设备状态监测为依据，对状态监测所获取的数据进行深入分析，从而确定检修、更改计划。推行状态监测的原动力是新加坡政府和用电客户对供电质量越来越高、价格越来越低的要求，目的是实时掌握电网设备健康状况，预防设备事故，改善设备质量，延长设备寿命，积累设备数据，减少运行成本。在大规模推行状态监测后，入网设备质量得到了保证，主设备检修停电周期和使用寿命明显加长，用户年平均停电时间大幅降低。

新加坡能源有限公司实行的是状态监测与定期检修相结合的状态检修。各类设备均有其相应的定期检修周期，但是其检修年限并非一成不变，而是在厂家推荐的检修周期的基础上，根据状态监测和运行情况对检修年限进行动态修订。这样，使得检修周期的制定更趋于合理，避免了检修的盲目性。同时，新加坡能源有限公司大量使用免检修设备，发展状态监测技术，以便监测、控制设备的状况。

新加坡能源有限公司与供货商长期合作，检修工作外包给供货商的售后服务队伍。在检修工作的具体实施中，实行项目经理负责制，即项目经理负责停役申请，工作票签发，遥控操作后的停役操作和遥控操作前的复役操作，对工程队工作结束后设备状态的验收和汇报调度，使得检修中的责任高度集中，责任明确。检修人员需从事日常的状态监测工作，因此必须主动了解设备的内部结构，从而提高对新设备、新技术掌握的主动性。

新加坡能源有限公司积极应用设备状态检测和诊断技术，将状态监测分为在线状态监测、离线状态监测、状态监测试验技术3类。其中，在线状态监测是将监测仪器长期安装在被监测设备上，不影响设备运行。离线状态监测是由监测人员现场安装或使用，也不影响设备运行。状态监测试验技术是在原有电气试验基础上发展的，在停役设备上进行的检测技术与方法。新加坡能源有限公司使用的状态监测手段覆盖面非常广，几乎包含了所有的一次设备。

状态监测是新加坡能源有限公司最主要的运维工作，占其80％的工作量，设备维修仅占约20％的工作量。推行状态监测以来，已成功避免500余起事故，成本节约了62％，保证了供电可靠性与质量，大幅降低了停电时间和检修成本。

2. 供电服务指挥模式

目前巴黎、新加坡等国际先进城市供电可靠性的提升有多方面的原因，其中一是具备优良的抢修指挥管理体系；二是有着全面的设备状态监控管理制度。利用良好抢修指挥管理体系提升工单流转速度，提高故障处理效率，通过设备状态监测，进行数据分析，从而预判设备故障，改善设备质量，减少故障停电事件。

法国的CAD系统类似于95598系统，全区共有7个CAD中心。CAD系统不仅仅只是接听客户电话，还有资深技术员工解决客户问题，能在短时间内接线、判断分析、安排就近人员赶赴现场处理。这个系统利用电脑自动应答方式，对客户简单的、普遍存在的问题进行自动回答，减轻了座席员的工作量。同时，七个CAD系统之间各种信息（电网信息、客户信息）相互兼容，紧急情况下可自动联通，互为补充，提高了应急处理能力和效率。

新加坡新能源公司成立了客户服务中心，采用类似95598客服中心的值班机制。接线员在接到用户电话后，会按照程序指导客户进行停电范围查勘、内部故障甄别等工作，有效避免了大量用户内部故障造成的抢修人员无谓出动，提升了工作效率。

3. 配网抢修模式

（1）新加坡抢修模式。

新加坡配电网全部由配网控制中心监控（含调度管理），22kV、6.6kV 中压配网事故、设备运行异常信息等全部由配网控制中心（DSSC）控制员接收处理，并通知抢修人员。400V 低压事故一般由用户电话通知报修中心。低压事故由抢修调配中心负责处理，有三名调配员及四组抢修队。中压配网事故，由 DSSC 控制员通知对应分区的备班工程师（每个区每天有两名工程师备班），如遇中压停电事故会同时通知抢修调配中心，即中、低压抢修人员同时派出，相互配合。低压抢修队一般有车载小型发电机 12.5kVA，可以快速为低压用户恢复供电，各区值班工程师赴现场确认设备或电缆故障点后，对故障点进行隔离，通过联络开关恢复用户供电。完全由现场工程指挥故障处理，其间会与 DSSC 控制员联系沟通。要求恢复供电的时间，高压 1～1.5h，低压 45min～1.3h。

新能源公司提高快速抢修的策略：

1）区域值班，工程师有归属感，熟悉站点位置，路途近；增加抢修基地，缩短抢修半径。

2）用发电机恢复供电，多台发电车，分布不同地区，低压抢修队的小型发电机数量多。新加坡常见停电主要为低压故障引起的小范围停电，基于此种的实际情况，新能公司将多台抢修车辆分布到不同抢修基地，抢修车辆上一般配置 12.5kVA 发电机及多台小型应急电源和应急照明器具。同时，可根据停电影响快速调配多台小型发电机为用户快速恢复供电。

（2）法国抢修模式。

1）故障抢修的组织机构：地方公司（DR）中均设置调控中心（ACR）和快速抢修团队，故障抢修业务归地方公司所属的配电运行检修室直接负责。针对低压用户故障（BT），ERDF 公司在全法共设置有 7 个故障抢修服务中心（CAD）。

2）故障抢修人员组成：一般情况下配电运行检修室设置业务主管 1 人；管理人员若干，其余为现场工作人员，仅能从事低压工作（BT）。在全法电八个管理大区中设置了 7 个故障抢修服务中心（CAD），负责全法国的用户故障呼叫处理业务，共有 400 名员工。由于配电抢修工作机动性较大，配电运行检修室可以在辖区范围内设置多个抢修队伍，在配电运行检修室的统一指挥下开展工作。

3）故障抢修主要内容：处理低压用户的设备故障和异常（BT）、配合用户查找用电故障、处理用户违章和窃电等相关事项。

4）故障抢修工作方法：

a）统一组织停电受理工作：用户停电受理工作由 ERDF 公司统一组织，对于用户的一般性停电事故，由 7 个故障抢修服务中心（CAD）处理。

b）停电受理内容及方法：当用户打进故障报修电话时，故障抢修服务中心（CAD）接线的工作人员会详细询问故障地点、故障描述、负荷大小、负荷性质等。接收后故障抢修服务中心（CAD）立即通知用户所在区域的配电运行检修室工作人员，ARE 工作人员接到电话后会立即与用户联系处理。

c）故障抢修遵循原则：ERDF 公司在故障抢修时主要遵循以下原则：先排查损失程

度，计算需多少抢修人员；尽快决策是否需要发电机组；实时跟踪恢复情况，调整抢修策略；尽快回收抢修设备并恢复到正常备用状态；规范重要客户供电接口技术要求，电源接入点均设置移动发电车快速插孔，方便故障时外部电源快速接入。

5）故障抢修的应对措施：

a）按优先顺序接听用户电话故障抢修服务中心（CAD）可根据优先顺序接听用户电话，优先级依次为：ERDF 公司运维负责人、政府和病人、普通客户。

b）接听电话的有效性：在用户打电话的时候，如果该区的电话占线，服务网络会自动随机转接至全 ERDF 公司的任一个故障抢修服务中心 CAD，该 CAD 再把用户停电信息通过系统信息平台发送至用户所在区域的 CAD 进行处理，有效地保证用户停电的快速恢复。

c）故障抢修前的分析和指导：故障抢修服务中心（CAD）接线员负责进行故障诊断和安全提示，并将信息传递给配电运行检修室人员；故障抢修服务中心（CAD）要保证维修人员的派遣具有针对性，首先要保证是 ERDF 的设备质量和运行安全。还设立了参考指标为 courses vaines＜5%，即抢修人员无效到场的比率要低于 5%。据统计，80%的用户停电、特别是家庭停电，其故障原因与 ERDF 公司管辖设备无关，对于有的故障，配电运行检修室工作人员电话指导用户，用户自己就能恢复供电。

d）故障抢修过程评估和预告：在故障抢修过程中考虑三方面问题，一是能否恢复，二是恢复时间，三是用户对停电的忍耐力。同时，加强危机公关力度，将预计抢修完成时间提前告知相关电力用户，提高社会各界对停电抢修的理解和用户满意度。

e）故障抢修物资准备：故障抢修团队均配置运输工具和移动通信工具，并配置设备仓储平台和快速抢修集装箱（含发电机组、排水设备、烘干机）。

f）作业现场装备实现装备机械化、标准化：对于从事单人作业的每名工作人员配备一部小型作业车辆，检修工作负责人 CDT 配备中型工作车、简易移动作业平台车和大型吊车。中型作业车内配备各种作业工具和备品备件（类似于小型仓库），检修车辆的配置达到标准化、一致化、实用化，可以应对其业务范围内的各类现场情况。现场使用的移动型作业平台可适用于市区狭窄路段的作业，ERDF 公司的理念是：为保证作业人员安全，高空作业尽可能使用作业平台。随车辆配备各种作业工具和备品备件品种繁多，类似于小型移动仓库。

g）信息系统应用：ERDF 公司抢修班组每人配备一台计算机，日常工作基本上可以在计算机上进行，目前正在推行 PDA 作业管理，工作结束后可将工作内容直接连入自动化系统。对于管理人员，可以随时调用地理信息系统（GIS）并充分利用 Google 地理信息系统和影像系统，随时掌握现场情况。ERDF 公司将故障抢修现场工作分为 5 种状态，根据不同状态，随时在信息化平台上安排新的报修工作，这 5 种状态分别是：准备、计划、已受理、工作中和完成。

4. 不停电作业模式

当前美国部分地区、东京、巴黎等国际先进城市供电可靠性的快速提升主要得益于不停电作业的全面普及，把不停电作业作为电网检修的主流手段。

在装备配置方面，美国、日本等带电作业先进的国家装备配置较完备，美国目前有绝缘斗臂车 10 万余台,带电作业的机械化水平很高,带电更换电杆复杂作业利用机械 10min 一个人即可完成;在作业方法方面,日本东京电力针对每一类配电设备均有对应的不停电作业工器具,保证了间接作业法中应用的作业工器具基本与全部配电设备配套使用,全面实现了间接作业法作业,取代了绝缘手套直接作业法;大规模开展旁路作业等复杂项目,确保能在各类作业环境中均能开展不停电作业。在不停电工器具的管理方面,美国和日本无需配置专用的绝缘斗臂车和工器具库房,只需要普通库房即可,解决了基础投资问题。

东京电网在配电线路不停电作业主要采用绝缘杆法和综合不停电作业,作业项目覆盖了中压、低压架空和电缆线路。大量运用旁路柔性电缆、旁路变压器车、移动电源车等作业设备,在中低压线路上普遍开展旁路作业、临时供电等不停电作业项目。日本电力公司设立了专门的不停电作业培训机构,培训的流程及考核非常严格,按照技能水平的高低,将作业人员的资格证书划分为 3 个等级。取消计划停电作业,全面开展不停电作业可以大幅提高供电可靠性。2015 年以来,东京核心区电力供电可靠性已达 99.999%,户均停电时间为 5min,其中故障停电时间 4min,计划停电时间 1min。日本不停电作业全部采用绝缘杆作业法完成,保障了作业人员的安全性。

巴黎电网主要采用绝缘手套作业,多在中压架空线路和低压线路上开展工作,尚未开展电缆旁路作业。重视人员培养和队伍建设,建立了完备的一线员工培训上岗机制,普通员工的入职培训年限一般为 2~4 年,工作负责人一般在入职后还需要 3~6 年的培训考核;经过全面系统的培训,作业人员在作业技能、安全意识、工作习惯等方面都十分优秀。

便捷性方面,发达国家从不停电作业目标的提出到完全实现作业之所以周期短,成效快,一方面得益于本质安全层面的支撑,另一方面在线路设计、设备选型、包括在不影响安全运行的情况下导线可以合理地开断等全方位的方便带电作业的实施功不可没。在美国,变台、支线、避雷器等基本应用了跌落式熔断器和导线临时搭接挂钩的组合使用,可以安全快捷地实现绝缘杆作业法的断接引工作,对于美国实现完全不停电作业具有非凡的意义。日本情况和美国类似,允许在不影响线路安全运行的情况下对同一档线路内多次开断,这对于将复杂作业简单化,多档线路的大规模改造方便旁路作业法的开展起到了积极有效的作用,为实现完全不停电作业提供了可能。包括设计时考虑相间距离对带电作业的影响,多采用大相间距离横担、绝缘横担,防雷设备的选用及安装等,全部的出发点和落脚点都是带电作业的便捷性。

### (三)配网运维存在的问题

#### 1. 配网运维体系方面

配网运维管理工作涉及多个部门,运维检修部负责配网设备运维检修的归口管理,95598 抢修类工单接收,负责配网故障研判和抢修指挥,调度控制中心负责配网调度,营销部负责业扩报装、负责 95598 客户服务管理、用电检查管理、计量表计管理等等,跨部门协调工作较多,工作效率偏低,影响工作进展与质量。对比国外先进供电企业设立独立配电管理机构运转情况,对配电规划、建设、运维和服务全流程业务进行融合管理,目前公司系统配网运维模式存在较大的体制束缚。

地(市)公司运维检修部与地(市)检修分公司合署,具有职能管理和实施主体的双重职责，但实际上，地（市）检修分公司未按照公司模式运作，市公司运检部与检修公司合署运转。虽然压缩了管理层级，但是，一方面，运维检修部和市检修公司合署后，事实上已经作为市公司的二级单位进行管理，导致与其他职能部门进行工作沟通协调时不顺畅，难以保证运检工作的高效运转。另一方面，管理与实施、监督与执行为同一主体，客观上造成专业管理弱化，执行过程中监管缺失，容易导致专业要求落实不到位、执行不彻底，长此以往，对安全生产和运检质量不利。

2. 人力资源配置方面

随着配电网规模的不断扩大、服务质量的不断提升及新技术的应用，目前普遍以"柔性机构，实体运作"的方式支撑，班组设置模式及人员配备无法完全满足新形势下日常工作的需求。

（1）配网运检专业人员队伍仍需充实。目前国网公司配网运检专业人员配置不足，平均每个人员担负着 28 台配电变压器台区，20km 配电线路的运行、检修及抢修工作。全民职工占比较低，仅有 41.97%，多数配网运检工作需依靠劳务人员来完成。管理人员占比为 9.19%，管理人员占比过大，不利于生产工作的顺利开展。

（2）配网运维人才梯队建设仍需加强。目前运维人员普遍存在人员老龄化现象，年轻人员匮乏。40 岁以上员工比例达到 63.4%，30～40 岁人员比例为 25.0%；30 岁以下人员比例仅有 11.6%。运维管理人员中技师及高级技师等高技术人才短缺，高技能人才占比仅有 16.17%，部分城市存在运维人员未取得任何技能等级的情况。

同时目前运检班组的人员对生产专业设备及业务相对熟悉，但对于营销等专业的内容了解较少。随着营配调末端业务的深入融合，对班组人员的技能水平也提出了新的要求，班组运维抢修人员不能仅仅了解一个专业的知识，更需要成为多专业业务的专家。由于结构性缺员严重，以及营配调业务末端融合后对于运维人员技能的新要求，需要建立长效的人才储备和培养机制，全面提升配网人才技能水平。

（3）业务委托机制仍需完善。配网建设和非核心运维工作对社会资源依赖性较大，开展的委外业务类型主要为 10kV 开关站、配电室、箱变及 10kV 线路、低压 0.4kV 线路的运维巡视工作。但目前业务委托市场不够成熟，服务商准入门槛低，目前业务委托服务商主要为各地区的配网施工单位，同时由于缺乏业务委托相关的标准，委托业务的质量管控和退出机制不完善，影响了配网标准化建设和规范化管理要求的有效落实。

3. 状态检测应用方面

各城市供电企业定期巡检周期远小于新加坡、法国等国际先进城市，但巡检针对性不强，容易出现"过维护"与"欠维护"并存的问题。大部分城市不同程度上存在巡检不到位，巡检效率低，质量难以保证等问题，状态检测开展情况各有差异，但总体上配网状态检测在配网应用尚不广泛，主要有以下几点问题：

（1）具备检测能力与分析能力的运维人员存在较大缺口。由于带电检测设备操作相对复杂，对设备检测结果分析判断的专业要求高，需要依赖于人员的技术水平和经验，目前各公司具备检测能力的运维人员偏少，具备分析能力的人员更少。

（2）各类状态检测开展不均衡。配网设备数量级大，型号结构繁多，所处环境条件复杂多变，适用于配电网的带电检测技术选择、带电检测策略拟定等需要进一步深入研究。

局放检测等工作未常态化开展，电缆振荡波局放和电缆超低频介损等电缆状态评估方法应用尚处于起步阶段，与国际先进城市差距较大。

（3）配网状态检修机制有待创新。状态评估所需的数据管理和状态检修安排都是深化配网状态检修工作的难点。现阶段带电检测仪器数据管理方式落后，大量检测数据只能通过人工逐条录入系统，工作效率低下。

4. 配网抢修方面

（1）抢修营配末端融合和业务衔接不够顺畅。"五个一"标准化抢修（即一个用户报修、一张服务工单、一支抢修队伍、一次到达现场、一次完成故障处理）开展以来，逐步实现了抢修业务营配末端融合。但故障报修工单中大量涉及表计显示异常等营销相关业务，对抢修指挥人员及现场抢修人员的营、配相关专业知识和信息系统应用水平提出较高的要求。同时，抢修人员处置营销相关业务权限、能力有限，现场购电、补写电卡等服务手段不足，往往通过换表方式解决，既造成用户办理后续业务的繁琐，又增加了营业厅、计量中心等部门的业务量，还造成了表计资源的严重浪费。

另外，现有表计抢修流程涉及外委施工单位、抢修班组、运检部、营销部、营业厅、计量中心等多个部门，表计故障处理流程链条过长，换表业务流程时限难以满足，存在超期风险。

（2）现场抢修人员工作不规范，服务质量参差不齐。抢修人员的基本工作技能水平和服务意识参差不齐，造成在现场抢修工作开展过程中，对于处理相同类型的故障，不同抢修人员存在工作方法不同、记录内容不统一、回复现场故障情况不严谨，进而造成客户对现场抢修人员服务评价偏差较大，个别情况下造成客户对现场人员的解释说明形成误解进而引发投诉的情况时有发生。

（3）抢修指挥管理模式及智能研判亟待提升。国网客服中心在受理用户报修时，不强制要求核对用户户号等信息，也未随工单标识用户报修坐标，使得后续抢修智能研判完全无法正常开展。

现有 PMS 抢修指挥模块的抢修智能研判能力不足。配网抢修指挥人员只能通过调阅公司各类监控信息系统查询实时设备运行信息，对故障情况进行研判，技术要求高，操作繁琐，研判效率低。抢修指挥功能在实际现场工作中效用体现不明显。

5. 经济运行方面

（1）配网资产全寿命周期管理。

配网设备所处区域可靠性与规划划分不一致，供电可靠性区域依据《供电系统用户供电可靠性评价规程》，划分为市中心区、市区、城镇及农村，规划供电区域划分按照《配电网规划设计技术导则》依据负荷密度大小划分为 A+、A、B、C、D、E 六类区域，不利于技改大修方案的编制及改造成效分析。

配网设备新增、退役、调拨、报废、用户销户等资产信息更新未及时在 PMS、ERP、营销业务等信息系统中同步更新，基础数据准确率无法确保，影响设备运检质量。

技改大修项目储备、方案编制更多的是考虑设备当前存在问题，未综合考虑日常运行状态、检修成效、经济效益等因素，储备的项目及编制的技改大修方案非最优方案，降低设备使用寿命。工程施工质量管控不到位。因为施工和安装工艺不规范、偷工减料、关键工序质量管控不力、隐蔽工程旁站不到位、运维人员验收流于形式、监理人员专业技术水平低等原因造成工程遗留质量问题，影响配网设备安全运行。关键工序缺乏影像资料记录，施工质量问题缺乏事后追溯和处罚措施。

（2）10kV 同期线损管理。

1）采集设备方面，由于目前 10kV 线路、站室联络开关未加装双向计量的表计，而同期线损管理系统无法储存电网运行方式数据，当因配网检修、故障等造成电网运行方式临时调整，电网运行方式发生变化时，由于系统未考虑到运行方式变化期间台区、用户所属线路关系发生变化，无法实时反映到 10kV 同期线损计算中，造成计算结果不准确，分线线损出现高损或负损。同时计算公式存在局限性，无法正确计算连接有水电厂的线路线损。

2）数据管理方面，10kV 用户基础数据在 GIS 中维护不完整、不准确，造成部分用户电量漏算、错算；部分台区随着线路切改、更换关口表计，PMS 系统数据维护不到位，线变关系不准确，影响了分线线损。

3）表计方面，部分关口表计存在"反接线、失压、失流、断相、欠压、时钟异常"等计量异常情况；部分表计运行时间过长，表计及测量 TA 精度下降，二次线老化，影响计量准确度；线路、站室联络开关未加装双向计量表计；甚至部分台区还未更换为智能表。数据采集方面，由于许多站室位于地下，无线信号难以覆盖，导致采集终端上送数据不完整或者无法上送；另外部分柱变由于处于信号盲区，需要采取信号增强、换用光纤通道或者中、低压载波技术加以解决。管理职责方面，运检部虽然负责 10kV 分线线损管理，但表计管理仍为营销部负责，专业之间的仍存在协同困难的问题，需要进一步打破专业壁垒，加强协作，畅通流程。

6. 配电网不停电作业方面

（1）作业人员。

1）作业人员技能水平差异较大，现有技能培训无法完全满足现场需求。随着配网不停电作业的快速发展，有必要进一步细化不停电作业培训内容，以满足常规作业项目的快速发展，复杂作业项目的稳步推广。

2）配网不停电作业的全面发展对于不停电作业人员数量、技能与管理水平提出了更高的要求。目前相关岗位培训等工作有待加强，未建立专业、技术管理人员培养方式方法，至 2020 年底，具备带电作业资质人员共计约 1100 人，一线实际作业人员约 650 人，拥有绝缘斗臂车约 170 辆，从业一线人员工作负荷相对较重。配网不停电作业相关的比武、研讨等交流平台较为不足，无法满足人才队伍建设要求。人员激励机制不足导致工作积极性不高、标准化班组创建未引起足够重视，影响了配网不停电作业的专业化发展。

（2）装备方面。在装备数量方面，不停电作业车辆数量均处于严重不足的情况，绝缘斗臂车人车比超过 5:1，相较于国外人车比 1:1 还具有较大的差距。另外，不停电作业间接操作工具数量也较少，不利于绝缘杆作业法的推广。

在装备种类方面，绝缘杆作业法工器具种类相对较少，能够完成复杂项目的绝缘杆种类有限。绝缘杆种类的缺少，限制了复杂类项目绝缘杆作业法的推广工作。

在装备国产化程度方面，日本和我国均可生产满足安全作业要求的绝缘操作工具、旁路作业设备、移动箱变车、移动电源车等工具装备,但受到绝缘材料、制造工艺等基础工业水平不高的制约,配网不停电作业使用频率较多的绝缘防护及遮蔽用具以及绝缘斗臂车绝缘臂等主要依靠进口,多为美国和日本产品,其造价高、采购周期长,不利于大规模应用,限制了不停电作业的发展。

## 二、配电网智能运检发展战略

充分挖掘配电网信息采集、处理和利用能力,构建全面、准确的信息化平台,推动平台的常态化应用,形成闭环信息管控流程,提高数据的完整性和准确性,促进信息系统与配电网运维管理业务的深度融合,实现电网更安全、服务更优质、运检更高效为目标,健全运检管理机制、优化调整生产组织架构、拓展运维检修手段等措施,以推动现代信息通信技术、智能技术与传统运检技术的深度融合为手段,从配电自动化、配电信息化再到运检的智能化,从这三个方面来实现运维检修智能化水平的提升。

### (一)配电信息化发展战略

#### 1. 配电信息化的战略思路

(1)创建和完善 PMS 系统。以项目管控、业务分析为抓手,以团队管控、课题研究为支撑,加强部门、专业间的沟通协调,注重单轨应用,强化指标管控,提升数据质量,加强问题管控,加快问题处理效率,推进全过程技术监督,推动运检管理创新和变革,为资产管理和智能运检做好坚实支撑。

(2)实现资产全寿命周期管理。融入"互联网+"思维,采用大数据分析、人工智能、视觉分析等先进技术,与 PMS 其他功能模块的信息互通和功能互动,实现设备运行状态信息自动采集、状态评价自动分析、配电网资源统一管控等信息化管理功能,降低设备管理工作对人工的依赖,避免数据人为传递出现的失真问题,提高配电网设备管理工作效率。

(3)统一规范信息模型。建设统一的配电网信息模型中心。从业务需求层、功能实现层、信息模型支撑层三个层面开展配电网统一模型设计,根据国网公司相关业务规范与指导文件,对智能化供电服务指挥系统和配电网自动化功能进行详细分析,并考虑 PMS 及配电网自动化的应用建设现状,制定配电网统一信息模型、数据分析模型和全网拓扑模型及互操作总体研究思路。

(4)实现营配调贯通。建设智能化供电服务指挥系统。以"提升供电可靠性和优质服务水平"为核心,基于大数据平台和配电网统一信息模型,深度融合营销、运检、调控等系统数据,建设涵盖配电网运营管理、客户服务等各项业务的智能化指挥系统,提升公司配电网"资源统筹能力、事件预警能力、快速响应能力和服务管控能力",满足各级配电网从业人员和供电服务指挥人员应用需求,形成"运行管控、问题分析、综合研判、协同指挥、过程督办、绩效评估"的闭环流程,实现数据驱动运检业务的创新发展和效率提升,全面推动"以客户服务为导向"及"以提升配电网运营效率效益"的供电服务工作方式和生产管理模式的革新。

#### 2. 配电信息化的战略方案

(1)围绕 PMS 系统:

a)在实现 PMS 系统单轨运行的基础上,完成系统优化,实现 7×24h 离线应用。设计离线缓存功能实现数据库故障、断网等异常情况下调度应用，可在系统中直接打开离线图形，并实现图形的定位、搜索、电网分析等功能。

b）结合业务管理需求开展数据治理工作。结合国网实用化及图形检查工具，实现电网图形、台账等基础数据以及运检、调度相关业务的关联性分析，不断推进问题数据整改治理；深化综合业务应用，通过系统分析停电通知用户、故障影响范围、线损合理率计算，校验营配调贯通数据质量，通过集中整治全面提升基础数据质量。

c）实用化工作向专业管理靠拢。增加调度记录关联率、准确性等指标，并对保护定值管理、调度协议管理、分布式电源、紧急减负荷等调度考核盲区加入年度实用化评价之中，全面提升调度模块的应用覆盖水平；增加业务数据完整性考核指标，在必填字段的基础上增加公司实际业务所需字段填写完整率考核，进一步规范台账录入水平，全面提升管理质量。

d）深化电网运检智能化分析管控系统建设。深化物联网和移动互联网技术应用，加强作业现场与运检管控中心的信息交互，加强对运维检修工作中的突发事件、重大问题的研究、分析与决策；提升智能电网辅助决策能力。重点针对运维策略、检修策略、应急抢修策略进行优化。

（2）围绕资产全寿命周期管理：

a）深度融合 PMS 和 ERP 系统，展现不同地域、不同电压等级、不同设备类型实物资产的数量与价值规模，完成实物资产规模量化、实物资产指标化功能界面展现。

b）制作电子身份标签，实现设备与电子标签一体化、终身化，从而及时、准确、全面获取设备全寿命周期内的台账信息。

c）开展 ERP 项目与 PMS 设备异动的贯通工作，PMS 工程类异动全部建立与 ERP 项目关联，实现工程精细化管理。

d）依托 PMS，按月通报设备匹配率和已匹配设备一致率，每季度人工抽查账卡物对应情况，重点对设备新增、退役及报废与项目关联情况进行抽查通报。

e）通过设备新装、拆除在 ERP 系统自启动相应流程推送相关人员，进行 ERP 设备信息自动读取 PMS 设备信息，实现 ERP 系统对实物资产全流程的动态信息掌控，达到全地区配电网资产账卡物及主设备包含设备 100%对应。

（3）围绕统一配电网信息模型中心建设：

a）基于 IEC CIM 国际标准，制定配电网自动化系统与 PMS 平台之间、配电网与营销、配电网与调度之间的交互信息模型，并根据 IEC 61968 CIM 模型的更新，动态更新信息模型标准。

b）通过一套统一的模型中心对外共享经过拼接、校验并且符合 IEC 61968/61970 标准的全面模型数据。通过互操作平台，接收从 PMS 共享的拓扑模型的变更数据，接收从调度自动化、配电自动化共享的配电网运行状态变更数据，并对数据的准确性、一致性及规范性通过校验工具进行检查，满足要求后同步至模型中心拼接、维护及管理。

c）依托 PMS 系统、配电网自动化，完成模型中心、互操作平台功能部署，实现接口服务对接，模型一致性测试、拼接及发布应用。

（4）围绕智能化供电服务指挥系统：

a）基于营配贯通和地理位置（LBS）识别技术，构建低压电力客户线上自助报修和配电网智能抢修的模式。

b）依托大数据挖掘、移动互联技术、GIS 地理信息定位技术，实现配网故障研判与可视化定位，支撑配电网的生产指挥、抢修指挥及客户服务指挥，实现主动抢修、主动检修及主动服务，提升故障抢修、生产作业的工作效率及供电服务质量。

c）结合设备台账、缺陷处理填报信息、气象信息、配电带电检测信息、实时运行的异常数据，实现配网设备缺陷的多维度统计分析、重要设备缺陷成因分析；构建缺陷预测模型实现缺陷预警预测功能，辅助分析缺陷原因、合理安排设备巡视计划、开展隐患缺陷消除工作，提高设备质量。

**3. 配电信息化的战略目标**

（1）开展基于 PMS 系统的大数据研究，研究大数据技术在 PMS 系统数据质量实时监测方面的应用，对增量问题数据进行快速校验反应，从根源上减少增量问题数据的产生，大大减少数据质量评估的时间，加快提升 PMS 系统的数据质量水平。

（2）基于云计算、大数据技术构架，综合应用物联网和移动互联技术，通过实物识别、激活、互联、增值互联网化，制定统一资产管理业务、编码与信息互联规范，对 SG－ERP2.0 系统升级改造，基于移动物联新技术践行资产全寿命周期管理研究。

（3）进一步加强配电网大数据的深度挖掘、深化应用，将智能化供电服务指挥系统建设成配电网运行服务专家系统，实现主动服务与互动响应、供电服务策略研究和个性化定制。

**（二）智能运检发展战略**

**1. 运检智能化的战略思路**

（1）提升配网设备状态智能监测水平。积极推广配电网在线监测技术，设备在线监测方面，重点就故障高发的配电网设备或者设备的故障高发部件试点应用在线监测技术。环境在线监测方面，根据供电区域的重要性采取差异化建设方案，重点提升重要客户的供电可靠性。电能质量监测方面，加快部署综合电能质量监测终端，提高电能质量监测覆盖率。全面推广移动作业终端、红外热成像检测、开关柜暂态地电压、超声波、特高频等局部放电带电检测技术，架空线路超声波巡检技术，电缆 OWTS 振荡波局放检测，电缆超低频介损老化评估技术，定制电力无人机开展架空线路智能巡检等，扩大配网设备的状态检测技术的覆盖面。

（2）基于实时运行大云物移技术开展配电网数据精益化应用。综合利用大数据、云计算等新兴技术，实现各类运检相关系统信息和数据深度融合，推进运检资源优化配置，实现运检管理和生产指挥决策智能化。在深入分析海量视频、图像、设备及环境状态等数据，进行智能化挖掘的基础上，构建运检智能化管控系统，实现运检信息状态分析、监测预警、故障研判、辅助决策、风险管控、资源智能调配、生产指挥等高级应用。

（3）开展配网资产全寿命周期管理。围绕"互联网＋"思维，以物联网技术为信息传递媒介，以手机移动应用为信息传递工具，突破时间、空间限制，实现跨专业数据的贯通衔接，推进配网设备全寿命周期管理。通过采用二维码和 RFID 标签作为其应用载体，统一配电设备编码技术，制定身份码编码技术标准，规范应用内容及安装工艺，在开关柜、变压器、电缆及盖板等配网设备张贴信息编码，与 PMS 其他功能模块的信息互通和功能互动，实现智能配网管理的高级应用。基于营配调集成信息，结合成本数据，开展配网单体设备 SEC 评价值分析。开展分台区、分线路、分区域、分单位的 SEC 综合评价，根据供电区域和用户属性，提出不同的安全、效能、成本管控决策建议。

2. 运检智能化的战略方案

（1）提升配网设备智能化水平。利用先进的通信技术、信息技术和控制技术，通过设备身份识别和状态感知装置、控制装置与设备本体一体化装备，全面实现对设备运行状态的实时感知、监视预警等功能。推行功能模块化、接口标准化，提高设备的信息化、自动化、互动化水平。推进复合材料、增容节能、光纤复合应用等新材料新技术的研发和应用，提升运检设备的可靠性和灾害防御能力，减少全寿命周期经费投入和运维检修工作量，为运检技术智能化提供硬件支撑。

（2）提升配网设备管理水平。以实现配电网设备及重要附属设施全寿命周期信息化管理为目标，融入"互联网＋"思维，采用大数据分析、人工智能、视觉分析等先进技术，实现设备运行状态信息自动采集、状态评价自动分析、配网资源统一管控等信息化管理功能，降低设备管理工作对人工的依赖，避免数据人为传递出现的失真问题，提高设备管理工作效率。

1）开展配网差异化巡检。配电运维人员主要结合各种诊断手段开展专项巡视，加大巡检深度，提高巡检针对性。应因地制宜考虑设备运行环境、设备基础状况、人员力量等科学调整巡检周期，提升提高巡检人员工作效率。

2）推广应用智能移动巡检终端。全面推广智能移动巡检终端，利用电网移动 GIS 平台所提供的空间展现和分析功能，结合 GPS、RFID 和无线传感等先进技术，借助智能移动巡检终端为现场图像照片采集、地图展示、设备查询定位、台账查看、数据采集、数据同步、辅助勘察、辅助设计、巡视管理、缺陷管理、隐患管理、标准化作业指导书的应用等业务提供便捷。完善移动终端与各后台信息系统数据交互功能，不断改进智能巡检应用功能，更加契合运维人员使用需求，提升现场巡检作业的标准化和智能化水平。

3）加强状态检测装备和人员配备。加强一线班组带电检测装备配置，所有配电运维班组至少配备一台红外成像仪，一台开关柜暂态地电压、超声波局放检测仪、一台特高频局放检测仪，实现各类带电检测装备班组配置率 100%。所有工区（县公司）至少配备一套电缆振荡波局放检测仪、电缆超低频介损检测仪，实现配电工区（县公司）离线状态检测装备配置率 100%。

4）推广应用状态检测技术。全面推广红外成像、开关柜暂态地电波、超声波局放、特高频等先进成熟带电检测技术应用，严格按巡检周期开展检测工作，准确掌握配网设备状况，及时发现各类缺陷隐患，实现配变、开关等配网主设备带电检测全覆盖。全面开展电缆 OWTS 振荡波局放检测，电缆超低频介损老化评估技术，有效评估电缆线路绝缘状态，实现 20 年及以上电缆绝缘老化评估全覆盖。试点应用架空线路超声波局放、电缆高频电流等带电检测技术，积极总结检测诊断经验并适时推广。研究应用局部放电精确定位技术，精确定位变压器、开关柜、电缆等设备内部绝缘缺陷，诊断放电类型，评估绝缘缺陷的危害性，精确指导设备检修。

5）提高状态检测和诊断能力。加强对设备带电检测数据分析应用，建立配网带电检测典型案例库和信息共享交流平台，实现检测数据、典型谱图等信息共享，提炼典型经验。强化状态检测人员技能培训，运维人员带电检测培训率达100%，所有运维人员能够掌握红外成像、暂态地电压、超声波局放等简易带电检测技术，整体提升配网缺陷隐患的诊断、识别能力。

6）图形化方案管理。结合营配贯通提供的"站-线-变-箱-户"的一致性成果，在基建、技改、业扩项目方案编制等方面，结合网架结构和负荷水平，对设计方案进行图形化的编制、评估、修订和归档管理，实现项目方案与现场实际异动一致，项目方案编制最优化。

（3）深化配网运行管控能力。建立与智能配电网相互适应、相互促进的运检业务管控体系，保障电网设备安全稳定运行，提高运检效率效益，充分借助"大云物移"现代信息技术手段，建立线路、台区的负荷预测、故障预警、故障判断等运行管控闭环管理体系。

1）配网调度图形化管理。构建从500kV到220V的全电压等级电网接线图，叠加显示调度自动化、配电自动化系统开关变位、遥测数据等实时运行信息，依托配网图形和运行数据开展调度业务，彻底解决"盲调"问题，全面提升配网调度管理和应急指挥工作水平。

2）台区负荷精益化管理。统计分析配网供电半径、设备负荷、无功运行等数据，开展运行综合评估，为优化线路结构、减少近电远供提供决策依据。统计分析居住、办公、商业等客户用电特点，结合配变负荷曲线、天气状况等信息，实现配变中、短期负荷预测，提出运行方式安排，变压器分换装、改造方案。结合低电压区间范围、时段特性、电网结构、地区分布等，提取用户和台区智能表等信息，实现低电压监测与告警。

3）提升低压故障研判能力。贯通用电信息采集系统和供电服务指挥平台，依托用电信息采集系统实时推送台区总表和集中器停上电事件，供电服务指挥平台结合上级配网运行数据以及计划停电、欠费停电等业务信息，主动召测低压户表数据，判别故障原因、故障范围，生成准确的故障台区（楼宇、单元）受影响用户列表和故障停电事件报告，提升停电信息管理精准度。同时，应用供电服务指挥平台推送停电信息（含主动抢修信息）至95598业务支持系统，结合疑似停电预警研判，提升重复报修合并精度，减少重复工单派发。

4）提升配网主动预警能力。基于移动互联技术、三维虚拟现实等技术的集成互动应用，使生产运行和管理人员全面掌握配电网异常、告警等业务场景（跳闸、停运、负载、电压越限、三相不平衡、线损及各种天气情况等），能够主动应对配电网各种异动情况，并借助移动抢修部署、标准化驻点建设、PMS配抢高级功能应用开发为切入点，采用大数据技术，升级主动抢修、主动研判等高级功能，强化业务关键环节的监控和全过程闭环管理，及时发现异动，实现故障抢修效率的最优化，达到故障抢修精益化管理的业务目标，实现智能配网主动预警功能在公司应用的全覆盖。

（4）提高重要客户供电保障能力。深度融合PMS系统与ERP、GIS及营销MIS、调度主站等信息系统，实现重要客户信息数据集成、共享，完善重要客户设备台账及图形信息，确保设备台账信息与现场客户设备对应一致，完善重要客户内部电力拓扑连接图，并与外部电源拓扑贯通，构建重要客户"站-线-变-低压线路-箱-表-户"的全电压、营配一体化电网模型，建立准确的重要客户拓扑关系，为后期主动服务及故障抢修等提供数据支撑，提升公司重要客户供电保障能力。

1）重要客户外部电源拓扑自动梳理。实现重要客户电源点及上级电源的拓扑关系、设备属性、保护定值清单的辅助生成，实现外部电源计划、故障停电、设备消缺、试验超期等告警提醒，全面保障重要客户电源安全可靠运行。

2）重要客户内部状态评估。基于重要客户内部电力拓扑关系图，开展主动服务，对重要客户设备缺陷、试验超期、低电压等运行状态信息进行定期检查，超前告警，保障重要客户内部设备安全可靠运行。

3）提升配网停电管理水平。深化应用营配调集成数据，充分利用 PMS、OMS、95598系统等信息系统，构建停电计划精益化管理功能模块和频繁停电分析可视化展示模块，强化停电精益化管理，科学、合理、精准制定停电计划，全面分析、评估频繁停电，有效压缩停电次数、时间及范围，提高公司优质服务水平。

**（三）不停电作业发展战略**

1. 不停电作业的战略思路

（1）管理模式方面。通过管理方式达到带电作业现场作业的高效安全实施和完全不停电作业目标的实现是配电网不停电作业发展的最终目标。简化管理程序和审批手续，将权力下放、管理上升，依靠科学的制度和合理的管理体系保障专业的正常运转。

（2）标准化班组建设方面。以安全生产、服务社会为宗旨，以落实岗位责任为核心，以高效完成各项生产指标为目标，以不断提升班组管理水平和员工队伍素质为重点，加强标准化班组建设。

（3）装备配置方面。以实用、适用、可用为基础，根据线路规模和人员数量科学合理地配置绝缘斗臂车、带电作业工器具等作业装备，形成简而精的配置标准体系。通过带电作业工器具的革新、作业工艺的创新，实现带电作业面的不断扩展；通过小电流非固定搭接等技术手段的应用不断拓展绝缘杆作业装备的应用范围，大力推进旁路作业装备的应用，解决大工程带电作业项目的需求。通过严格的供应商评价制度保障作业装备的质量，全方位支撑专业发展需要。

2. 不停电作业的战略方案

（1）以实现不停电作业为目标，优化配网建设改造规范。以满足带电作业为出发点，规范配电线路典型设计和设备选型。从作业风险高或不满足带电作业条件等方面考虑，对配电线路典型设计和设备选型进行全面梳理和完善，设计、建设适应不停电作业规范的配电网，建立配网不停电作业示范区，如取消水平排列同杆（塔）并架的多回线路设计，对于支线、变台等小电流采用临时挂钩等连接，采用大相间距离横担或绝缘横担等。确保新建线路基本满足带电作业检修维护。

（2）加强作业装备配置和作业人员培训。按照线路规模和人员承载力，加大不停电作业车辆、装备配置，为实现架空配电线路不停电检修奠定基础。加快无支腿绝缘斗臂车等先进车型的配置和应用，进一步完善移动箱变车的设计型式。强化不停电作业人员培训，切实提升不停电作业能力。根据不停电作业发展规模，建立满足培训需求的一定数量的实训基地。加强不停电作业培训基地建设，提高实训基地培训能力，满足内部培训需求。重视配网不停电作业队伍建设，着力培养专业基础扎实、实践经验丰富的业务骨干，完善作业人员资质培训和持证上岗考核机制，提升作业人员业务水平。参照国际先进经验，采取宽进严出的方式严格对作业人员的培养，形成良好的人员成长通道和模式。从专业层面建立带电作业人员技能工种，在合理范围内提高人员薪资水平，形成正向激励。

（3）拓展不停电作业范围。按照"能带电，不停电"的原则，积极拓展架空线路三、四类和电缆不停电作业，在县域配电网全面普及一、二类简单作业项目，逐步实现全面不停电作业。严格审查配电线路检修计划，由各网省公司组织成立配网计划管控组，所有配网计划采取"筛沙子"的方式管理，即在不满足带电作业条件或环境的情况下方可采取停电实施，建立新用户完全不停电送电模式，建立停电审核追溯制度，对于满足带电作业条件未采取的单位在指标上予以体现。推广应用带电作业新技术、新方法，强化旁路作业设备的安全管理和应用，提升绝缘杆作业法占比，将复杂作业简单化，降低人员劳动强度和作业风险，积极稳妥地拓展不停电作业范围。

# 第五节　调控运行环节的主要措施

## 一、提高配电自动化应用水平

按照"地县一体化"构建新一代配电自动化主站系统，主站建设模式充分考虑系统维护的便捷性和规范性，做到省公司范围内主站建设"功能应用统一、硬件配置统一、接口方式统一、运维标准统一"。稳步推进新一代配电自动化主站系统建设，加快配电自动化主站功能实用化，根据地区配电网需求，适时完善主站分布式电源接入与控制、专题图生成、状态估计等扩展功能和接入设备侧物联网功能，结合终端建设及技术管理水平提升，逐步扩大全自动闭环故障处理模式的应用范围。

至 2025 年，新建/改造 125 座配电自动化主站系统，公司经营区配电自动化主站覆盖率均达到 90%以上，基本覆盖所有地市，配电自动化系统基本实现成熟应用，具备支撑配电物联网功能，实现配电网可观可控，满足新能源、分布式电源及电动汽车等多元化负荷发展需求，支撑以智慧能源综合服务为代表的新兴业务协同发展，配电自动化系统与其他业务系统高度互联，全面支撑规划设计、调度运行、生产运维、用电服务等业务，提升配电网供电可靠性、供电质量与服务水平。

## 二、提升可再生能源并网运行水平

加强可再生能源功率预测和优化调度，提高可再生能源调度运行水平；提升分布式能源可观测、可调控水平，加强源网荷储协调，多措并举支撑可再生能源安全运行和有效消纳；加强性能检测和在线评估，带动可再生能源技术发展和装备升级；持续提升可再生能源电网适应性和主动支撑能力，保持可再生能源并网技术处于国际领先水平；支撑清洁能源产业发展，助力形成具有国际竞争力的清洁能源和储能产业高地。

提升系统调节能力，推动新建新能源电厂按照一定比例配置储能，因地制宜建设电网储能，有序发展用户侧分布式储能，提高新能源消纳能力。配合推进抽水蓄能电站建设，提升系统调节能力。融合需求侧响应，适应高比例清洁电源、外来电以及高峰谷差电网的发展新形态，推行虚拟电厂等需求侧响应市场机制，充分挖掘工业、建筑和居民生活用电负荷响应潜能，构建适当规模（最高负荷的 10%）可调节、可中断负荷需求响应池。推进居民小区充电基础设施智能有序充电，引导充电基础设施主体参与电力需求响应。构建协同调控机制，提高电网削峰填谷能力，提升社会综合效能，保障供用电平稳。

### 三、增强源网荷储互动调节能力

持续增强互动调节能力。推进电力源网荷储一体化，推动建立电化学储能、调峰气电、负荷侧灵活性资源等多种可调节资源协同机制。构建适应高比例新能源、高比例外来电的电网防御体系。建设源网荷储智慧低碳调度系统，实现海量分布式电源可观可测、群控群调。建设储能实验室，深化储能商业模式研究，积极推动发展"新能源＋储能"，拓展储能在源网荷三侧多功能应用，促进多种能源生产与消费的时空互补。

打造能源供需互动平台。打造网架灵活、智能自愈、高效互动的高弹性配电网，推动传统无源配电网向互联与微网协同、交流与直流混联、物理结构与信息网络高度融合的有源智慧配电网转变。全面融合能源技术，先进通信技术和控制技术，加强智能化应用、全息感知、协调互动能力建设，提升电网智能化、数字化水平，通过源网荷储柔性互动，适应分布式能源、储能、微电网的等多元负荷安全高效接入。

### 四、深化营配调贯通应用

进一步发挥营配调贯通建设成效，支撑公司新型数字基础建设，推动公司营配调业务精益管理、数字化运营，夯实营销基础管理，聚焦基层减负，压降服务成本。

一是抓好基础管理，强化营配调数据质量校核功能应用，实现"站－线－变－户"关系动态更新，结合全业务管理中台建设，支撑电力物联网建设与应用。二是推进营配调数据技术治理、实时校验，着力提升营配调数据质量，健全营配调数据维护及异动制度。固化增量数据流程内维护与即时校验模式，开展"户－变""变－箱－户"关系技术和贯通质量反向校核。三是推广应用数据质量稽查和评价，促进档案数据异常治理。实现营配调贯通数据质量的在线分析与评价，优化贯通数据质量的评价标准，开展配变容量、接带户数、供电线路长度等数据后台校验，对明显异常的数据进行提示和复核，开展营配调数据质量常态监控，按月评价营配调贯通数据质量和数据治理情况。四是结合高损台区治理，持续支撑做好台区线损管理工作。明确营销业务应用各环节、各专业工作职责、流程考核时限，固化系统业务操作，加强源端数据采录与维护，组织开展营销线损管理和营配贯通档案常态化稽查工作，为线损管理奠定基础。五是开展营配融合全业务管理中台营销侧业务的单轨运行，实现营销与运检等专业的业务深度融合，为线损指标提升提供更加便捷的通道和准确的数据。

### 五、推进电网资源业务中台应用

持续推进企业中台建设，加快业务中台、数据中台和技术中台部署应用，实现能力跨业务复用、数据全局共享，形成"强后台，大中台，活前台"架构体系。一是全面完成数据中台建设，整合公司各专业部门孤立、异构的原始业务数据，统一纳入中台存储，形成标准化、集成化、标签化数据。二是加快电网资源业务中台部署，整合各类电网资源数据，统一标准、同源维护，实现"数据一个源、电网一张图、业务一条线"，全面提升业务中台企业级应用支撑能力。三是构建实用高效的技术中台，为业务中台、数据中台提供统一的人工智能、GIS、身份认证等基础技术服务。

## 第六节　营销服务环节的主要措施

### 一、客户用电安全管理

#### 1. 完善客户用电安全管理工作机制

（1）明确客户安全管理职责和支撑力量。增强客户用电安全管理业务执行能力，指导客户排查和整改用电安全隐患，确保客户设备运维预试、保护整定、应急电源等方面用电安全管理要求落实落细，不发生越级跳闸事件。

（2）严格实施客户新设备入网安全管控。一是落实客户设备入网安全把关职责，严格执行《业扩报装管理规则》等文件要求，加强营销、设备、调度等专业协同，做好客户新设备入网安全管控。二是制定客户设备入网相关技术细则，对居民小区、高层建筑以及有特殊、重要负荷的客户设备提出细化要求，加强竣工验收检查，严禁不合格电力设施"带病入网"。三是严把供用电合同签订关，确保新装客户供用电合同内容与营销系统档案、供电方案、客户现场情况一致，安全责任条款齐全、界面清晰。

（3）加强客户用电安全服务工作。一是落实用电检查管理要求，严格执行国网公司《客户安全用电服务若干规定》，融合客户经理和用电检查人员岗位职责，用电检查与客户服务同时开展。二是开展用电安全周期性检查和专项排查，落实高危及重要客户服务、通知、报告、督导"四到位"工作要求，建立高危及重要客户"一户一档"，及时通知客户整改用电安全隐患并向政府电力管理部门报备，实现缺陷隐患闭环管控。三是结合日常周期检查服务工作，了解高危及重要客户停电检修计划，主动沟通调度、生产部门，与电网检修计划有机结合，有效减少停电次数。四是推动电力联合执法落地，共同强化用电安全整治，形成良好的客户侧用电安全氛围。

（4）加强重大活动保电工作协同配合。按年度梳理保电需求较高的政府机关、会议中心、展览场馆名单，会同发展部、设备部、调度部门从供电方式、电源通道、内部设施等多个维度共同开展保电安全性评价，及时采取措施提升相关场所的供用电可靠性。

#### 2. 开展专项隐患排查

（1）开展高危及重要客户用电隐患排查。一是全面梳理高危及重要客户清单，严格按照《重要电力用户供电电源及自备应急电源配置技术规范》中关于重要电力用户的相关定义，规范开展高危及重要客户的定级工作。二是排查高危及重要客户外电源方式和回路数是否满足要求，自备应急电源容量、启动时间、切换方式和持续运行时间等技术特性是否满足保安负荷要求，运行维护是否到位，电气试验是否超周期，应急保障制度是否完善等问题，落实"四到位"工作要求。三是落实公司关于重要客户供电线路运维保障的有关要求，对属于公司资产的各类安全隐患，提请运检部等部门列入综合计划，及时整改；对属于客户资产的相关线路，督促客户配置运维队伍，加强线路运维巡视和隐患整改。坚持边查边改，及时将需改造项目列入当年技改计划，协助政府电力管理部门督促客户完善自备应急电源，全面提升配置合格率，并完成公司资产的高危及重要客户外电源线路隐患整改。

（2）开展高层建筑用电隐患排查。一是积极促请地方政府部门牵头，组织开展高层建筑用电安全排查，建立超高层建筑、一类高层住宅建筑用电安全情况台账，全面梳理客户供电电源、重要负荷、应急供电措施等情况。GB 50352—2019《民用建筑设计统一标准》规定建筑高度大于 100m 为超高层建筑。GB/T 36040—2018《居民住宅小区电力配置规范》规定高层住宅建筑指高度大于 27m 的居住类建筑，其中建筑高度大于 27m 但不大于 54m 的居住类建筑为二类高层住宅，建筑高度大于 54m 但小于 100m 的居住类建筑为一类高层住宅，建筑高度 100m 及以上的居住类建筑为超高层建筑。二是落实《居民住宅小区电力配置规范》和相关地方标准，排查特级、一类高层住宅建筑消防、应急照明、客梯、生活水泵等重要负荷是否采用双电源供电，是否配置自备应急电源，二类高层住宅建筑重要负荷是否采用双回路供电，督促客户整改相关用电隐患。三是指导客户排查整改高层建筑配电站房设备、强电井、配电小间等存在的安全隐患，提升内部配电设备运行管理水平。

（3）开展高压客户用电安全隐患排查。一是结合营业普查、反窃查违等工作，对除高危及重要客户、高层建筑以外的其他 10kV 及以上高压客户开展一次用电安全隐患排查，确保全面排查到位。二是排查高压客户一、二次设备的安全性、可靠性、运行状况、预防性试验情况等，对客户送达《用电检查结果通知书》，推动电力联合执法，督促客户对国家规定淘汰的、不符合安全规定要求的设备进行改造或更换。三是指导客户按实际需求退出不必要的低压脱扣装置或合理配置低压脱扣延时定值，避免低压脱扣误动作。四是开展客户变电站、配电室内电能表、互感器等计量装置安全隐患排查，推广电能表标准化接线，开展计量装置在线监测状态检查，及时更换老旧或失准设备。

3. 强化客户侧用电安全保障

（1）完善客户用电安全管理平台。一是依托营销业务系统完善客户用电安全档案信息，将客户用电安全基本情况、检查记录纳入客户档案，丰富客户标签画像。二是推进高危及重要客户管理平台应用，实现客户隐患多维度分析和整改情况跟踪督办。三是深化客户安全管理与服务研究，加强设备状态监测、隐患诊断及预防、故障溯源评估、设备代运维等业务融合的技术、模式研究，提升智能化水平，降低管理成本。

（2）督促客户加强内部用电安全管理。一是指导客户落实电力安全规程，严格执行"两票三制"，制定电气设施运维管理规章制度，准确填写运行日志、设备修试记录等工作记录，提升日常运维能力。二是督促客户规范安全工器具管理，配齐绝缘手套、验电器等安全工器具，定期进行预防性试验。三是服务客户开展用电安全、电工技术培训，提升客户安全责任意识和技术能力。

（3）指导客户完善内部应急保障措施。一是对客户重要低压负荷，推广采用双路电源接入自动转换开关（ATS/SSTS）并加装 UPS 储能的接线方式，提升重要负荷供电可靠性。二是督促客户制定反事故预案和非电保安措施，提升应急处置能力。

（4）促进公共应急电源建设。一是在属地政府和能源管理部门的指导下，推动指导高危及重要客户建设（改造）应急移动电源接入装置，确保在紧急情况下，公共应急移动电源可靠接入。

## 二、客户用电安全检查

### （一）客户用电安全检查周期

1. 定期安全检查周期

（1）特级、一级高危及重要客户每 3 个月至少检查一次，二级高危及重要客户每 6 个月至少检查一次，临时性高危及重要客户根据其实际用电需要开展用电检查工作。

（2）35kV 及以上电压等级的客户，宜 6 个月检查一次。

（3）10（6）、20kV 客户，宜 12 个月检查一次。

（4）380V（220V）低压客户，应加强用电安全宣传，根据实际工作需要开展不定期安全检查。

（5）具备条件的，可采用状态检查的方式开展检查。

（6）同一客户符合以上两个条件的，以短周期为准。

（7）定期安全检查可以与专项安全检查相结合。国家或上级单位对检查周期另有规定的，按照相关规定执行。

2. 专项安全检查周期

（1）国家法定节假日专项安全检查每年至少一次/项，包括春节、元旦、国庆节等。

（2）春、秋季安全用电专项检查每年一次/季、迎峰度夏防汛泵站安全用电检查每年一次。

3. 特殊性安全检查周期

（1）高考、中考保供电专项检查每年至少一次/项。

（2）各级政府组织的大型政治活动、大型集会、庆祝、娱乐活动及其他特殊活动需要临时特殊供电保障，根据活动要求开展安全用电检查。

### （二）客户用电安全检查主要内容

根据《国家电网有限公司客户安全用电服务若干规定（试行）》的规定，客户用电安全检查的主要内容如下所示：

1. 客户受（送）电装置中电气设备及相应的设施运行安全状况

（1）变压器。

1）油浸式电力变压器上层油温一般不宜超过 85℃，最高不得超过 95℃，温升不得超过 55℃；

2）变压器是否在规定的使用条件下，按铭牌规定容量运行，应避免过负荷运行；

3）变压器有无不正常异声、异味；

4）变压器外壳接地线及铁芯经小套管接地的引下线接地是否良好；

5）套管及引线接头有无发热及变色现象，套管是否清洁，有无破损、裂纹、放电痕迹等缺陷情况；

6）防爆管及防爆玻璃不得有渗油或损坏现象；

7）有载调压开关及冷却装置状态，电源自动切换及信号情况；油枕，套管的油色正常，油位应在相应环境温度的监视线上；

8）瓦斯继电器内有无气体及渗漏油现象，连接的油门是否打开；

9）各连接部件接缝处无渗漏油现象，接地线应牢固无断股；

10）温度控制装置动作是否正常，冷却风机是否正常工作；

11）呼吸器变色硅胶变色是否正常，有无堵塞现象；

12）其他外观检查有无脱漆、锈蚀、裂纹、渗油、明显螺栓松动等现象。

（2）高压成套柜、装置。

1）高压成套柜应具备五防功能（具备防误分、误合断路器，防止带负荷分、合隔离开关或隔离插头，防止接地刀闸合上时或带接地线送电，防止带电合接地刀闸或挂接地线，防止误入带电间隔）；

2）高压成套柜内部应有用来实现五防的机械连锁，并应有足够的机械强度，且操作灵活，外部机械挂锁齐全；

3）高压成套柜开关仓面板上开关分闸、合闸位置指示灯、弹簧已储能指示灯、手车试验位置、工作位置指示灯应指示正常；

4）通过观察窗检查，一次铜排表面有无腐蚀、变色现象，电缆有无放电现象，观察窗上是否有水汽，所有绝缘件是否完整，有无损伤、裂纹、放电痕迹，电压、电流互感器表面是否清洁，是否有损伤、裂纹、放电痕迹；

5）其他外观检查柜体有无变形，锈蚀程度如何，各门、面板及锁是否完整且关闭正常。

（3）高压进线断路器、高压跌落式熔断器、负荷开关（柜、间隔）。

1）检查断路器是否正常：老式断路器油位正常，不渗油，$SF_6$断路器应压力正常，无任何闭锁信号，并附有压力温度关系曲线。位置显示装置、带电显示装置工作指示正确，机构箱内有防潮、驱潮措施，箱门关闭严密，液压操作机构亦应不渗漏油，其压力在规定范围之内；

2）闸刀（隔离开关）及负荷开关的固定触头与可动触头接触良好，无发热现象；操作机构和传动装置应完整、无断裂；操作杆的卡环和支持点应不松动，不脱落；

3）负荷开关的消弧装置是否完整无损；

4）高压熔断器的熔丝管是否完整，无裂纹，导电部分应接触良好，保护环不应缺损或脱落；

5）高压跌落式熔断器、熔丝管应无变形，接触良好，无滋火现象；

6）断路器内有无放电声和电磁振动声。

（4）母线 TV 柜。

电压互感器一、二次熔丝接触良好，电压表指示正常。

（5）高压电容器、调相器。

1）电容器、调相器运行电压在正常运行范围内；

2）内部有无不正常声响，有无放电痕迹。

（6）直流屏、控制屏。

1）表计指示是否正常，指示灯应明亮，直流装置内部无异常声响。直流元件无损坏、发热、焦臭气味；

2）所有表计指示是否正常。有无指针弯曲，卡死等现象；

3）各仪表有无停转、倒转等不正常现象；

4）检查浮充电运行的蓄电池，浮充电电流，硅整流工作指示是否正常。

（7）低压开关柜、出线柜。

1）负荷分配应正常。电路中各连接点无过热现象，三相负荷、电压应平衡。电路末端电压降未超出规定；

2）各低压设备内部应无异声、异味，表面应清洁；

3）工作和保护接地连接良好，无锈蚀断裂现象；

4）柜上二次显示设备是否显示正常，有无缺损；

5）其他外观检查柜体有无变形，锈蚀程度如何，各门、面板及锁是否完整且关闭正常。

（8）低压无功补偿柜。

1）电容器经常运行电压在正常运行范围内，不得超过额定电压的 5%，短时运行电压不得超过 10%；

2）电容器经常运行电流不得超过额定值电流的 130%（包括谐波电流），而三相不平衡电流不应超过 10%；

3）电解电容器是否有漏液，"冒顶"和膨胀等现象；

4）熔断器熔断或断路器跳闸；

5）电容器内部有不正常声响、有无放电痕迹。

（9）低压出线电缆。

1）引入室内的电缆穿管处是否封堵严密；

2）沟道盖板是否完整无缺，电缆沟内有无积水及杂物，电缆支架是否牢固，有无锈蚀现象；

3）电缆的各种标示牌有否脱落，裸铅包电缆的铅包有无腐蚀现象；

4）引线与接线端子连接是否良好，有无发热现象，蕊线或引线的相间及其对地距离是否符合规定，相位颜色明显。

（10）四防一通措施。变配电室是否满足防雨雪、防汛、防火、防小动物、通风良好的要求，并应装设门禁措施。

（11）变电所管理情况。

1）进门通道是否畅通；

2）站内积灰是否严重、是否有漏水现象、有无杂物堆积；

3）电缆沟盖板是否完好，是否安装紧密，空隙和孔洞是否全部封堵紧密；

4）配电室门窗完整，照明、通风良好，温湿度正常；

5）模拟图与实际设备一致；

6）高低压设备双重编号齐全。

（12）继电保护和自动装置。

微机保护装置显示是否正常、保护整定是否设置正确，是否按照整定方案（定值单）要求投入运行；机械继电器有无外壳破损、接点卡住、变位倾斜、烧伤以及脱轴、脱焊等情况；整定值位置是否变动。

各开关红绿灯是否与开关运行位置相符，母线电压互感器切换开关的位置与所测母线位置是否相符。

压板及切换开关位置是否与运行要求一致，各种信号指示是否正常，直流母线电压是否正常。

保护及自动装置是否定期校验，有无超周期。

信号装置警铃、喇叭、光字牌及闪光装置动作是否正确，调度通信设备是否正常。

2. 设备预防性试验开展情况

（1）是否按照预防性试验规程试验期限开展预试工作。对规程中仅规定试验周期年限范围的，如 1～3 年，应督促客户在最长试验周期内试验。

（2）一般情况下，客户电气设备试验可参照如下周期：110kV 及以上客户每年一次；35kV 客户两年一次；10kV（20kV）客户三年一次；进口电气设备、特殊电气设备按有关规定执行。

3. 并网电源、自备电源并网安全状况

（1）光伏组件、汇流箱、逆变器、升压变、并网开关等光伏设备运行应正常。

（2）客户侧继电保护和安全自动装置的定值设置合理，客户侧防孤岛保护与电网侧保护互相配合。

（3）现场光伏板规模与系统容量相匹配。

（4）计量装置正常，安装点未发生变化。

4. 重要电力客户检查

除上述检查外，还应检查以下内容：

（1）应检查现有定级是否准确。

（2）供电电源配置与重要性等级是否匹配。重要电力用户供电电源及自备应急电源技术应符合 GB/T 29328 的要求：

1）重要电力用户的供电电源应采用多电源、双电源或双回路供电，当任何一路或一路以上电源发生故障时，至少仍有一路电源应能对保安负荷持续供电。

2）特级重要电力用户应采用多路电源供电；一级重要电力用户至少应采用双电源供电；二级重要电力用户至少应采用双回路供电。临时性重要电力用户按照用电负荷的重要性，在条件允许情况下，可以通过临时敷设线路或移动发电设备等方式满足双回路或两路以上电源供电条件。

3）双电源或多路电源供电的重要电力用户，宜采用同级电压供电。但根据不同负荷需要及地区供电条件，亦可采用不同电压供电。采用双电源的同一重要电力用户，不宜采用同杆架设或电缆同沟敷设供电。

（3）重要电力客户均应配置自备应急电源，并加强安全使用管理。重要电力客户的自备应急电源配置应符合以下要求：

1）自备应急电源容量至少应满足全部保安负荷正常启动和带载运行的要求。

2）自备应急电源的配置应依据保安负荷的允许断电时间、容量、停电影响等负荷特性，综合考虑各类应急电源在启动时间、切换方式、容量大小、持续供电时间、电能质量、节能环保、适用场所等方面的技术性能，合理选取自备应急电源。

3）重要电力用户应具备外部应急电源接入条件，有特殊供电需求及临时重要电力用户，应配置外部应急电源接入装置。

4）自备应急电源应配置闭锁装置，防止向电网反送电。

（4）检查重要客户是否制定应急预案，应急预案情况是否与现场情况一致，是否定期开展应急演练等。

### （三）35kV 以及上大用户用电安全检查

35kV 及以上高压客户用电（含电厂）安全检查的重点内容包括用户专线的运维管理情况、用户变电站的日常运行、人员配置等情况，以及重要电力用户供电电源、自备应急电源管理情况和隐患闭环管理情况等，主要工作包括以下几部分。

（1）明确市县各级单位客户安全管理职责和支撑力量。各单位营销部加强客户用电安全管理业务监管职能，开展客户用电安全管理督导和评价，统筹推进客户用电安全管理机制更加高效有序运行。各单位客户服务中心落实客户用电安全业务管控责任，组织开展客户用电安全隐患排查等工作，全面提升本单位客户用电安全风险管控水平。增强客户用电安全管理业务执行能力，指导客户排查和整改用电安全隐患，确保客户设备运维预试、保护整定、应急电源等方面用电安全管理要求落实落细。

（2）开展大用户基础资料档案规范性排查。持续开展高压客户供用电合同梳理排查、修订续签工作，确保供用电合同与现场情况一致，杜绝合同超期现象，积极会同本单位法律部门，严格审核供电方式、自备应急电源、产权分界点、安全责任划分、电能质量、违约责任等重要条款内容，确保供用电双方的法律责任得到充分体现。继续加强客户档案、基础资料排查，落实 35kV 及以上用户"一户一档"要求，加强业扩与用检档案管控，做到现场、系统、档案情况一致。

（3）全面开展高压客户用电安全隐患排查。排查高压客户一、二次设备的安全性、可靠性、运行状况、预防性试验情况等，对客户送达《缺陷隐患告知书》，督促客户对国家规定淘汰的、不符合安全规定要求的设备进行改造或更换。开展客户变电站、计量装置、供电线路安全隐患排查，组织实现 35kV 及以上高压用户专线变电站内电缆安全检查全覆盖，并持续跟踪、督促客户整改用电隐患。

（4）加强客户用电安全隐患全过程管控。落实用电检查管理要求，严格执行公司《客户安全用电服务若干规定》，融合客户经理和用电检查人员岗位职责，用电检查与客户服务同时开展。二是开展用电安全检查和专项排查，落实用户服务、通知、报告、督导"四到位"工作要求，在 35kV 及以上电力用户"一户一档"落实隐患记录，逾期不整改的重要隐患，及时向政府电力管理部门报备，全面实现缺陷隐患闭环管控。

（5）督促客户加强内部用电安全管理。指导客户落实电力安全规程，严格执行"两票三制"，制定电气设施运维管理规章制度，准确填写运行日志、设备修试记录等工作记录，提升日常运维能力。督促客户规范安全工器具管理，配齐绝缘手套、验电器等安全工器具，定期进行预防性试验。

（6）开展反事故演习。各区县公司每年至少安排一次电力用户反事故演习，协助用户行之有效的事故应急预案，针对石油化工类、交通运输类、信息中心类不同行业的特点编制针对性事故演习方案，协助用户完善事故应急预案，做到应急预案正确有效，能快速、高效处置各类突发事件，提高防范和应对突发事件能力，最大限度预防和减少因电气故障造成的损失和影响。

（7）开展客户安全培训。定期服务客户开展用电安全、电工技术培训，针对用户在电气运行过程中遇到的安全问题和用户变管理经验，市场营销部负责组织调度、生产等专业部门开展用户集中培训，使用户电气负责人员、值班人员，能熟练配合上级调度完成各类操作任务，在紧急情况下正确处理事故，能熟练开展各类业务，为电网正常运行提供客户侧人员保障，提升客户安全责任意识和技术。

# 第七节　宁夏配电网供电可靠性提升措施

## 一、指导思想和工作原则

国网宁夏电力聚焦配电网发展不平衡不充分问题，将安全、优质、经济、高效的新发展理念，贯穿配电网规划设计、建设改造、运行维护、营销服务的全过程，通过采取网架构建完善等13项重点措施，加快建设安全可靠、经济高效、灵活先进、绿色低碳、环境友好的一流现代配电网，实现结构好、设备好、技术好、管理好、服务好，满足人民日益增长的美好生活用能需求。通过三年攻坚，全面解决配电网网架结构、供电能力、安全隐患、运维质量、装备水平、物资供应、队伍建设等方面的突出问题，配电网加快向高质量发展迈进，各项指标迈入国网先进行列。

在工作开展中，国网宁夏电力遵循以下主要原则：

客户至上，需求导向。围绕实现客户从"有电用"向"用好电"的全面转变，以安全、可靠、稳定、优质供电为目标，抓重点、补短板、强弱项，全面提高配电网电力供应能力、故障恢复能力、需求响应能力和可持续发展能力，切实提升客户用电体验。

目标引领，标准化建设。强化顶层设计，严肃规划刚性，按照"统一规划、统一标准、安全可靠、坚固耐用"要求科学制定目标网架和建设标准，落实项目前期"一图一表"、设备选型"一步到位"、建设工艺"一模一样"、管控信息"一清二楚"等要求，全面提升配电网建设改造成效。

精准投资，提质增效。贯彻资产全寿命周期理念，坚持"差异化"原则，落实"三个一次"（导线截面一次选定、廊道一次到位、变电站土建一次建成），充分挖掘现有电网潜力，深化投资效益科学量化分析，避免过度投资和无序建设，推进"投资驱动型"向"提质增效型"转变。

统筹协调，补强短板。统筹考虑城农网发展需求，推进城网可靠性提升、农网再电气化工程，提升城乡电网协调发展水平。重视配电网保护、通信、自动化等二次系统建设，提升智能化水平，推进一二次协调发展。补强精细规划、精准投资、精益管控信息化支撑短板，综合运用大数据和人工智能等新技术手段，推进规划建设、调控运维、优质服务管控模式变革。

协同推进，闭环管控。贯彻"一盘棋"工作要求，建立健全无交叉、无空白、无缝衔接的协同机制，信息共享、资源共用、问题共知、措施共识；深化量化评估、动态评价和全寿命周期评价，全过程管控、动态优化完善，合力推进各项重点任务落地见效。

## 二、重点工作任务

### （一）规划辅助决策支持系统建设及应用

国网宁夏电力落实"一平台、一系统、多场景、微应用"核心理念，面向配电网全业务环节建设基于全业务数据中心的配电网规划辅助决策支持系统，实现各专业数据自动校核、清洗、匹配、导入和展示，进一步完善和开发图形建模、负荷预测、接线分析、供电能力分析、供电安全性分析、供电可靠性评估、线损分析、效率分析、技术经济评价、指标计算等基础应用模块，提升配网规划建设工作质量和水平。

2019 年上半年，在全业务统一数据平台的基础上，对试点区域电网基础数据开展自动校核、清洗、匹配、导入功能开发建设，结合经济社会和自然条件等信息，建立了全专业融合共享的配电网规划统一数据平台，支撑配网规划全流程的数据需求。

2019 年下半年，完成了源网荷储互动的规划计算分析、诊断评估、智能协同、GIS可视化的规划业务应用等基础应用模块开发，实现配电网图形建模、负荷预测等多场景的微应用。2020 年，全面实现了全寿命周期健康指数智能评价与分析、智能化规划、智能化改造辅助决策、典型区域三维地理图形的规划成果全景展示，开发现场勘查等移动 APP。

国网宁夏电力贯彻"一张网"理念，落实"网格化"规划工作要求，执行"标准化、差异化、精益化"规划原则，加强专业协同，以满足用户需求、提高可靠性、促进智能化为目标，科学制定标准统一的供电网格目标网架及过渡方案，实现现状电网到目标网架的平滑过渡，满足规划业务流程化、方案评估定量化、规划决策智能化、规划成果可视化工作要求。2019 年上半年，应用规划辅助决策支持系统完成了县（区）配电网滚动规划，2020 年，完成了"十四五"配电网发展规划。

同时，建立配电网规划成效后评价机制，开发项目动态评价、在线评价、全寿命周期评价高级应用模块，对各地市配电网投资成效进行后评价及横向比较分析，为公司投资策略制定和规模控制提供技术支撑。

### （二）网架构建完善

以配电网目标网架为刚性约束条件，按照"远近结合、分步实施"的原则，结合典型供电模式科学确定远景发展目标，逐年细化并严格落实规划方案，强化配电网规划的严肃性，"一步到位"科学构建强简有序、标准统一的配电网过渡及远景目标网架，避免大拆大建、重复建设，实现网架标准化建设"199"发展目标（110/35kV 网架结构标准化率达到 100%，10kV 网架结构标准化率达到 90%、配电线路站间联络率达到 90% 以上）。

提升 110kV 电网标准化接线率。在 A、B 类供电区域搭建"过渡双射、单链，终期双链"，C、D 类供电区域搭建"过渡单射，终期单链、双射"的 110kV 目标网架结构，逐年提升网架标准化接线率。

表 3－11　　　　　　　　　110kV 网架结构优化建设任务汇总表

单位：万 kVA、km、亿元、%

| 年份 | 建设规模 | | 总投资 | 标准化接线率 |
|---|---|---|---|---|
| | 变电容量 | 线路长度 | | |
| 2019 | 15 | 125.3 | 1.6 | 85.3 |
| 2020 | 5 | 193.4 | 2.7 | 92.6 |
| 2021 | 5 | 290.5 | 3.2 | 100 |
| 合计 | 25 | 609.3 | 7.5 | — |

强简有序开展 35kV 变电站布点。在 D 类供电区域合理新增 35kV 变电站布点，推广使用集装式移动变电站，按照强－简－强原则搭建 35kV 单链、T 接目标网架结构，农村区域 10kV 馈线超供电半径、末端"低电压"及线路互联互供问题解决率 100%，标准化接线率提升到 100%。

表 3－12　　　　　　　　　35kV 变电站新增布点建设任务汇总表

单位：万 kVA、km、亿元、个

| 年份 | 建设规模 | | 总投资 | 解决线路超供电半径问题 | 解决线路末端"低电压"问题 | 解决线路互联互供问题 |
|---|---|---|---|---|---|---|
| | 变电容量 | 线路长度 | | | | |
| 2019 | 4.5 | 165.7 | 0.5 | 8 | 9 | 8 |
| 2020 | 12 | 299 | 1.9 | 14 | 5 | 24 |
| 2021 | 11.8 | 305 | 2.3 | 12 | 6 | 22 |
| 合计 | 28.4 | 769.7 | 4.7 | 34 | 20 | 54 |

提升 10kV 线路负荷转供能力。按照 A 类高可靠性区域"N 供一备"、AB 类供电区域双环网、C 类供电区域单环网、D 类供电区域多分段适度联络的接线标准构建网架，A、B、C 类供电区域实现"全供全转"，提升 10kV 网架标准化接线率及站间联络率。

表 3－13　　　　　　　　　10kV 线路负荷转供能力建设任务汇总表

单位：km、亿元、%

| 年份 | 新建线路长度 | 总投资 | 标准化接线率 | 站间联络率 |
|---|---|---|---|---|
| 2019 | 1243.8 | 3.3 | 81.2 | 60 |
| 2020 | 1202 | 6.9 | 88.3 | 71.5 |
| 2021 | 1643.1 | 6 | 94.3 | 91.8 |
| 合计 | 4088.9 | 16.2 | — | — |

提高变电站出线间隔资源利用效率。优化整合现有间隔，新建开闭所，充分挖掘变电站间隔资源利用成效，全面提升35kV、10kV间隔出线负荷标准率，为网架结构优化和负荷接入创造有利条件。

表 3-14 提高间隔资源利用效率任务汇总表

单位：亿元、%

| 年份 | 总投资 | 出线负荷标准化率 | | |
|---|---|---|---|---|
| | | 110kV | 35kV | 10kV |
| 2019 | 0.45 | 97.6 | 95.3 | 90.4 |
| 2020 | 1.04 | 98.1 | 97.1 | 96.7 |
| 2021 | 0.99 | 100 | 100 | 100 |
| 合计 | 2.48 | — | — | — |

### （三）供电能力提升

结合地区总体规划，统筹考虑负荷、新能源发展趋势，通过新增变电站布点、主变增容改造、接入方式优化等措施提升电网接纳能力。建成供电能力充裕的配电网，高压配电网设备重载问题彻底解决，动态低压配变重载和低电压户数比例控制在合理范围，城市、农村户均配变容量达到高质量发展水平。

提升多元化负荷与分布式电源接入能力。加强电力市场调研分析，提高负荷预测准确率，主（配）变容量和导线截面选择一次到位，满足中远期158万kW新增负荷和473万kW分布式电源接入需求。

表 3-15 满足多元化负荷与分布式电源接入任务汇总表

单位：万kVA、km、亿元、万kW

| 年份 | 建设规模 | | | | | | 总投资 | 满足新增负荷 | 满足分布式电源接入 |
|---|---|---|---|---|---|---|---|---|---|
| | 110kV | | 35kV | | 10kV | | | | |
| | 变电容量 | 线路长度 | 变电容量 | 线路长度 | 配变容量 | 线路长度 | | | |
| 2019 | 82.6 | 313 | 4.9 | 205.6 | 5.6 | 517.1 | 7.6 | 54 | 163 |
| 2020 | 109.4 | 414.2 | 6.4 | 272.1 | 7.4 | 684.4 | 9 | 72 | 215 |
| 2021 | 51 | 193.3 | 3 | 127 | 3.5 | 319.4 | 10.1 | 34 | 95 |
| 合计 | 243 | 920.5 | 14.3 | 604.6 | 16.5 | 1521 | 26.7 | 158 | 473 |

加快重过载设备治理。结合地区负荷增长情况，通过增容扩建和新增变电站布点等方式，解决35kV及以上主变重载问题；通过优化线路联络、合理分配线路负荷、新配出10kV线路切改负荷等方式，解决10kV线路重载问题；按照"小容量、密布点"的原则新增配变布点、切改现有配变负荷，解决现有配变重载问题。

表 3-16 解决设备重过载任务汇总表

单位：万 kVA、km、亿元、%

| 年份 | 建设规模 | | | | | | 总投资 | 重载问题累计解决率 |
| | 110kV 变电容量 | 110kV 线路 | 35kV 变电容量 | 35kV 线路 | 10kV 线路长度 | 10kV 配变容量 | | |
| --- | --- | --- | --- | --- | --- | --- | --- | --- |
| 2019 | 18 | 54.2 | 5 | 0 | 150.2 | 3.7 | 2.3 | 46.3 |
| 2020 | 12.6 | 66.7 | 4 | 46.8 | 230.2 | 1.5 | 2.7 | 76.9 |
| 2021 | 20 | 20 | 5.9 | 28 | 313.6 | 1.1 | 3.6 | 100 |
| 合计 | 50.6 | 140.9 | 14.9 | 74.8 | 694 | 6.3 | 8.6 | 100 |

深化电压质量治理工作。结合上级电源新增布点缩短 10kV 线路供电半径、新增配变布点缩短低压线路供电半径、优化完善中低压侧无功补偿装置、合理调整变电站母线电压及配变档位等措施解决电压质量问题。

表 3-17 电压质量治理任务汇总表

单位：万 kVA、km、亿元、个

| 年份 | 10kV 建设规模 | | 总投资 | 解决低电压问题数量 |
| | 线路长度 | 配变容量 | | |
| --- | --- | --- | --- | --- |
| 2019 | 84.4 | 1.42 | 0.6 | 38 |
| 2020 | 142.5 | 0.12 | 0.8 | 28 |
| 2021 | 101 | 0.32 | 1.1 | 25 |
| 合计 | 327.9 | 1.86 | 2.5 | 85 |

提升户均配变容量。按照供电区域、供电网格和供电单元开展配电网建设与改造，进一步提升城乡供电能力和电能质量，户均配变容量配置满足用户"随接随用"需求。

表 3-18 提升户均配变容量任务汇总表

单位：台、万 kVA、亿元、kVA/户

| 年份 | 建设规模 | | | | 总投资 | 户均配变容量 |
| | 新建配变台数 | 新增配变容量 | 改造配变台数 | 改造配变容量 | | |
| --- | --- | --- | --- | --- | --- | --- |
| 2019 | 734 | 14.64 | 570 | 15.59 | 0.8 | 2.5 |
| 2020 | 270 | 6.44 | 485 | 10.37 | 1.8 | 2.8 |
| 2021 | 496 | 11.54 | 422 | 9.38 | 2.1 | 3.2 |
| 合计 | 3154 | 63.04 | 1477 | 35.34 | 4.7 | — |

## （四）设施装备水平提升

因地制宜明确各类供电区域建设改造标准，提高设备采购和工程设计标准，提升设备通用互换性，选好选优设备，加大老旧低标设备改造力度，提高优质设备应用率，降低设备故障率，保障电网和设备本质安全。

提升在运设备健康指标。以运行年限超过 20 年及以上且存在较严重缺陷的电网设备升级改造为重点，全面提高装备标准化水平。

表 3-19　　　　　　　　　　老旧设备建设改造任务汇总表

单位：台、km、亿元、%

| 年度 | 建设规模 | | | | | | | | | | | | 总投资 | 15 年以上再运设备占比 |
|---|---|---|---|---|---|---|---|---|---|---|---|---|---|---|
| | 110kV | | | | 35kV | | | | 10kV | | | | | |
| | 主变 | 断路器 | 架空线路 | 电缆 | 主变 | 断路器 | 架空线路 | 电缆 | 线路 | 配变 | 断路器 | 负荷开关 | | |
| 2019 | 4 | 10 | 43 | 0 | 0 | 0 | 0 | 0 | 419 | 238 | 114 | 171 | 1.5 | 13 |
| 2020 | 3 | 4 | 2 | 0 | 0 | 0 | 150 | 0 | 582 | 214 | 126 | 147 | 3 | 11 |
| 2021 | 8 | 52 | 39 | 0 | 4 | 59 | 145 | 44 | 358 | 175 | 148 | 126 | 2.6 | 10 |
| 合计 | 15 | 66 | 84.3 | 0 | 4 | 59 | 295 | 44 | 1359 | 627 | 388 | 444 | 7.1 | — |

提升农村再电气化水平。促进区域协调发展，解决城乡电网发展不平衡问题，推进乡村电气化水平，补齐电网短板，提高供电能力、改善供电质量，扩大农村地区电能在终端能源消费比例，提升农村电网发展质量和效益，推动农村地区从"有电用"向"用好电"全面转变，满足乡村振兴对电力的长远需求。

表 3-20　　　　　　　　　　提升农村电气化任务汇总表

单位：km、亿元、%

| 年份 | 四线长度 | 投资 | 农村低压台区四线占比 | 终端能源消费占比 |
|---|---|---|---|---|
| 2019 | 1943 | 1.2 | 53.7 | 22.3 |
| 2020 | 1649 | 2.3 | 68.3 | 28.5 |
| 2021 | 2238 | 2.6 | 75.3 | 38.2 |
| 合计 | 5830 | 6.1 | 75.3 | — |

解决"卡脖子"问题。全面梳理现有配电网输送电力受阻断面，更换大截面导线，解决负荷发展及分布式电源接入局部受限问题。

表 3-21　　　　　　　　　　解决导线截面偏小建设任务汇总表

单位：km、亿元、%

| 年份 | 线路建设规模 | | | 总投资 | 现状问题累计解决率 |
|---|---|---|---|---|---|
| | 110kV | 35kV | 10kV | | |
| 2019 | 54.2 | 0 | 407.9 | 0.9 | 55.68 |
| 2020 | 86.7 | 143.3 | 524.1 | 1.7 | 76.85 |
| 2021 | 93 | 281.2 | 399.1 | 1.7 | 100 |
| 合计 | 233.9 | 424.5 | 1331.1 | 4.3 | 100 |

提升中压线路绝缘化水平。按照"先主干、后分支"原则，优先开展 10kV 主干线及

故障频发分支线绝缘化改造，完成 5069km 架空裸导线绝缘化任务。

表 3－22　　　　　　　　　10kV 线路绝缘化改造任务汇总表

单位：km、亿元、%

| 年份 | 建设规模 | 投资 | 架空线路绝缘化率 |
|---|---|---|---|
| 2019 | 1594 | 2.7 | 72.68 |
| 2020 | 1643 | 2.9 | 78.95 |
| 2021 | 1832 | 3 | 85.94 |
| 合计 | 5069 | 8.6 | — |

### （五）电缆通道整治

根据供电需求、网架建设目标，结合城市道路建设，新建高标准电缆通道，构建环网电缆通道格局，最终形成单个 110kV 变电站为中心的"一环两横四纵"的电力走廊。加大对老旧电缆通道及运行 15 年以上电缆更换的改造力度，全面推广电缆通道检查、监测技术，提升电缆线路智能化运维管理水平。

推进电力管廊与市政综合管廊有序衔接。统筹考虑市政综合管廊建设，开展电缆通道接入综合管廊工程梳理，推进电缆通道建设与综合管廊建设有序衔接，提升通道资源利用率。

表 3－23　　　　　　　　　综合管理连接通道建设任务汇总表

单位：km、亿元

| 年份 | 市政综合管廊建设规模 | 综合管廊连接通道 | |
|---|---|---|---|
| | | 规模 | 投资 |
| 2019 | 20 | 5.3 | 0.3 |
| 2020 | 35 | 6.7 | 0.4 |
| 2021 | 24 | 5 | 0.3 |
| 合计 | 79 | 17 | 1 |

科学布局城市电缆通道建设。新建县级及以上城市地区重要街道电力通道，增加廊道资源，打通目标网架搭建关键节点。

表 3－24　　　　　　　　　新建电缆通道工程规模汇总表

单位：km、亿元、条

| 年份 | 电缆隧道 | 电缆沟 | 电缆排管 | 投资 | 站间联络通道 |
|---|---|---|---|---|---|
| 2019 | 6.6 | 86.9 | 45.8 | 2.3 | 20 |
| 2020 | 3.4 | 51.1 | 32.5 | 2.7 | 12 |
| 2021 | 0 | 72.5 | 34.5 | 4.2 | 14 |
| 合计 | 10 | 183.8 | 82.4 | 9.2 | 35 |

完成老旧电缆通道改造。改造早期非标准砖混结构、无法分层布置的电缆沟道，同期开展防火防水治理、断面塌陷修整，支架补齐工作，提高电缆安全运行水平，为建设发展创造条件。

表 3-25                    老旧电缆通道改造任务汇总表

单位：km、亿元

| 年份 | 防火治理 | | 防水治理 | | 断面塌陷 | | 砖沟改造 | | 支架破损 | | 合计 | |
|------|------|------|------|------|------|------|------|------|------|------|------|------|
| | 规模 | 投资 | 规模 | 投资 | 规模 | 投资 | 规模 | 投资 | 规模 | 投资 | 规模 | 投资 |
| 2019 | 3.8 | 0.1 | 10.0 | 0.2 | 7.7 | 3.1 | 29.5 | 3.5 | 8.4 | 0.1 | 59 | 7.0 |
| 2020 | 5.2 | 0.1 | 19.0 | 1.8 | 0.0 | 0.0 | 28.2 | 3.3 | 7.3 | 0.1 | 60 | 5.3 |
| 2021 | 9.0 | 0.2 | 21.9 | 1.7 | 0.0 | 0.0 | 52.0 | 5.7 | 9.2 | 0.1 | 92 | 7.7 |
| 合计 | 18 | 0.5 | 50.9 | 3.7 | 7.7 | 3.1 | 109 | 12.5 | 24.9 | 0.3 | 211 | 20 |

加快老旧电缆线路改造。更换银川兴庆区等区域运行 15 年及以上的重载老旧电缆，提升设备本体健康运行水平。

表 3-26                    老旧电缆线路更换任务汇总表

单位：km、亿元

| 年份 | 10kV 电缆长度 | 总投资 |
|------|------|------|
| 2019 | 55.2 | 0.4 |
| 2020 | 83.1 | 0.6 |
| 2021 | 74.1 | 0.5 |
| 合计 | 212.4 | 1.5 |

### （六）终端通信接入网建设

按照"多措并举、因地制宜，集成整合、无缝衔接，业务透明、监控统一、安全可靠、优质高效"的原则，统一规划和建设"多手段、多功能、全业务、全覆盖"的终端通信接入网，全面覆盖公司各级用户和各类电网智能终端，保障电网安全稳定运行、支撑公司高效运营。

电力无线专网试点建设与应用。加快灵武地区电力无线专网试点建设与应用，建设无线基站 18 座，覆盖面积 730km$^2$（其中 A、B 类 86.3km$^2$，C、D 类 616km$^2$），接入配电自动化、用电信息采集、电动汽车充电桩、分布式电源等业务终端 233 个，将原公网承载业务逐步迁移至无线专网承载。

表 3-27                    银川灵武地区电力无线专网建设任务表

单位：套、km$^2$、个、亿元

| 年份 | 核心网 | 网管 | 基站 | 覆盖面积 | 建设规模 | | | | | | | | 总投资 |
|------|------|------|------|------|------|------|------|------|------|------|------|------|------|
| | | | | | 业务终端 | | | | | | | | |
| | | | | | 配电自动化 | 用电信息采集 | 电动汽车充电桩 | 分布式电源 | 输配变机器人巡检 | 变电站视频监控 | 移动IMS语音 | 电力应急通信 | |
| 2019 | 0 | 0 | 0 | 0 | 0 | 0 | 0 | 0 | 0 | 0 | 0 | 0 | 0 |
| 2020 | 2 | 1 | 18 | 730 | 212 | 12 | 2 | 1 | 1 | 2 | 2 | 1 | 0.2 |
| 2021 | 0 | 0 | 0 | 0 | 0 | 0 | 0 | 0 | 0 | 0 | 0 | 0 | 0 |
| 合计 | 2 | 1 | 18 | 730 | 212 | 12 | 2 | 1 | 1 | 2 | 2 | 1 | 0.2 |

C 类供电区域电力无线专网建设推广。各地市公司 C 类供电区域建设、应用、推广电力无线专网，建设无线基站 56 座，覆盖面积 1411.7km²，占 C 类供电面积的 88.39%，接入配电自动化、用电信息采集、电动汽车充电桩、分布式电源等业务终端 7640 个。

表 3-28　　　　　　　　　C 类供电区域电力无线专网建设任务表

单位：台、套、km²、个、亿元、%

| 年份 | 核心网 | 基站 | 业务数 | 总投资 | C 类地区无线专网覆盖率 |
|---|---|---|---|---|---|
| 2019 | 0 | 0 | 0 | 0 | 0 |
| 2020 | 0 | 0 | 0 | 0 | 0 |
| 2021 | 4 | 56 | 7640 | 0.6 | 88.39 |
| 合计 | 4 | 56 | 7640 | 0.6 | — |

配电网光纤专网网络改造。改造各地市配电光纤专网 EPON 设备，更换 114 台 OLT、2249 台 ONU，实现 54 座开闭所、1067 座环网柜、1461 台柱上开关、425 座电缆分接箱光纤专网覆盖，实现 A、B 类供电区域配电自动化"三遥"业务 100% 光纤覆盖，提升 EPON 网络的运行可靠性。

表 3-29　　　　　　　　配网通信网 EPON 设备更新改造任务表

单位：台、亿元、%

| 年份 | 建设规模 | | 总投资 | A、B 类区域配电自动化"三遥"光纤覆盖率 |
|---|---|---|---|---|
| | OLT | ONU | | |
| 2019 | 0 | 0 | 0 | 0 |
| 2020 | 30 | 943 | 0.07 | 100 |
| 2021 | 84 | 1306 | 0.18 | 100 |
| 合计 | 114 | 2249 | 0.25 | — |

### （七）智能管控提升

持续推进运检模式变革，不断提升设备状态管控能力和运检管理穿透力。构建以"设备状态全景化、业务流程信息化、数据分析智能化、生产指挥集约化、运检管理精益化"为特征的智能运检体系，建设"在线化、透明化、移动化、智能化"的供电服务指挥平台和新一代开放式配电自动化主站系统，实现 PMS、配电自动化、用电信息采集、营销 SG186系统等系统的数据贯通和信息共享，确保配电网可控可视，满足快速隔离故障和恢复供电需要。

推进新一代配电自动化系统建设。完成新一代配电自动化主站建设，按照"三同步"（同步设计、同步施工、同步投运）原则安装 DTU/FTU，实现设备故障信息实时传送，提升新一代配电自动化主站及 DTU/FTU 覆盖率。

表 3-30                          配电自动化建设任务汇总表

单位：亿元、%

| 年份 | 新一代配电自动化主站建设 | 总投资 | 新一代配电主站覆盖率 | FTU/DTU覆盖率 |
|------|------|------|------|------|
| 2019 | 主站建设 | 0.6 | 100 | 90.23 |
| 2020 | 深化应用 | 0.1 | 100 | 100 |
| 2021 | 功能完善 | 0.1 | 100 | 100 |
| 合计 | — | 0.8 | — | |

提升配电台区智能化管控水平。大力推进配电台区智能化建设，提升配变智能终端覆盖率，实现配电台区高效感知、智能管理和监控，全面提升中低压侧运检效率。

表 3-31                          配变台区智能化改造任务汇总表

单位：万台、亿元、%

| 年份 | 智能配电终端 | 总投资 | 智能配电终端覆盖率 |
|------|------|------|------|
| 2019 | 0.5 | 0.5 | 21.74 |
| 2020 | 0.5 | 0.5 | 43.49 |
| 2021 | 1 | 1 | 85.22 |
| 合计 | 2 | 2 | — |

提高配网接地故障选线准确性。通过带电检测新技术应用提升设备缺陷隐患发现及处置能力，强化配网接地故障选线准确率，实现永久接地故障区段精准定位。

表 3-32                       高精度配网故障录波传感器建设任务汇总表

单位：万套、亿元、%

| 年份 | 高精度故障录波传感器 | 总投资 | 配网接地故障选线准确率 |
|------|------|------|------|
| 2019 | 0.2 | 0.2 | 14.29 |
| 2020 | 0.5 | 0.5 | 57.14 |
| 2021 | 0.8 | 0.9 | 95.78 |
| 合计 | 1.5 | 1.6 | — |

提升配电网"自愈"及"免疫"能力。以"自适应综合型"就地式馈线自动化为基础，完成6658台智能柱上断路器安装，提升10kV架空线路"自愈"和"免疫"能力，实现"自愈"配网覆盖率100%，非故障区域恢复送电时间由原来的2~3h缩短至1min左右。

表 3-33                          配网一流精益化运维任务汇总表

单位：万台、亿元、%

| 年份 | 智能开关 | 总投资 | "自愈"配网覆盖率 |
|------|------|------|------|
| 2019 | 0.34 | 2.1 | 61.72 |
| 2020 | 0.32 | 2.2 | 100 |
| 2021 | 0 | 0 | 100 |
| 合计 | 0.66 | 4.3 | — |

深化供电服务指挥平台建设。实施供电服务指挥系统功能完善，深化营配调贯通成果应用，全流程管控配网停电、消缺、可靠性等工作，缩短故障修复时间，提升供电服务满意度。

表 3−34　　　　　　　　　供电服务指挥系统建设任务汇总表

单位：亿元、%

| 年份 | 供电服务指挥系统 | 总投资 | 供电服务满意度 | 故障修复时间累计压减率 |
|---|---|---|---|---|
| 2019 | 系统建设 | 0.08 | 100 | 20 |
| 2020 | 深化应用 | 0.05 | 100 | 40 |
| 2021 | 功能完善 | 0.05 | 100 | 60 |
| 合计 | — | 0.18 | — | — |

### （八）精益运维提升

落实国网公司配电网"1135"发展战略，以"客户为中心"，以"提升供电可靠性为主线"，以"两系统一平台"（PMS2.0 系统、配电自动化系统、供电服务指挥平台）为抓手，强化配电网运行检修精益管理。

提升配网继电保护管理水平。精准核定配网短路容量、负荷水平、设备参数，逐级完善线路分段、分支及用户分界开关保护定值整定。实时监测配变低压侧总保护器，合理整定漏电动作值。基于配电自动化主站实现故障波形定性分析，准确检验线路保护正确性，实现保护定值远程下装。至 2021 年，配网保护动作正确率达到 98% 以上。

表 3−35　　　　　　　　　配变低压侧总保护器任务汇总表

单位：万台、亿元、%

| 年份 | 总保护器 | 总投资 | 配网保护动作正确率 |
|---|---|---|---|
| 2019 | 0.5 | 0.09 | 95.5 |
| 2020 | 0.5 | 0.09 | 97.75 |
| 2021 | 1 | 0.18 | 98.91 |
| 合计 | 2 | 0.36 | — |

提升配网巡视检修质效。结合超高频及低频电子标签建设，研发基于 PMS3.0 系统的配网移动终端巡检系统。利用供电服务指挥中心业务职能，实现配网巡视、检修及带电检测工作质量全过程管控，提升配网巡视检修质效。

表 3−36　　　　　　　　　配网智能化运检任务汇总表

单位：km、万个、亿元、%、次/（100km·年）

| 年份 | 电缆线路 | 电缆通道 | 井盖数 | 总投资 | 带电检测覆盖率 | 严重危急缺陷消除率 | 一般缺陷消除率 | 配网故障跳闸率 |
|---|---|---|---|---|---|---|---|---|
| 2019 | 2116.7 | 672.8 | 0 | 0.25 | 60 | 100 | 85 | 3.94 |
| 2020 | 1000 | 0 | 0.96 | 0.52 | 100 | 100 | 90 | 3.12 |
| 2021 | 0 | 0 | 0.65 | 0.26 | 100 | 100 | 95 | 2.52 |
| 合计 | 3116.7 | 672.8 | 1.61 | 1.03 | — | — | — | — |

提高配网抢修质量。以客户为中心，建立城网及县城网低压网格化综合服务模式，银川城市核心区域建成"一刻钟抢修圈"。至 2021 年，万户工单率、客户投诉率、报修率同比下降 30%。

表 3-37 提高配网抢修质量任务汇总表

单位：亿元、张/万户、%

| 年份 | 总投资 | 万户工单 | 客户投诉同比累计下降率 | 客户报修同比累计下降率 |
|---|---|---|---|---|
| 2019 | 0.09 | 249.43 | 20 | 25 |
| 2020 | 0.09 | 199.55 | 25 | 30 |
| 2021 | 0.18 | 159.64 | 30 | 30 |
| 合计 | 0.36 | — | — | — |

消除配网"三跨"运行隐患。加大配网隐患排查治理力度，按照"一患一档"闭环管控，重点整治配电线路隐患，确保配电线路安全运行。

表 3-38 配网"三跨"运行隐患治理任务汇总表

单位：处、亿元、%

| 年份 | "三跨"隐患 | 总投资 | "三跨"隐患整治率 |
|---|---|---|---|
| 2019 | 60 | 0.18 | 100 |
| 2020 | 0 | 0 | 100 |
| 2021 | 0 | 0 | 100 |
| 合计 | 60 | 0.18 | — |

提升 10kV 配网不停电作业能力。严肃计划检修停电刚性管理，坚持"能转必转、能带不停、先算后停、一停多用"原则，推行运维、抢修、检修、不停电作业一体化模式。强化不停电作业人员技能，加强特种车辆及工器具补充配置，提升不停电作业装备水平。

表 3-39 特种车辆及工器具分年建设任务汇总表

单位：辆、套、亿元、%

| 年份 | 特种车辆 | 工器具 | 总投资 | 计划检修不停电作业率 | 业扩工程不停电作业接火率 |
|---|---|---|---|---|---|
| 2019 | 16 | 24 | 0.36 | 25 | 65 |
| 2020 | 6 | 6 | 0.13 | 37 | 75 |
| 2021 | 12 | 24 | 0.29 | 50 | 85 |
| 合计 | 34 | 54 | 0.78 | — | — |

## （九）客户优质服务能力提升

全面落实深化"放管服"改革和优化营商环境工作部署，切实践行"人民电业为人民"的企业宗旨，以客户需求为导向，聚焦人民电业为人民，提高全社会普遍服务水平，提供可靠便捷、智慧温暖服务。

进一步规范高危及重要客户的用电安全管理。每年定期开展高危及重要客户用电安全检查。特级、一级高危及重要客户每 3 个月至少检查 1 次，二级高危及重要客户每 6 个月至少检查 1 次，临时性高危及重要客户根据现场实际用电需要开展用电检查工作。做好缺陷隐患告知工作，严格规范隐患报备管理，确保报备到位、防范风险，全面落实"服务、通知、报告、督导"四到位的工作要求。开展低压脱扣专项排查治理，督导客户安装具备整定延时的欠压脱扣装置，合理设定低压脱扣装置定值，从确认供电方案、并网验收、用电检查、供用电合同等环节强化用户涉网设备安全管理。

表 3－40　　　　　　　　高危及重要客户的用电安全管理建设任务汇总表

单位：%

| 年份 | 低压脱扣装置治理率 |
| --- | --- |
| 2019 | 35 |
| 2020 | 70 |
| 2021 | 100 |
| 合计 | — |

做好光伏扶贫项目并网服务。完成光伏扶贫项目配套电网工程建设，满足 306 个村级光伏扶贫电站并网需求，总装机规模 9.97 万 kW。

表 3－41　　　　　　　　　　光伏扶贫接网工程投资规模

单位：亿元、个、万 kW

| 年份 | 投资规模 | | | | 电站数 | 装机规模 |
| --- | --- | --- | --- | --- | --- | --- |
| | 线路 | 计量箱 | 开关 | 合计 | | |
| 2019 | 0.32 | 0.03 | 0.11 | 0.462 | 235 | 7.6 |
| 2020 | 0.05 | 0.005 | 0.02 | 0.073 | 38 | 1.3 |
| 2020 | 0.04 | 0.004 | 0.02 | 0.069 | 33 | 1.1 |
| 合计 | 0.41 | 0.039 | 0.15 | 0.604 | 306 | 9.97 |

提升智能表全量数据采集，深化用电信息采集系统应用。推广 HPLC 高速载波通信单元应用，安装加密芯片采集终端 1 万只，HPLC 高速载波通信单元 244 万只，实现低压用户曲线数据、台区拓扑和相位识别、低压停电事件等数据采集。

表 3－42　　　　　　　　　计量设备改造和推广应用任务表

单位：万只、亿元、%

| 年份 | 改造低压计量箱 | 改造采集终端 | 功能性故障电能表 | HPLC 通信单元 | 智能表全量数据采集占比 | 投资 |
| --- | --- | --- | --- | --- | --- | --- |
| 2019 | 2 | 1.2 | 12 | 44 | 45 | 0.81 |
| 2020 | 2 | 0 | 15 | 100 | 70 | 1.12 |
| 2021 | 3 | 0 | 15 | 100 | 90 | 1.2 |
| 合计 | 7 | 1.2 | 42 | 244 | — | 3.11 |

营配数据固化贯通再提升。安装计量箱签、专线线路杆塔、小区变低压出线间隔带路

标识。实现营销资源数据（服务网点、分布式电源、采集终端等）、高压用户地址标识点、专线杆塔及高、低压配电设备采录，梳理各级配电设备挂接关系，实现系统建模完成率、数据固化完成率、配电设备 GIS 图形规范率、停电信息分析到户完成率、专线及专变用户业扩报装辅助编制应用率以及客户基础信息规范率全部达到 100%。

表 3-43 营配调贯通数据固化及功能应用任务汇总表

单位：%、亿元

| 年份 | 建设内容 | | | | | 投资 |
|---|---|---|---|---|---|---|
| | 配电设备现场标注一致率 | 配电设备采录和系统建模完成率 | 基础信息规范率 | 配电设备挂接关系现场与系统一致性核查及系统数据固化完成率 | 一键式方案答复、可视化派工等高级功能在全量业扩流程中全面应用率 | |
| 2019 | 50 | 100 | 60 | 50 | 0 | 0.74 |
| 2020 | 80 | 100 | 85 | 80 | 60 | 0.62 |
| 2021 | 100 | 100 | 100 | 100 | 100 | 0.5 |
| 合计 | — | — | — | — | — | 1.86 |

## （十）配电网高质量发展示范区

选取合适区域开展配电网示范建设，落实高标准建设、高质量发展要求，打造配电网建设样板工程，以点带面统筹推进宁夏配电网高质量发展。

银川金凤区城市核心商住区高可靠性供电示范。在银川市北部高端商住区通过提高电力通道建设及设备选型标准，搭建"三双"高可靠供电网络，深化智能电表非电量采集功能的应用，全面解决配电网网架接线复杂、负荷转供能力差、单一用户停电易扩大及低压故障定位时限长等问题。

表 3-44 城市核心商住区高可靠性供电示范建设任务汇总表

单位：km、座、台、亿元

| 年份 | 建设规模 | | | | 总投资 |
|---|---|---|---|---|---|
| | 线路 | 电缆沟 | 环网柜 | 分支箱 | |
| 2019 | 18 | 8.1 | 9 | 5 | 1.08 |
| 2020 | 29 | 11.7 | 16 | 28 | 1.61 |
| 合计 | 47 | 19.8 | 25 | 33 | 2.69 |

银川金凤 CBD 能源物联网示范。在银川金凤区 CBD 商务中心，按照"楼宇级＋园区级＋区域级"的多层级多级别立体式综合建设思路，以"互联网＋"应用为手段，在示范区建设屋顶光伏、薄膜光伏、混合储能和交直流混联微电网，构筑开放、多元、互动、高效的能源供给和服务平台。建设灵活开放、易扩展的虚拟电厂系统平台，盘活不稳定分布式能源、多元化需求响应、电力市场新业态等资源，实现最大化利用分布式能源资源实现多方共赢机制。

表 3-45                CBD 能源物联网示范工程建设情况表

单位：km、座、套、亿元

| 年份 | 建设规模 | | | | | 总投资 |
|---|---|---|---|---|---|---|
| | 10kV 线路 | 开关站 | 环网箱 | 园区级智能系统建设 | 区域级虚拟电厂建设示范 | |
| 2019 | 10 | 3 | 5 | 1 | 0 | 1.23 |
| 2020 | 12 | 4 | 6 | 0 | 0 | 1.06 |
| 2021 | 7.3 | 6 | 2 | 0 | 1 | 0.84 |
| 合计 | 29.3 | 42 | 2 | 1 | 1 | 3.13 |

中卫中宁小城镇"三分段单联络"智能自愈中压配电网示范。在中宁县石空镇中心区建成三分段单联络的智能自愈中压配电网,实现所有线路终端以光纤形式接入配电自动化系统。对低压线路进行改造升级,整顿用户私拉乱接现象,降低设备运行安全隐患,满足小城镇负荷发展需要及分布式电源、煤改电等负荷接入需求。

表 3-46                小城镇智能自愈配电网示范建设任务汇总表

单位：万 kVA、km、台、亿元

| 年份 | 建设规模 | | | | 总投资 |
|---|---|---|---|---|---|
| | 配变容量 | 10kV 线路 | 柱上自愈开关 | 0.4kV 线路 | |
| 2019 | 0 | 9.95 | 10 | 0 | 0.025 7 |
| 2020 | 0.126 | 5.9 | 38 | 6.81 | 0.083 3 |
| 合计 | 0.126 | 15.85 | 48 | 6.81 | 0.109 |

吴忠青铜峡老城区配电网改造示范。在青铜峡市老城区现有网架基础上,逐步构建"两横三纵"的电缆廊道布局,形成以双环网结构为主的目标网架结构;对区域内老旧配电网设备全面升级改造,为配电自动化的深化应用提供保障,实现青铜峡老城区配电网一、二次协调互补,10kV 线路全联络、负荷全转带。

表 3-47                城市老城区配电网改造示范建设任务汇总表

单位：km、座、MVA、台、亿元

| 年份 | 建设规模 | | | | | | | 总投资 |
|---|---|---|---|---|---|---|---|---|
| | 新建电缆 | 改造电缆 | 新建电缆沟 | 环网柜 | 箱变 | 通信 | 自愈开关 | |
| 2019 | 21.5 | 7.3 | 7.68 | 16 | 7 | | | 0.978 |
| 2020 | 0 | 0 | 0 | 0 | 0 | 3 | 35 | 0.03 |
| 合计 | 21.5 | 7.3 | 7.68 | 16 | 7 | 3 | 35 | 1.008 |

宁东盐池服务"乡村振兴"并网型光储微电网规划示范。在水源地保护区的盐池县柳杨堡乡伊劳湾村地区,探索风光储互补利用系统建设。在示范区建设 3MW 并网型光储微电网储能系统,彻底解决末端电网 10kV 供电半径长、低电压等问题。

表 3—48 乡村光储微电网示范建设任务汇总表

单位：座、套、km、亿元

| 年份 | 建设规模 | | | | 总投资 |
|---|---|---|---|---|---|
| | 箱变（逆变器） | SVG | 储能系统（蓄电池） | 线路 | |
| 2019 | 9 | 1 | 1 | 10 | 0.51 |
| 2020 | 0 | 0 | 0 | 0 | 0 |
| 合计 | 9 | 1 | 1 | 10 | 0.51 |

石嘴山行政核心区配电自动化深化应用示范。在石嘴山市政府新区构建更加完善的"花瓣式"目标网架结构，对老旧设备改造，推进配电自动化先进功能深化应用，提升重要用户供电可靠性。

表 3—49 行政核心区配电自动化深化应用示范任务汇总表

单位：km、台、套、亿元

| 年份 | 建设规模 | | | | 总投资 |
|---|---|---|---|---|---|
| | 线路 | 智能配变 | 开闭所 | 监测装置 | |
| 2019 | 3.5 | 49 | 1 | 17 | 0.12 |
| 2020 | 0 | 0 | 0 | 0 | 0 |
| 合计 | 3.5 | 49 | 1 | 9 | 0.12 |

固原新营乡农村低电压配电台区升级改造示范。在固原新营乡红庄村"低电压"重灾区按照"小容量、密布点、短半径"的原则，线路中末端及 10kV 负荷中心加装自动调压装置，解决低电压问题；居住分散的农村居民采用单三相混合供电模式，将中压线路深入负荷中心，缩短低压供电半径并实现户户通动力电。

表 3—50 农村低电压配电台区升级改造示范任务汇总表

单位：MVA、km、亿元

| 年份 | 配变 | 线路 | | 总投资 |
|---|---|---|---|---|
| | | 10kV | 0.4kV | |
| 2019 | 0.2 | 5 | 22.2 | 0.1 |
| 2020 | 0 | 0 | 0 | 0 |
| 合计 | 0.2 | 5 | 22.2 | 0.1 |

### （十一）建设质量及承载力提升

按"长久安全、坚固耐用、方案最优、经济合理"原则进一步提升可研、设计、施工图质量，推进配电网建设三维设计、工厂化预制、模块化建设、装配化施工、信息化管控，深化配电网工程建设全过程管理，强化工程建设全过程监督检查考核，全面提升配电网建设质量及承载能力。

提升工程可研初设及评审质量。2019 年完成可研初设一体化管理流程及项目评审管理规定编制，提高选站选线工作深度，统筹技术方案决策和外部条件落实，确保重大方案不颠覆、重大敏感点不遗漏。建立公司各层级、全专业评审专家库，制定评审制度管理规定。

严格工程里程碑管理和施工管理。从严落实里程碑计划的关键节点，确保计划的刚性执行；抓实现场安全管控，严格执行电网建设安规要求，落实"两级交底"，抓实"一张票"，严格执行"一票一方案一措施"、严格执行现场"十不干"以及停工整顿"五条红线"；加强施工过程质量管控，以标准工艺应用为核心，加强质量通病防治，规范到货验收、工序交接、厂家验收等关键环节和薄弱环节程序，将现场监督、旁站及见证责任落实到人，打造一支与配电网高质量发展建设任务相匹配的建设管理队伍。

开展承载力分析及履约评价。依托承载力分析体系，制定建设队伍发展规划，提升能力水平，对参建单位综合管理能力、安全施工水平、工程建设质量、诚信履约等方面进行综合评价。根据承载力分析结果，有针对性地制定培训计划、内容，以执业资格为目标导向，强化业务能力培训，每年组织不少于 4 次培训，提高建设队伍的专业水平。在招标过程中严格应用关键人员数据库，规范施工、监理单位投标行为，提高施工企业履约能力和服务质量，全面提升现场安全管控质量，为高标准、高质量、高效率建设电网提供强有力支撑。

提升工程全过程管控水平。建立省、市、县三级专业管理体系，打通内外网接口，实现数据相互调用。利用配电网工程管控 APP、基建信息管控 APP 开展配电网工程全过程常态化管控，实现远程视频实时监控，进一步规范现场作业，促进配电网工程建设向安全化、标准化方向发展。

提升集体企业承建能力。全面应用承载力分析报告，加强集体企业"骨干＋核心"模式建设；强化施工单位作业层骨干培养，严格落实作业层班组骨干最低配置标准，指导培育核心劳务分包队伍。规范核心劳务分包队伍及人员准入、选用、管控，建立长期稳定劳务支撑，提升集体企业承担配电网建设施工能力。

（十二）配电网物资保障能力提升

强化专业间协同运作，优化差异化采购供应策略，实现"两精简、两提升"（精简物料、精简程序、提升质量、提升效率）目标，进一步提升物资供应时效，为配电网提供有力支撑。

精简优化标准物料。结合地区差异和电网特点，按照设备通用互换，规格型号"以大代小"、功能参数"向下兼容"的原则精简压缩物资品类。完成 110kV 及以下物资品类的精简压缩，并在规划、设计阶段全面应用，实现在国网公司已压减的标准物料目录内，实际使用物料品类再压减 20%。深化标准化应用，完成配网物资技术规范固化 ID 补充、完善工作，实现固化 ID 应用率 99%以上。

配电网物资技术规范书分级分类应用。2019 年，针对重要输电线路、重要区段、重要变电站、重要敏感区域、中心城区以及特殊环境需求，在可研中充分考虑投资安排，在设计阶段明确设备分级分类采购意见。按需选用国网公司下发的优质设备技术规范书，配电网物资优质设备采购率 2019 年达到 30%，2020 年到 40%，2021 年到 50%。

加强仓储网络建设。优化省级中心库、地市周转库、县级及专业仓储点网络布局，建成 1 个中心库、6 个周转库、7 个县仓储点、1 个专业仓储的仓储网络，进一步满足仓库集中存储、配送业务需要，充分发挥仓储配送支撑作用。

完成仓储检测一体化建设。进一步提高到货物资质量管控能力和试验检测效率，30 类物资达到 B 级检测能力水平。2019 年，在国网宁夏物资公司中心库建设检测中心，减少仓库至检测中心的运输时间及运输成本，加强配电网物资仓储与质量抽检业务监督管理及检测单位间的工作协同，实现入库物资的到货批次抽检全覆盖。

## 三、发展目标

（1）配电网发展目标。配电网建设适度超前，网架结构进一步加强，装备水平显著提升，电网薄弱环节全面补强，本质安全、供电能力、供电质量等各项运行指标全面提升，初步建成网架坚强、灵活高效、智能互动、绿色低碳的新一代配电网。

表 3-51　　　　　　　　　　　配电网总体发展目标

| 指标 | 单位 | 2018 年 | 2019 年 | 2020 年 | 2021 年 |
|---|---|---|---|---|---|
| 1. 售电量 | kWh | 683.6 | 701 | 731 | 749 |
| 2. 供电可靠率 | % | 99.866 9 | 99.885 6 | 99.904 1 | 99.928 5 |
| 中心城市（区） | % | 99.989 9 | 99.995 1 | 99.997 5 | 99.999 1 |
| 城镇 | % | 99.950 8 | 99.961 2 | 99.969 1 | 99.978 7 |
| 乡村 | % | 99.809 6 | 99.824 3 | 99.830 7 | 99.845 1 |
| 3. 用户年均停电时间 | h | 11.66 | 10.02 | 8.4 | 6.26 |
| 中心城市（区） | h | 0.88 | 0.43 | 0.22 | 0.08 |
| 城镇 | h | 4.31 | 3.4 | 2.71 | 1.87 |
| 乡村 | h | 16.68 | 15.39 | 14.83 | 13.57 |
| 4. 综合电压合格率 | % | 99.285 | 99.367 | 99.462 | 99.675 |
| 中心城市（区） | % | 99.933 | 99.956 | 99.986 | 99.993 |
| 城镇 | % | 99.735 | 99.843 | 99.953 | 99.961 |
| 乡村 | % | 98.976 | 99.186 | 99.362 | 99.402 |
| 5. 110kV 及以下线损率 | % | 3.42 | 3.39 | 3.37 | 3.35 |
| 6. 110kV 电网容载比 | — | 2.02 | 2.1 | 2.09 | 2.15 |
| 7. 35kV 电网容载比 | — | 2.08 | 2.1 | 2.12 | 2.16 |
| 8. 农村中压线路供电半径 | km | 15.9 | 15 | 14 | 12 |
| 9. 农村低压线路供电半径 | m | 512 | 480 | 465 | 410 |
| 10. 中压线路联络率 | % | 79.2 | 86 | 90 | 100 |
| 11. 站间联络率 | % | 49.78 | 60 | 71.5 | 91.8 |
| 12. 户均配变容量 | kVA/户 | 2.31 | 2.58 | 2.81 | 3.2 |
| 13. 农村低压台区四线占比 | % | 47.35 | 55 | 68 | 75 |

续表

| 指标 | 单位 | 2018 年 | 2019 年 | 2020 年 | 2021 年 |
|---|---|---|---|---|---|
| 14. 现有重载问题累计解决率 | % | — | 46.3 | 76.9 | 100 |
| 15. 末端电压问题累计解决率 | % | — | 60 | 85 | 100 |
| 16. 110kV 线路标准化接线率 | % | 80.1 | 85.3 | 92.6 | 100 |
| 35kV 线路标准化接线率 | % | 79.3 | 86.3 | 93.2 | 100 |
| 10kV 线路标准化接线率 | % | 78.3 | 81.2 | 88.3 | 94.3 |
| 17. 110kV 间隔出线负荷标准率 | % | 96.2 | 97.6 | 98.1 | 100 |
| 35kV 间隔出线负荷标准率 | % | 92.8 | 95.3 | 97.1 | 100 |
| 10kV 间隔出线负荷标准率 | % | 85.2 | 90.4 | 96.7 | 100 |
| 18. 农村电能占终端能源消费比例 | % | — | 22.3 | 28.5 | 38.2 |
| 19. 15 年以上在运设备占比 | % | 15 | 13 | 11 | 10 |
| 20. 导线截面偏小问题解决率 | % | 40.26 | 55.6 | 76.8 | 100 |

（2）运维管理目标。配电自动化系统实用化应用水平大幅提升，配电网管控实现智能化，可视、可控水平进一步提高，主流检修模式逐步向不停电作业方式过渡。

表 3–52 配电网精益运维发展目标

| 指标 | 单位 | 2018 年 | 2019 年 | 2020 年 | 2021 年 |
|---|---|---|---|---|---|
| 1. 配网故障跳闸率 | 次/（100km·年） | 4.92 | 3.94 | 3.12 | 2.52 |
| 2. 缺陷消除率 | % | 80 | 85 | 90 | 95 |
| 3. 计划检修不停电作业率 | % | 12.2 | 25 | 37 | 50 |
| 4. 业扩工程不停电接火率 | % | 45.5 | 65 | 75 | 85 |
| 5. 带电检测覆盖率 | % | 30 | 60 | 100 | 100 |
| 6. 万户工单率 | 张/万户 | 311.79 | 249.43 | 199.55 | 159.64 |
| 7. "三跨" 隐患整治率 | % | 60.53 | 100 | 100 | 100 |
| 8. 故障修复时间累计压减率 | % | 15 | 20 | 40 | 60 |
| 9. 10kV 线损合理率 | % | 76.09 | 85.05 | 90.22 | 95.31 |
| 10. 电缆通道隐患整治率 | % | 75 | 80 | 85 | 90 |
| 11. 分界开关安装个数 | 个 | 2203 | 3398 | 6698 | 8747 |
| 12. 客户报修同比累计下降率 | % | 23 | 25 | 30 | 30 |

（3）营销服务目标。营商环境持续优化，业扩报装环节进一步压减，高危及重要客户的用电安全管理进一步规范，完成转供电加价清理和村级光伏扶贫电站并网服务。营配基础数据质量、营配协调贯通水平进一步提升，全面实现台区拓扑和相位识别技术应用。充电设施布点范围持续扩大、布局更为合理，电能替代电量逐年增长。

表 3-53 营 销 服 务 目 标

| 指标 | 单位 | 2018 年 | 2019 年 | 2020 年 | 2021 年 |
|---|---|---|---|---|---|
| 1. 低压脱扣治理率 | % | 0 | 35 | 70 | 100 |
| 2. 台区精品率 | % | 5 | 30 | 50 | 70 |
| 3. 供电服务满意度 | % | 85 | 100 | 100 | 100 |
| 4. 客户投诉同比累计下降率 | % | 5 | 20 | 25 | 30 |
| 5. 台区综合线损率 | % | 4.59 | 4 | 3.6 | 3.5 |
| 6. 一致性核查完成率 | % | 15 | 50 | 80 | 100 |
| 7. 电能替代电量 | 亿 kWh | 16.38 | 18 | 19 | 21 |
| 8. 充电桩数量 | 个 | 40 | 100 | 150 | 250 |
| 9. 供电所充电设施覆盖率 | % | 2 | 20 | 50 | 100 |
| 10. 加油站充电设施覆盖率 | % | 1 | 20 | 50 | 100 |
| 11. 配电设备挂接关系系统数据固化率 | % | 15 | 50 | 80 | 100 |
| 12. 营配贯通系统建模完成率 | % | 85 | 100 | 100 | 100 |
| 13. 营配贯通系统数据固化完成率 | % | 20 | 50 | 80 | 100 |
| 14. 配电设备 GIS 图形规范率 | % | 75 | 100 | 100 | 100 |
| 15. 停电信息分析到户率 | % | 95 | 100 | 100 | 100 |
| 16. 专线、变用户业扩报装辅助编制应用率 | % | 20 | 50 | 80 | 100 |
| 17. 客户基础信息规范率 | % | 30 | 60 | 85 | 100 |

（4）智能化管理目标。新一代配电自动化主站覆盖率、DTU/FTU 覆盖率、配变智能终端覆盖率及自愈电网覆盖率达到 100%，故障接地选型准确率、保护动作正确率大幅提升。高效完成电力无线专网试点并推广应用，终端通信接入网业务支撑水平进一步提升，实现配电、用电业务接入需求全支撑。

表 3-54 智 能 化 管 理 目 标

| 指标 | 单位 | 2018 年 | 2019 年 | 2020 年 | 2021 年 |
|---|---|---|---|---|---|
| 1. 新一代配电自动化主站覆盖率 | % | 0 | 100 | 100 | 100 |
| 2. DTU/FTU 覆盖率 | % | 67.04 | 90.23 | 100 | 100 |
| 3. 配变智能终端覆盖率 | % | 0 | 21.74 | 43.49 | 85.22 |
| 4. 接地故障选线准确率 | % | 0 | 14.29 | 57.14 | 95.78 |
| 5. 配网保护动作正确率 | % | 90.22 | 95.5 | 97.75 | 98.91 |
| 6. 自愈配网覆盖率 | % | 34.7 | 61.72 | 100 | 100 |
| 7. 非故障区域恢复送电时间 | min | 138 | 69 | 20 | 1 |
| 8. A、B 类区域配电自动化"三遥"光纤覆盖率 | % | 100 | 100 | 100 | 100 |
| 9. C 类地区电力无线专网覆盖率 | % | 0 | 0 | 0 | 88.39 |

（5）物资保障目标。配电网建设主要设备、材料物料品类在国网公司精简压缩目录内再压减 20%，技术规范固化 ID 应用率、配电网物资优质设备采购率大幅提升。建成完善的仓储网络，实现入库物资到货批次抽检全覆盖；完成按需下单配送 APP 建设应用，实现物资使用"需求即时确认、订单一键下达、按需主动配送"，建成具有数字化、网络化和智能化特征，"质量第一、效益优先、智慧决策、行业引领"的现代（智慧）供应链体系。

表 3−55　　　　　　　　　　物 资 保 障 目 标

| 指标 | 单位 | 2018 年 | 2019 年 | 2020 年 | 2021 年 |
|---|---|---|---|---|---|
| 1. 主要设备品类目录精简率 | % | 5 | 10 | 15 | 20 |
| 2. 优质设备采购率 | % | 9 | 30 | 40 | 50 |

# 第四章
# 供电可靠性提升技术措施

## 第一节　配电自动化技术典型应用

### 一、对配电网短路故障的处理

#### （一）馈线自动化概述

配电自动化系统的主要功能包括配电网运行监控、图形和模型管理、馈线自动化、配网运行状态管控等，以及各类高级应用功能。其中，馈线自动化（Feeder Automation）是配网自动化系统的重要功能之一，它利用自动化装置或系统，实时监视配电线路的运行状况，及时发现线路故障，判定故障区间后将其隔离，并恢复对非故障区间的供电。馈线自动化功能应在对供电可靠性有进一步要求的区域实施，应具备必要的配电一次网架、设备和通信等基础条件。

在配电网故障处理过程中，馈线自动化功能需要与变电站出线断路器的继电保护和自动重合闸密切配合，从而完成故障区段的定位、隔离和非故障区段的自动恢复供电。

馈线自动化可采取以下几种实现模式：

1. 就地型

不需要配电主站或配电子站控制，通过终端相互通信、保护配合或时序配合，在配电网发生故障时，隔离故障区域，恢复非故障区域供电，并上报处理过程及结果。就地型馈线自动化包括重合器方式、智能分布式等。

2. 集中型

借助通信手段，通过配电终端和配电主站/子站的配合，在发生故障时，判断故障区域，并通过遥控或人工隔离故障区域，恢复非故障区域供电。集中型馈线自动化包括半自动方式、全自动方式等。

以上两种处理模式中，就地型馈线自动化不依赖通信手段和主站控制，具有较少的信息传递环节、较好的运维便利性和较高的成功率，但难以适应复杂的网架拓扑结构，一般应用于架空线路；集中性馈线自动化高度依赖通信手段和主站控制，信息传递环节较多、运维较为复杂，但对网架拓扑有良好的适应性，一般应用于电缆线路。考虑到现场应用的广泛性,本节重点介绍电流集中型、电压－时间型两种馈线自动化模式,简要介绍电压－电流－时间型、电压－电流自适应型和智能分布式馈线自动化模式。

**（二）主站集中型馈线自动化**

1. 基本原理

（1）基本原理。线路发生故障后,配电自动化主站接收到配网线路自动化分段及联络点终端上送的故障信息后,主站根据线路的拓扑关系,判断出故障区间。由主站下发遥控命令,遥控断开故障点两侧的开关,然后遥控站内出线开关或联络开关恢复非故障区段的供电,从而实现故障的快速隔离与非故障区段的快速恢复供电。

如图 4-1 所示,线路 1 与线路 2 通过联络开关 L1 形成联络,s1～s3 为线路 1 分段开关。

图 4-1 集中型馈线自动化原理示意图

当 F1 发生相间短路故障,变电站出线断路器 Fcb1 保护动作跳闸,与此同时 s1、s2 终端也检测到故障电流并将故障告警信号上送至主站系统,主站系统生成事件名,30s 后启动事故处理程序,主站定位故障点在 s2 与 s3 之间,拉开 s2、s3 开关,隔离故障,再合上 Fcb1 和联络开关 L1,完成非故障区段的恢复送电。

（2）FTU 或 DTU 设置。

1）故障电流定值设置。

一般速断电流 960A,20ms;过流定值 600A,100ms;零序电流调至最大,控制字退出。

2）控制器把手切至"远方"位置。

3）对于 FTU,操作把手切至"自动"位置。对于 DTU,投入遥控压板。

（3）主站逻辑处理。

1）若不带重合闸,主站在变电站出线断路器 Fcb1 保护动作跳闸后,进入 30s 计时,计时结束后,启动故障处理程序,完成故障隔离和非故障区域供电。计时过程中,如收到该条线路分界开关的故障动作信号,计时器立刻清零,并向变电站出线断路器发出"遥控合闸"命令,Fcb1 合闸,线路恢复供电。

2）若带重合闸,主站将在变电站出线断路器 Fcb1 保护动作跳闸后,进入 30s 计时,若瞬时故障,重合成功,Fcb1 为合闸状态,计时器自动清零;若重合失败,30s 计时后,启动故障处理程序,完成故障隔离和非故障区域供电。

3）特点及适用场合。该方式下由主站基于通信系统收集所有终端设备信息,通过网络拓扑分析,确定故障位置,最后下发命令遥控各开关,实现故障区域的隔离和恢复非故障区域的供电。该方式下动作速度快,准确率高,通常应用在城市中心区的架空或电缆线路。

2. 故障处理策略

（1）事故前线路。Fcb 为站内出线开关，s1、s2、s3、s5 为分段开关，s4 为联络点开关。事故发生前线路两条线路正常运行。

图 4-2　电流集中型馈线自动化故障处理策略-故障前开关状态

（2）事故发生后。s2 与 s3 分段开关之间发生相间故障，Fcb1 故障跳闸，s1、s2 上报相间故障信息，主站接收到 Fcb1 故障和跳闸信息，同时接收到 s1、s2 上报相间故障信息，主站系统启动 FA，通过拓扑关系分析出故障在 s2 分段开关（检测到故障）与 s3 分段开关（未检测到故障）之间。故障区段判断完成。

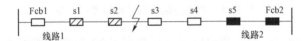

图 4-3　电流集中型馈线自动化故障处理策略-故障后开关状态

（3）事故区间的隔离和非故障停电区间恢复供电。故障区间判断完成后主站遥控 s2 和 s3 开关分闸，故障区间隔离完成，主站遥控 Fcb1，实现电源侧非故障区间恢复供电；遥控联络开关 s4 合闸，负荷侧非故障区段恢复供电完成。

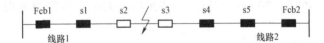

图 4-4　电流集中型馈线自动化故障处理策略-故障隔离后开关状态

3. 典型案例分析

（1）案例 1。如图 4-5 所示，110kV 某站 10kV 线路 A 跳闸，无重合闸，故障系线路上的 HK02Z-FXK01 用户分支箱故障造成。

配网主站收到 110kV 某站事故总及 10kV 线路 A 的出线开关跳闸信号，主站系统启动事故推图。其中线路 A 采用集中电流型馈线自动化，主站收到环网柜 HK02Z-1 开关、HK02Z-2 开关、HKAZ-1 开关、HKAZ-2 开关的速断保护动作信号，判断故障区间在 HK02Z-2 开关以下，系统自动遥控分开 HK02Z-2 开关隔离故障区间。由于该线路为全电缆线路，未投入重合闸，根据故障区间判定，在投入全自动 FA 的条件下，系统自动遥控合上线路 A 的出线开关恢复其他区域供电。

（2）案例 2。如图 4-6 所示，某市 10kV 线路 A 的 107 号分段开关与 120 号分段开关之间发生短路后，整个系统完成故障区间快速定位、隔离，非故障区间进行快速恢复供电。

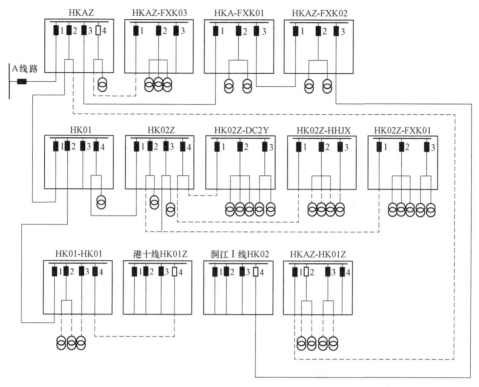

图 4-5　10kV 线路 1 一次接线图

主站系统检查故障定位和故障隔离功能。配
网自动化主站系统收到某站 10kV 线路 A 的 001
出线开关（速断保护 2800A/0s，过流保护
1100A/0.5s）跳闸、速断保护动作和事故总信号后，
主站 FA 启动，进入故障 FA 处理过程。

主站系统 SCADA 弹出故障自动隔离与恢复
的事故处理对话框，在对话框中显示故障位置在
A 线路 107 号分段开关（定值设定如下：速断保

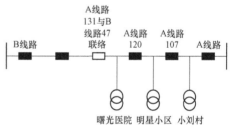

图 4-6　10kVA 线路一次接线图

护1000A/0s，过流保护 600A/0.1s）、A 线路 120 号分段开关（定值设定如下：速断保护
1000A/0s，过流保护 600A/0.1s）间。主站系统正确接收青年线 107 号分段开关上报速断
保护动作信号，A 线路 120 号分段开关未上报故障信号。

主站系统自动将 A 线路 107 号分段开关、A 线路 120 号分段开关遥控分开，隔离故
障区间，10kVA 线路 001 出线开关和 A 线路 131 号与 B 线路 47 号联络开关遥控合，恢复
非故障区间供电。

（3）案例 3。某日 06:03:40，110kV 某站 10kV 线路 A 发生故障，配网主站收到某站
事故总动作信号；于 06:03:43、06:03:45、06:03:48，分别收到 A 线路 FCB005 开关分闸、
合闸和再次分闸信号，A 线路一次接线如图 4-7 所示。

配网主站收到 110kV 某站事故总及 10kV 线路 A 出线开关跳闸信号后，启动事故推
图。线路 A 为电流型馈线自动化线路，主站收到 A 线路 005 开关、11 号杆分段开关、11

号支1杆分段开关的速断保护信号，判断故障区间在005开关、11号杆分段开关及11号支1杆分段开关之间，系统自动遥控分开11号杆分段开关及11号支1杆分段开关；经计算后，将A线路11号杆分段开关后段由B线路、C线路、D线路这三条中的一条线路反带供电。A线路投入了重合闸，当故障隔离完毕，005开关再次重合后，仍有故障电流，再次跳开，重合失败。经现场检查，故障系A线路出线电缆绝缘击穿造成。

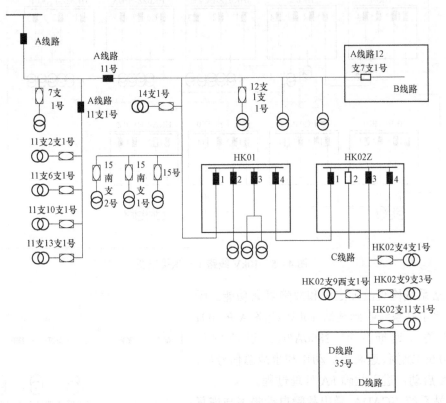

图4-7 10kVA线路一次接线图

### （三）电压-时间型馈线自动化

**1. 基本原理**

电压时间型馈线自动化，是基于电压-时间配合的原理进行工作，其正常工作和对事故的判断处理均是以电压为基本判据，通过每一区段投入的延时逐级送电来判断故障区间。

以单联络结构的架空线路为例，简单介绍其基本工作原理。

（1）永久故障。

1）当线路发生永久故障时，变电站出线开关跳闸，线路上所有电压型分段开关分闸（无压分闸）。

2）变电站出线开关重合闸，重合闸后，线路上电压型分段开关依次计时合闸（来电合闸），当合到故障点时，变电站出线开关再次跳闸，同时线路上电压型分段开关分闸，且故障点两侧开关闭锁。

3）由主站系统远方遥控合上出线开关，恢复电源侧非故障区间的供电。

4）主站系统通过遥控操作自动合上联络开关，恢复负荷侧非故障区间的供电。

（2）瞬时故障。当线路发生瞬时故障时，变电站出线开关跳闸，线路上所有电压型开关分闸。重合闸后，瞬时故障消失，线路上所有电压型分段开关依次合闸，恢复线路正常供电。

注意，电压时间型馈线自动化是通过电压型分段开关的闭锁信号来判定故障区间，由于电压型开关闭锁原理，线路发生故障后，变电站出线开关需二次合闸成功，系统才有可能正确判定故障区间。二次合闸可以由继电保护装置完成，或再次跳闸超过重合闸充电时间重新启动一次重合闸，也可以由系统判定非第一区间故障后主动遥控合闸。其中判断非第一区间策略为：变电站出线开关第二次跳闸与上次合闸时间差小于首个电压型开关 X 时限的七分之五时，则判定非第一区间故障。

电压时间型馈线自动化线路在进行 FA 处理时，故障区段隔离依赖终端闭锁，闭锁由以下几种情况产生：

1）遥控开关分闸后会产生闭锁。

2）开关合闸后 Y 计时未完成即发生失电，再次从电源侧来电会产生 Y 闭锁。

3）开关得电后进行 X 计时未完成即发生失电，再次从对侧来电会产生残压闭锁（若 X 计时的时间大于 3.5s 后再次失电，则启动 X 时限闭锁，闭锁解除前，反方向送电时不能闭合）。

4）开关检测到电源侧和负荷侧均有电压，会产生两侧有压闭锁。

5）零序保护动作后产生闭锁。

（3）特点及适用场合。

该方式属于就地控制，不依赖通信，通过电压时间性开关的配合隔离故障并实现非故障段的恢复，其关键在于开关时间参数的恰当整定。该方式造价低、动作可靠，适用于辐射状或"手拉手"环状的简单配电网，多为农村和城郊的架空线路。

（4）开关时间参数整定原则。

以图 4-8 所示配电线路为例，电源点 Fcb1 为变电站出线断路器（具有 2 次重合闸功能），分段开关 s1～s6 为电压-时间型分段开关。

为避免故障模糊判断和隔离范围扩大，整定电压-时间分段开关的 X 时限时，变电站出线断路器的第一次重合闸引起的故障判定过程任何时段只能够有 1 台分段开关合闸。一般整定 X 时限时应将线路上开关按变电站出线断路器合闸后的送电

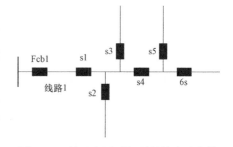

图 4-8　基于电压时间型馈线自动化的辐射型配电线路

顺序进行分级，同级开关从小到大进行排序，保证任何间隔时间段只有一台分段开关合闸。

参数整定步骤如下：

1）确定相邻分段开关的合闸时间间隔$\Delta T$。

2）各分段开关按照所在级从小到大，依次编号，线路所有开关顺序号依次表示为 $n_1$，$n_2$，$n_3$，…，$n_i$。

3）根据各分段开关的顺序，以$\Delta T$为间隔顺序递增，计算其绝对合闸延时时间，第 $i$

台开关的绝对合闸时间 $t_i = n_i \Delta T$。

4）任意第 $i$ 台开关的 X 时间为它的绝对合闸延时时间减去其父节点的绝对合闸延时时间 $X_i = t_i - t_j$（序号为 $j$ 的开关，是序号为 $i$ 的开关的父节点。父节点表示开关 $j$ 合闸后，$i$ 得电开始 X 延时）。

5）Y 时间根据 X 时间定值自动设定，如 X 时限采用短时间间隔（$\Delta T = 7s$）时，Y 时间自动整定为 5s，X 时限采用长时间间隔（$\Delta T = 14s$）时，Y 时间自动整定为 10s。

根据该原则对辐射线路进行时间参数整定：

1）确定相邻分段开关的合闸时间间隔 $\Delta T$ 为 7s。

2）按变电站出口断路器重合闸后的送电方向，开关 s1 为第 1 级，开关 s2、s3、s4 为第 2 级，开关 s5、s6 为第 3 级。按级数从小到大将所有开关排序编号，s1 为 1 号，s4 为 2 号，s2 为 3 号，s3 为 4 号，s6 为 5 号，s5 为 6 号；（注意：同级开关排序整定 X 时间，应保证主干线路先复电（即上图线路在送电到第二级开关 s2、s3、s4 时，开关 s4 作为主线开关优先进行延时合闸）。

3）绝对合闸时间 $t_i = n_i \times 7$（s）。

4）第 $i$ 台开关的 X 时间计算：其中 s1 为 s2、s3、s4 的父节点，s4 为 s5、s6 的父节点 $X_{s1} = 7s$；$X_{s2} = (3-1) \times 7 = 14s$，$X_{s3} = (4-1) \times 7 = 21s$，$X_{s4} = (2-1) \times 7 = 7s$；$X_{s6} = (5-2) \times 7 = 21s$，$X_{s5} = (6-2) \times 7 = 28s$。

5）Y 时间自动设定为 5s。

若为手拉手的配网线路，两条线路开关时间整定可参照上述原则分别进行，联络开关的 $X_L$ 时限应大于其两侧配电线路发生永久故障后，经变电站断路器第一次重合闸，分段开关依次延时合闸到故障点后再次跳闸的最长持续时间。当某一侧配电线路的绝对合闸延时时间最长的开关下游发生永久故障后，变电站出线断路器重合闸到再次跳闸的持续时间最长：

$$t_1 = t_r + T_{max}$$

其中，$t_r$ 为一次重合闸时间，$T_{max}$ 为绝对延时合闸时间最长的分段开关的绝对合闸延时时间。

同样可以计算另一侧线路的 $t_2$，所以：

$$X_L > t_p + t + \delta_T$$

其中，$t_p$ 为断路器保护动作时间（含过流延时情况）；$t = max(t_1, t_2)$；$\delta_T$ 为断路器与分段开关整定时间最大误差，一般可取 $\delta_T = 0.2t$。

**2. 故障处理策略**

（1）辐射型配电线路。根据时间整定原则，图 4-9 中各开关的 X 时限分别为 s1 和 s3 为 7s，s2 和 s4 为 14s，s5 为 21s。

1）故障前，线路开关均为闭合状态。

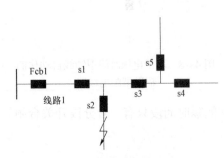

图 4-9　电压时间型馈线自动化故障处理策略－辐射型配电线路案例

2）当 s2 下游发生故障时，站内 Fcb1 开关跳闸，线路开关失压断开。

3）Fcb1 重合后，s1 经过 7s 延时后合闸，s2、s3 开始计时，7s 后 s3 合闸（s4、s5 此时开始计时），再经过 7s 后 s2 合闸。

4）因再次合闸到故障点上，站内开关 Fcb1 跳闸，s1、s2、s3 再次失压断开，其中 s2 闭锁断开。

5）Fcb1 再次重合后，s1、s3、s4、s5 依次闭合，非故障段恢复供电。

（2）手拉手配电线路。

1）事故前线路，见图 4-10。

图 4-10　电压时间型馈线自动化故障处理策略-故障前开关状态

Fcb 为站内出线开关，s1、s2、s3、s5 为电压型分段开关，并设置合理的 X 时限，s4 为联络开关，综合考虑变电站内开关重合闸时间和线路上其他分段开关的 X 时限，设置其合闸 XL 时限。事故发生前线路两条线路正常运行。

2）事故发生后，见图 4-11 和图 4-12。

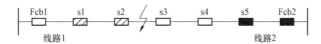

图 4-11　电压时间型馈线自动化故障处理策略-故障后开关状态

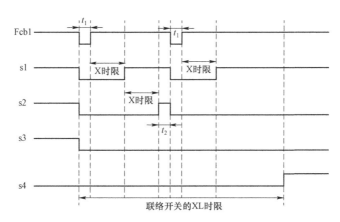

图 4-12　电压时间型馈线自动化故障处理策略-开关动作时间序列图

注：$t_1$ 为重合闸时间，$t_2$ 为保护跳闸时间

① s2 与 s3 分段开关之间发生相间故障，站内开关 Fcb1 故障跳闸，分段开关 s1、s2、s3 均无压分闸。

② 站内开关 Fcb1 重合成功后，分段开关 s1、s2、s3 分别经过 X 时限延时逐级合闸，若是瞬时性故障，则线路恢复正常运行方式。

③ 若为永久性故障，分段开关 s2 合闸到故障区间（s2 在合闸后 Y 时限内停电，启动 Y 时限闭锁，s3 启动残压闭锁），站内开关 Fcb1 再次故障跳闸。

④ 站内开关 Fcb1 再次故障跳闸后，分段开关 s1、s2 无压分闸，此时 s2 开关 Y 时限闭锁，电源测送电开关不合闸，s3 开关残压闭锁，负荷测送电开关不合闸。

⑤ 站内开关 Fcb1 再次合闸，分段开关 s1 经过 X 时限延时后合闸，s1～s2 区间负荷恢复，联络开关 s4 在站内开关 Fcb1 第一次重合后启动 XL 时限合闸，s3～s4 区间负荷恢复，s2～s3 故障区段隔离成功。

3. 案例分析

如图 4-13 所示，110kV 某站 10kV 线路 A 故障跳闸，重合不成功，故障点在 30 号杆附近。配网主站收到 110kV 某站事故总信号和线路 A 出线开关跳闸信号，主站系统启动事故推图。

在 10kVA 线路出线开关第一次跳闸后，线路上所有分段开关立即分闸，第一次重合闸后，以 X 时限的延时，依次合闸，重合不成功后，所有电压型分段开关再次分闸，5 号开关和 35 号开关分别上送闭锁信号、闭锁在分闸状态，隔离故障区间 5 号至 35 号开关之间，配网主站遥控 10kVA 线路出线开关合闸，5 号开关前段恢复送电。

由于联络开关未开启馈线自动化自愈控制功能，通过遥控合上 A 线路 50 支 1 号联络开关，依次恢复 A 线路 35 号开关后段负荷供电。

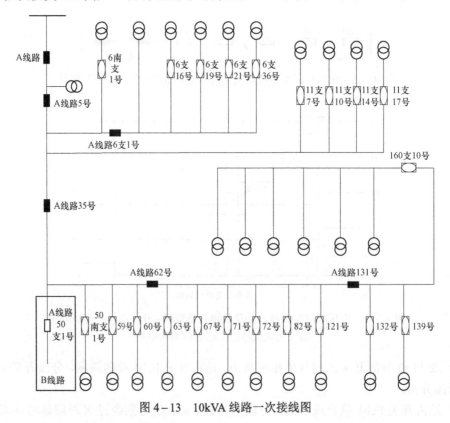

图 4-13 10kVA 线路一次接线图

（四）电压-电流-时间型馈线自动化

工作原理："电压-电流-时间型"馈线自动化通过在故障处理过程中记录的记忆失压次数和过流次数，配合变电站出线开关多次重合闸实现故障区间隔离和非故障区段恢复供电。

优势：

（1）不依赖于通信和主站，实现故障就地定位和就地隔离。

（2）瞬时故障和永久故障恢复均较快，且能提供用于瞬时故障区间判断的故障信息。

局限性：

（1）需要变电站出线断路器配置三次重合闸；如果只能配置两次，那么瞬时故障按照永久故障处理；如果只能配置一次，需要站外首级开关采用重合器，并配置三次重合闸。

（2）非故障路径的用户也会感受多次停复电。

（3）多分支且分支上还有分段器的线路终端定值调整较为复杂。

（4）多联络线路运行方式改变时，终端需调整定值。

（5）建设方式。

1. 选用原则

（1）适用于 B 类、C 类区域以及 D 类具备网架条件的架空、架混或电缆线路。

（2）采用小电流接地方式的系统如站内已配置接地选线装置也可选用。

2. 布点原则

（1）变电站出线到联络点的干线分段及联络开关采用分段器，分段开关宜不超过3个。

（2）对于线路大分支原则上仅安装一级开关，与主干线开关相同配置，如变电站出线开关有级差裕度，可选用断路器开关，配置一次重合闸。

（3）对于用户分支开关可配置用户分界开关，实现用户分支故障的自动隔离。

3. 变电站出线开关保护配合

（1）变电站出线断路器设速断保护、限时过流保护，配接地故障告警装置，配置三次重合闸。

（2）如果变电站仅配置一次或两次重合闸，需要站外首级开关采用重合器。

**（五）电压−电流自适应型馈线自动化**

工作原理：自适应综合型馈线自动化是通过"无压分闸、来电延时合闸"方式、结合短路/接地故障检测技术与故障路径优先处理控制策略，配合变电站出线开关二次合闸，实现多分支多联络配电网架的故障定位与隔离自适应，一次合闸隔离故障区间，二次合闸恢复非故障段供电。

技术特点：

（1）不依赖通信方式即可完成故障隔离，可靠性更高。

（2）具备处理短路故障和不同接地系统接地故障的能力。

（3）线路所有分段开关采用相同设备，具备选线、选段、联络点功能。

（4）线路上所有分段开关设备定值自适应，归一化整定，维护工作量小。

（5）相比传统电压−时间型，直接定位故障线路，非故障线路快速送电。

（6）建设方式。

1. 选用原则

（1）适用于 B 类、C 类以及 D 类具备网架条件的架空、架混或电缆线路。

（2）适用于 A 类区域具备网架条件，但暂不具备光纤通信条件的架空线路。后期具备光纤后，通过切换终端模式，实现集中型馈线自动化的应用。

2. 布点原则

（1）变电站出线到联络点的干线分段及联络开关采用分段器，分段开关宜不超过 3 个。

（2）对于线路大分支原则上仅安装一级开关，与主干线开关相同配置，如变电站出线开关有级差裕度，可选用断路器开关，配置一次重合闸。

（3）对于用户分支开关可配置用户分界开关，实现用户分支故障的自动隔离。

3. 变电站出线开关保护配合

（1）变电站出线断路器设速断保护、限时过流保护，配接地故障告警装置，配置两次重合闸。

（2）如果变电站仅配置一次重合闸，可通过设置首个分段开关来时间定值躲过变电站出线开关重合闸充电时间，使重合闸再次动作；或者借助主站系统对变电站出线断路器的控制策略来实现。

### （六）智能分布式馈线自动化

1. 基本原理

智能分布式馈线模式在故障检测上与电流集中型相同，但处理故障的方式不同，智能分布式要求各相邻的终端相互通信。发生故障后通过终端间的通信，故障点两侧开关自行分闸或由相邻主机遥控该开关分闸。

（1）主干线故障。主干线发生相间短路故障，故障点前、故障点后开关分闸隔离故障点，快速隔离成功后发信息给联络设备，联络开关满足一侧有压、另一侧无压条件合闸转供，不满足条件不合闸。

（2）分支线故障。分支线发生相间短路故障，分支线自动隔离故障点，发送快速隔离成功信息，此时联络不转供。分支线故障后，进行一次重合闸，重合成功，逻辑结束；重合失败，后加速跳闸隔离故障。

（3）故障定位机理。若一个开关的某一相流过了超过整定值的故障电流，则其智能电子设备向其相邻开关的智能电子设备和站控层设备发送流过故障电流的信息。

若两个配电区域有且只有 1 个端点上报流过了故障电流，则故障发生在该配电区域内部；否则，故障就没有发生在该配电区域内部。

（4）故障隔离机制。对于环网结构开环运行的配电网，其故障隔离的机制为：

1）若与某一个开关相关联的所有配电区域内部都没有发生故障，则即使该开关流过了故障电流也没有必要跳闸来隔离故障区域。

2）只有当与某一个开关相关联的一个配电区域内部发生故障时，该开关才需要跳闸来隔离故障区域。

3）若某个开关收到与其相邻的开关发来的"开关拒分"信息，则立即分断该开关来隔离故障区域。

4）特点及适用场合。该方式基于重合器的就地式馈线自动化基础上，增加局部光纤通信，使得子站与终端之间、终端与终端之间通过对等通信交换数据，由子站遥控实现快速故障隔离和恢复供电，通过多开关串联无级差保护配合，实现停电范围最小、停电时间最短。在通信故障时，可自动转为重合器方式的馈线自动化工作模式。该方式主要应用于供电可靠性要求高的骨干网络，如城市核心区接有重要敏感负荷的电缆线路。

**2. 故障处理策略**

智能分布式馈线自动化中，针对非联络开关（包括变电站和开闭所的 10kV 进线、出线开关和馈线上的分段开关）的故障处理步骤为：

当故障发生在开关 s2 和 s3 之间时，开关 s1 和 s2 采集一条流过故障电流的信息开关 s3 则收到 s2 发来的故障电流信息，在保护启动后的短暂延时时间内继续收集其相邻开关的故障信息，见图 4-14。

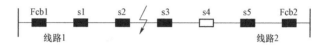

图 4-14 智能分布式馈线自动化故障处理策略-故障前开关状态

延时时间到后，根据收到的故障电流信息判断与该开关相关联的配电区域内是否有故障。根据已有的判断逻辑，判断故障发生 s2 和 s3 之间，则令开关 s2 和 s3 跳开，开关 s1 闭锁，保持原状态。站内断路器 Fcb1 重合后故障隔离，见图 4-15。

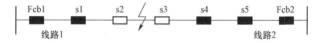

图 4-15 智能分布式馈线自动化故障处理策略-故障隔离后开关状态

如果一个联络开关在正常运行方式下处于分闸状态，且其断口两侧均带电，若一个联络开关的一侧发生故障，则非联络开关将按照上述（1）～（3）的机制自动实现故障区域隔离，从而使该联络开关一侧失电。对于开环运行的配电网，健全区域自动恢复供电的机制如下：

（1）若一个联络开关的一侧失压，且与该联络开关相关联的配电区域内部都没有发生故障，则经过预先整定的延时 L 后，该联络开关自动合闸，恢复其故障侧健全区域供电。

（2）若一个联络开关的一侧失压，且故障发生在与该联络开关相关联的配电区域内，则该联络开关始终保持分闸状态，见图 4-16。

图 4-16 智能分布式馈线自动化故障处理策略-联络开关一侧故障时处理过程

（3）若一个联络开关的两侧均带电，则该联络开关始终保持分闸状态，见图 4-17。

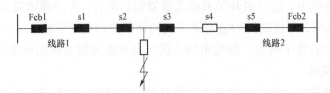

图4-17 智能分布式馈线自动化故障处理策略-分支线故障时处理过程

**3. 典型案例分析**

（1）s1下游故障。

1）故障发生后，站内开关 Fcb1 和分支线开关 s1 流过故障电流，判断为 s1 下游区间内故障，分支线 s1 跳闸，见图4-18。

图4-18 智能分布式馈线自动化案例1-故障时开关状态

2）联络开关 s7 两侧均带电，不合闸转供，由此故障隔离，见图4-19。

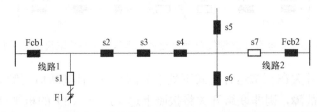

图4-19 智能分布式馈线自动化案例1-故障隔离后开关状态

（2）s2下游故障。

1）故障发生后，站内开关 Fcb1 和分段开关 s2 流过故障电流，s1、s3、s4、s5、s6 均未流过故障电流，判断为 s2 和 s3 区间内故障，分段开关 s2 和 s3 跳闸，故障区域隔离，见图4-20。

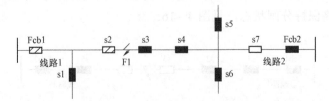

图4-20 智能分布式馈线自动化案例2-故障时开关状态

2）联络开关 s7 一侧带电、另一侧不带电，且与其联络的区域无故障，合闸转供，由此非故障区域负荷恢复供电，见图4-21。

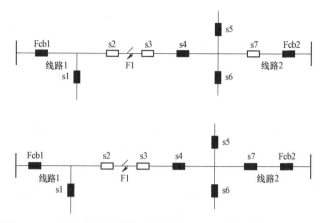

图 4-21　智能分布式馈线自动化案例 2-故障隔离后开关状态

（3）s4 下游故障。

1）故障发生后，站内开关 Fcb1 和分段开关 s2、s3、s4 流过故障电流，s1、s5、s6 均未流过故障电流，判断为 s4、s5、s6 区间内故障，分段开关 s4、s5、s6 跳闸，故障区域隔离，见图 4-22。

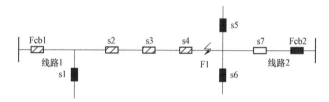

图 4-22　智能分布式馈线自动化案例 3-故障时开关状态

2）联络开关 s7 一侧带电、另一侧不带电，但是与其联络的区域有故障，不再进行开关合闸，见图 4-23。

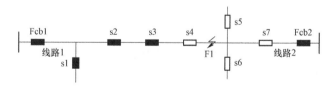

图 4-23　智能分布式馈线自动化案例 3-故障隔离后开关状态

4. 分支线开关功能设置

若分支线开关投入重合闸，分支线故障快速隔离成功后，启动重合闸，重合成功恢复供电。若重合到故障，启动后加速跳闸。

（七）馈线自动化运维及应用

1. 电流集中型馈线自动化应用分析

电流集中型馈线模式的特点是信息较为集中，可以进行综合判断，但是对终端通信和遥信正确率要求较高。该模式下线路发生故障后，主站需要收集线路出线开关、分段开关和联络开关的故障信息和分合位置信息，通过故障信息判断故障区间，一旦故障区间判定成功后主站系统会遥控故障区段两个开关分闸，进行故障区间隔离，故障区间隔离后主站会遥控出线开关和联络开关合闸恢复非故障区段供电。

常见问题如下：

（1）漏报信号。

1）后备电源异常，线路发生故障后由于线路停电，主电源失电，如果后备电源异常终端无法运行可能导致终端无法将故障信号和开关位置信号上送到主站。

2）通信异常，线路故障发生时通信异常会造成故障信号无法发到主站或信号丢失，引起FA误判。

3）保护定值设定不合理，由于终端保护定值设定偏大，延时过长，保护退出等原因，线路故障时没有产生故障信号造成FA误判。

（2）误报信号。终端运行板件异常，终端点号配置错误，保护定值设定不合理，二次回路问题，一次设备问题等都会造成误报信号的情况，误报信号会造成FA故障区间判断错误。

（3）遥控失败。FA进行故障区间隔离时遥控失败，无法进行故障区段隔离，导致故障区间扩大或FA无法继续进行。非故障区段恢复供电遥控失败也会导致FA失败。一般故障区段隔离时线路在失电状态，后备电源会严重影响遥控成功率。另外一次设备故障、通信不亮等也会引起遥控失败。

（4）EMS转发异常。故障发生后主站系统没有接收到出线开关故障信息，或EMS遥控权限限制等会引起遥控失败。

（5）时间匹配不合理。FA启动对变电站跳闸与保护动作信号的时间间隔有严格要求，保护动作后30s内收到开关动作，或者开关跳闸后5s内收到保护动作，超过规定时间则认为开关动作与保护无关。一般情况下通信质量差、终端参数设定不合理会造成保护动作信号与开关位置信号时间不匹配。

（6）其他问题。通信中断、一次或二次设备问题导致漏报信号。对于通过系统间转发方式获取站内数据的方式，存在漏收站内信号影响事故推图的情况。

2. 电压时间型馈线自动化应用分析

（1）时间设置。电压时间型馈线自动化线路中开关来电延时，利用其电压时间逻辑关系判断故障区间，如果来电延时时间X时间设定不合理，比如同一时间内有多台开关合闸，如果其中一台合闸到故障点，线路故障跳闸，再次得电后会有多台开关产生闭锁信号，影响故障区间的判断。

对于电压时间型馈线自动化模式，现场设置内容为开关设备的模式和动作时间。模式分为两类，分段开关模式和联络开关模式。对于分段开关模式，要设置来电合闸延时时间X和故障确认时间Y。

对于联络开关，要设置单侧失电倒计时时间X和故障确认时间Y。对于Y时间均选择SHORT模式，即出厂设置5s。

分段开关模式（S模式）的X时间设置原则：若变电站一次重合闸时间为1s，第一台分段开关X延时可设为7s。其他分段开关的时间设置遵照以下原则，按7s间隔递加。

1）同一时间点不能有 2 台及以上开关合闸。

2）先保证主干线的用户供电，后对分支线用户供电。

3）分支线用户靠近正常电源点的优先供电。

4）多条分支线并列时，主分支线优先供电，然后次分支线。

5）环网点反方向转供时，也要遵循第一点。

（2）运维常见问题。电压时间型馈线自动化模式属于就地处理型，对开关闭锁性能要求较高，而且开关来电会延时合闸，对运行和维护都有一定的风险，要求现场操作务必严格按照操作规程，防止开关误动。

1）常见误报闭锁情况。

a. 电压型开关在安装过程中如果没有严格按照接线规范接线，比如将电源侧 TV 和负荷侧 TV 均接到了电源侧，一旦上一级开关合闸后，该电压型开关电源侧 TV 和负荷侧 TV 均产生电压，终端会产生两侧有压闭锁，引起误判。

b. 电压型终端有零序保护功能，零序保护投入后开关延时合闸后检测到有零序电压，开关会分闸，产生闭锁。如果 TV 的零序电压接线错误，正常运行线路开关合闸后检测到零序电压后会自动分闸，产生闭锁信号。一般现场 TV 没有采零序电压，没有使用零序保护功能，因此投运时可将零序保护退出，以免误判。

2）常见漏报闭锁情况。

a. 线路没有进行二次重合闸，线路故障后出线开关一次重合，电压型开关延时合闸，合到故障点后再次跳闸，如果出线开关没有进行二次重合，不会产生闭锁信号。开关合闸后 Y 计时未完成即发生失电，再次从电源侧来电才会产生 Y 闭锁；开关得电后进行 X 计时未完成即发生失电，再次从对侧来电才会产生 X 闭锁；因此二次重合闸对闭锁产生起到关键的作用。

b. 终端闭锁上送慢，线路出线开关二次重合后电压型终端得电，得电后不会马上与主站建立通信。首先得电后无线模块与主站通信需要约 1min 时间，终端与主站建立好通信时间会更长一些。另外终端离线后主站会经过一段时间的延迟才显示终端离线，对终端再次上线时间有影响。

（3）开关强合。电压型开关有一种开关强合状态，一旦开关在强合位置，无法实现来电延时合闸、无压分闸的特性，而是开关一直保持在合闸位置。开关强合位置影响电压时间馈线模式应用。当投运全自动模式下，如果该线路靠近联络开关最近的一个电压型开关为"强制合"状态，当该"强制合"开关通信正常，实际故障区间在"强制合"开关与联络开关之间，会导致系统误判事故区间在"强制合"开关电源侧，这种情况下如果合联络开关就会合到实际故障区间，引起对侧线路跳闸。

（4）其他问题。

1）因配电终端误报信号导致故障区间判断错误；

2）配电终端因无蓄电池，导致开关变位信号或闭锁信号漏报，导致判定的故障区间扩大；

3）通信中断、一次或二次设备问题导致漏报信号；

4）设备本体问题导致遥控失败；

5）对于通过系统间转发方式获取站内数据的方式，存在漏收站内信号影响事故推图的情况。

### （八）馈线自动化典型案例

#### 1. 电流集中型馈线自动化案例分析

110kV 某站 10kV 线路 A 故障跳闸，重合成功，故障系线路 A 的 35 杆至区农业经济局分界开关本体故障造成。配网主站收到某站事故总及线路 A 出线开关跳闸信号，并进行事故推图。因配网主站未收到分段开关短路故障告警信号，判断故障区间在出线开关以下。

存在问题：26 号开关因开关本体问题或通信问题，漏上故障告警信号，导致主站未精确判断出故障区间，故障区间扩大。

解决方法：

1）检查 26 号开关本体及终端，解决终端漏报信号问题；

2）提升配电终端通信在线率，确保故障时设备及时上送故障信号，见图 4-24。

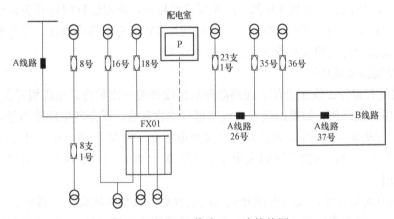

图 4-24　10kV 线路 A 一次接线图

#### 2. 电压时间型馈线自动化案例分析

（1）电压型开关漏报故障信息造成故障区间扩大。110kV 某站 10kV 线路 A 故障，如图 4-25 所示，重合闸不成功，故障点在 45 号杆附近，配网主站收到某站事故总信号和线路 A 出线开关跳闸信号，启动 FA 事故推图。

在 10kV 线路 A 出线开关第一次跳闸后，线路上所有分段开关立即分闸，第一次重合闸后，以 Y 时限的延时，依次合闸，重合闸不成功后，所有电压型分段开关再次分闸，但配网自动化主站未收到电压型分段开关闭锁信号，判定故障区间在出线开关以下。

存在问题：故障点在 45 号杆附近，在重合闸失败后，35 号开关和 62 号开关应分别上送闭锁信号、闭锁在分闸状态，但因现场电压型开关缺陷，35 号开关和 62 号开关均未上送闭锁信号，导致主站未能判定出精确的故障区间，故障区间扩大。

解决方法：

1）检查 35 号开关和 62 号开关本体及终端，进行闭锁信号测试，解决终端漏报闭锁信号问题。

2）提升电压型设备电容可靠性，确保在设备故障时电容可以支撑闭锁信号的上送。

（2）电压型开关延报故障信息造成未能转供电。某市 10kVA 线路（故障系 F42 支 2 杆因雷雨大风刮落树枝搭在 TV 两相触头上造成短路，现场 TV 有明显烧伤痕迹）发生短路后，系统完成电源侧非故障区间快速恢复供电。

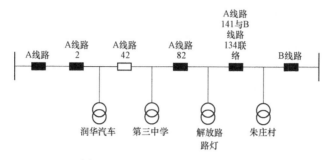

图 4-25　10kVA 线路一次接线图

线路跳闸后一次重合再次跳闸，配网主站判定故障非首段区间后，主站遥控出线开关合闸，2 号分段开关来电延时 7s 合闸，42 号分段开关成功闭锁合闸，完成故障区间隔离，42 号分段开关闭锁信号上传超时，主站未判定出故障区间，造成负荷侧非故障区间未进行转供电。

缺陷分析发现 42 号分段开关成功闭锁隔离故障区间，现场已产生闭锁信号，但是终端未能及时将闭锁信号上送给配网主站；终端通信模块上传信号延时大，是导致负荷侧非故障区间未进行转供电的原因。

## 二、对配电网单相接地故障的处理

### （一）配电网单相接地故障处理

目前国内配电网系统多采用小电流接地方式，即中性点不接地或经消弧线圈接地，该接线方式下系统若发生单相接地故障时能持续运行而不切断故障设备，提高了供电可靠性。单相接地故障作为配电系统中最常见的故障，多发生在雷雨大风等恶劣天气，由于线路绝缘子单相击穿、单相断线、树木倒伏砸线等原因造成。虽然配网系统可在单相接地下持续运行，但是非故障相电压升高为线电压，长时间运行会对非故障相的系统和设备产生较大威胁，可能造成绝缘薄弱处发生绝缘破坏引起相间短路进而导致事故范围扩大。因此，实际电网运行中，当发生单相接地故障时，立即发出绝缘下降等报警信号，配网监视控制人员需要根据故障状态和特征迅速判断接地点，并及时隔离进行有效处理。

1. 单相接地故障下的研判处理原则

针对不同的单相接地故障，表现特征主要有：

（1）当发生单相不完全接地时（通过高电阻或电弧接地），故障相电压降低，非故障相电压升高（但达不到线电压），电压继电器动作，发出接地信号；

（2）单相完全接地时，故障相电压为零，非故障相电压升高至线电压。此时电压互感器开口三角处出现 100V 电压，电压继电器动作，发出接地信号。

实际电网运行过程中，当中性点非直接接地系统发生单相接地故障时，常伴有警铃响、光字牌亮、主站监控母线电压异常等警示信息或信号。根据单相接地故障时的表现特征，可对故障接地状态进行初步判断和分析，如表 4-1 所示，为快速查出接地故障提供参考依据。

表 4-1　　　　　　　　　　　单相接地故障接地状态判断分析

| 表现特征 | 接地状态 |
| --- | --- |
| 一相对地电压接近零值，另两相对地电压升高 1.732 倍 | 金属性直接接地 |
| 一相对地电压降低但非零值，另两相对地电压升高但未达到 1.732 倍 | 非金属性接地 |
| 一相对地电压升高，另两相对地电压降低 | 非金属性接地或高压断相 |
| 三相对地电压数值不断变化，稳定后一相降低两相升高，或一相升高两相降低 | 配变烧损后接地 |
| 一相对地电压为零值，另两相对地电压升高 1.732 倍，但很不稳定，时断时续 | 金属性瞬间接地 |
| 一相对地电压为零值，另两相对地电压正常 | 绝缘监视装置故障 |

线路接地时，运行人员针对故障线路处理的常用方法：

（1）试拉法。根据站内选线装置对选定的故障线路进行试拉，通过操作前后线路接地是否消失来确定接地点的所在范围和故障线路。该方法会造成某些非故障线路的暂时停电，同时对开关的重复开断操作将对设备产生冲击，影响使用寿命。

（2）经验判定法。一般情况下，接到查线通知后，有经验的运行人员会首先分析故障线路的基本情况（线路环境和历史运行情况等），判定可能引起的接地点，然后去现场进行确认。否则需直接将运行人员分组对线路进行逐杆设备巡视，直至发现接地点。该方法对巡线人员的要求较高，需要较强的业务水平和能力，但无法有效应对意外情况。

（3）绝缘摇测判定法。针对电缆的单相接地故障，通过巡线难以发现明显的故障点，需要采用绝缘摇测的方法进行判定，包括线路整体绝缘摇测法（适用于长度较短，配电变压器数量较少）和线路绝缘抽查摇测法。

其中，试拉法为单相接地故障处理过程中的关键方法，其技术重点是站内选线装置的准确性，小电流接地系统发生单相接地故障时，理论上故障线路与非故障线路零序电流之间有一定差别，基于这些差别可以实现故障选线。目前针对单相接地故障的选线方法主要包括稳态分量法，暂态分量法和注入信号法。

2. 典型案例分析

以某地区电网一次实际接地故障为例，说明试拉法的使用过程。某站发生 10kV 线路1 跳闸事故，重合成功后 10kV Ⅱ 母线 A 相接地到零。

（1）根据某站选线装置，选线线路 2。

（2）依次试拉线路 2、线路 3、线路 4、线路 5、线路 6、线路 7、线路 8，即将 10kVⅡ 母线所有出线依次试拉后（每次试拉后再合上开关），接地未消失，由此判断不是单条线路接地故障。

（3）重启选线装置后选线线路 8，站内设备无异常，拉开线路 8 开关，接地未消失（不在不再合开关）；拉开线路 2 开关，接地未消失；拉开线路 3 开关，10kVⅡ 母线接地复归。由此判断上述线路 3 发生 A 相接地故障。

（4）合上线路 2 开关，未发接地信号；合上线路 8 开关，10kVⅡ母线 A 相接地；即令拉开线路 8 开关，10kVⅡ母线接地复归。由此判断线路 8 为另一条故障线路。

（5）合上线路 3 开关，10kVⅡ母线 A 相接地，拉开线路 3FXK01Z 分支箱 3 号开关，接地消失，判断为该开关后段故障。

（6）拉开线路 8 FXK02 东支 3 号开关分段开关，合上线路 8 站内开关送电良好。

（7）经巡视检查发现线路 8 FXK02 东支 56 号杆分段开关在分位。合上线路 8 FXK02 东支 3 号开关分段开关，送电良好。判断故障段为 FXK02 东支 56 号杆后段，要求现场人员重点巡视。

3. 基于馈线自动化的单相接地故障处理思路

近年来，随着智能电网的发展，10kV 配电网的智能化水平进一步提高。智能电网本质的特征是自愈控制，即能够对系统进行在线优化和实现故障的自动隔离恢复，而实现故障自动隔离恢复的基础和出发点则是对故障点的准确定位，否则就会造成停电范围扩大或区域误停电。

实际运行经验表明，智能化改造后的配电自动化系统对相间短路等电气量变化明显的故障具有较为准确的定位，对电网的调度控制具有一定的指导意义；而对于单相接地故障则无法给出太多有效的信息，仅依靠变电站站内选线系统进行判断，无法精确定位至 10kV 线路各分段部分，造成故障点寻找和处理的效率大大降低，影响了配网系统的供电可靠性。配电自动化系统建设中部署了大量的配电终端，建立了良好的通信系统。如何有效利用这些优势增加对单相接地故障的辅助决策和处理具有重要的实际意义。

在基于馈线自动化进行单相接地故障处理时，存在以下几种处理方案：

（1）基于主站监控式馈线自动化的处理模式。某变电站发生单相接地故障后，所有馈线上远动终端的零序电压启动，进行故障录波并计算电气特征量；主站定时召唤各远动终端的故障信息，并对这些故障信息进行综合判别，从而选出故障线路及故障区段；最后主站按要求进行故障隔离和恢复供电。这种方式的缺点是自动化程度不高，速度比较慢，可靠性相对较低，增加了主站软件的复杂性。

（2）基于子站监控式馈线自动化的处理模式。各变电站侧子站负责采集各配电终端的电气特征量，进行综合判别选出故障线路和故障区段，进而按要求进行故障隔离和恢复供电。这种方案由于子站代替了主站的功能，处理速度明显的提高，而且可靠性有所增加。

（3）基于馈线系统保护的处理模式。该模式下将紧急控制功能下放至智能终端设备，实现完全分布式控制。单相接地故障发生后，变电站各馈线上的 FTU 零序电压启动，进行故障录波及计算故障信息；各条馈线上相邻两个 FTU 通信，综合比较自身及接收到的故障信息，结合逻辑判据进行判断，然后进行故障隔离和恢复供电。

实际电网运行中，基于主站监控式的馈线自动化模式大量存在，因此，基于模式下的单相接地故障处理思路可行性较大。但在已有的利用配电自动化系统主站上实现单相接地故障定位时，需要解决以下不足：

（1）需要扩展用于传输波形的通信协议；

（2）单相接地检测装置要求具有严格的时间同步性能，且波形采样频率因单相接地检测装置所采用的检测方法的差异而显著不同，主站难以统一处理；

（3）主站需针对单相接地检测装置所采用检测方法的差异，开发不同原理的定位算法，往往不容易实现，而需要有经验的专家人工对这些波形进行分析。

### （二）小电流接地系统的单相接地故障特征

#### 1. 中性点接地方式

配电网中性点接地方式，是指配电网中性点与大地之间的电气连接方式，又称为配电网中性点运行方式。中性点接地方式选择应根据配电网电容电流，统筹考虑负荷特点、设备绝缘水平以及电缆化率、地理环境、线路故障特性等因素，并充分考虑电网发展，避免或减少未来改造工程量。

中压配电网的中性点可根据需要采取不接地、经消弧线圈接地或经低电阻接地方式。

（1）中性点不接地，即配网中性点对地绝缘。其结构简单，运行方便，且不附加任何设备，较为经济。当发生单相接地故障时，流过故障点的电流为电容电流，远小于正常的负荷电流，故属于小电流接地方式。

（2）中性点经消弧线圈接地，即在配网中性点和大地之间接入一个电感线圈。发生单相接地故障时，消弧线圈电感与线路对地电容形成了并联谐振电路，使系统的零序阻抗值很大，故中性点经消弧线圈接地系统又称为谐振接地系统，消弧线圈产生的电感电流又称为补偿电流。经消弧线圈接地系统中故障点接地电流较小，电压恢复较慢，有利于电弧熄灭，从而避免了单相接地故障产生的间歇性电弧接地过电压和铁磁谐振过电压。

（3）中性点经低电阻接地，即配网中性点经一个 $5\sim10\Omega$ 的电阻与大地相连。相比于中性点直接接地方式，接地电阻的存在显著降低了单相接地故障电流，但仍需快速切除故障线路，以减少对配网设备的损害。

根据新版《配电网技术导则》规定，按单相接地故障电容电流考虑，10kV 配电网中性点接地方式选择应符合以下原则：

1）单相接地故障电容电流在 10A 及以下，宜采用中性点不接地方式；

2）单相接地故障电容电流超过 10A 且小于 100～150A，宜采用中性点经消弧线圈接地方式；

3）单相接地故障电容电流超过 100～150A 以上，或以电缆网为主时，宜采用中性点经低电阻接地方式；

4）同一规划区域内宜采用相同的中性点接地方式，以利于负荷转供。

因此，配电网需在综合考虑可靠性与经济性的基础上，选择合理的中性点接地方式。同一区域内宜统一中性点接地方式，有利于负荷转供；如难以统一，则不同中性点接地方式的配电网应避免互带负荷。

#### 2. 不同接地方式下单相接地故障特征

现场运行数据表明，我国单相接地故障占配电网故障的 80%左右。在不同的接地方式下，单相接地表现出不同的故障特征，为故障的查找和判断提供了理论依据。

（1）中性点不接地。在中性点不接地方式中，由于单相接地故障电流小，所以保护装置不会动作跳闸，很多情况下故障能够自动熄弧，系统重新恢复到正常运行状态。由于单相接地时非故障相电压升高为线电压，系统的线电压依然对称，不影响对负荷的供电，提高了供电可靠性。然而随着城市电网电缆电路的增多，电容电流越来越大，当电容电流超过一定范围，接地电弧很难自行熄灭，可能导致火灾、过电压或诱发 TV 铁磁谐振等后果。

（2）中性点经消弧线圈接地。与中性点不接地系统相类似，经消弧线圈接地系统发生单相接地故障后，电网三相相间电压仍然对称，且故障电流小，通常不会引起保护动作，不影响对负荷的连续供电，但由于非故障相对地电压的大幅度增加（升为正常值的 1.732倍），长时间运行易引发多点接地短路。另外，单相弧光接地还会引起全系统的过电压，进而损坏设备，破坏系统安全运行。

（3）中性点经低电阻接地。在这种接地方式下，接地短路电流应控制在 600～1000A以内，以确保流经变压器绕组的故障电流不超过每个绕组的额定值。同时，非故障相电压可能达到正常值的 1.732 倍，但不会对配电设备造成伤害。

3. 小电流接地系统单相接地故障研判方法

小电流接地系统发生单相接地故障后，如何准确快速地查找故障线路，并判定故障位置，是一个具有很强现实意义的工程问题。这一问题虽然经过了长期广泛的研究，但由于接地电流小、故障特征不明显，间歇性、高阻性故障多发，零序电气量测量困难，现场运行环境复杂、对接地选线装置等二次设备的运行管理不到位等诸多原因，故障研判的准确率普遍不高。

按照所利用的电气量的不同，小电流接地系统的故障选线方法可以分为利用稳态电气量和利用暂态电气量两大类：

利用稳态电气量的选线方法包括被动式选线法和主动式选线法两种；前者利用故障产生的工频或谐波信号，如零序电流法、零序无功方向法、零序有功功率法、谐波电流法等；后者利用其他设备附加工频或谐波信号，如中电阻法、消弧线圈扰动法、信号注入法等。从原理上看，稳态量选线方法的前提是具有稳定的接地电阻或接地电弧，对于间歇性接地故障，接地电流将发生严重的畸变，降低了其动作的可靠性；

利用暂态电气量的选线方法，包括利用故障暂态量的第一个半波内零序电压、电流方向特性的首半波法，比较暂态零序电流方向的暂态方向法，比较线路电流积分与电压的线性关系的暂态库伦法，以及暂态行波法等。随着计算机技术的发展，暂态选线技术进入了实用化水平；相比于主动式选线法，其在高选线成功率的基础上保留了传统被动式选线技术的优点，实现了安全性和适应性的有效结合，是具有发展潜力的方法。

在正确选线的基础上，利用配电终端或故障指示器检测出接地故障所在的区段，可进一步缩短接地故障查找、隔离和恢复的时间。与故障选线方法相类似，故障区段检测方法也包括利用稳态电气量和利用暂态电气量两大类：

利用稳态电气量的定位方法包括检测零序电流幅值、零序无功功率方向的被动式故障指示方法，和周期性投切中电阻、注入间谐波信号的主动式故障指示方法；但对间歇性故障的适应性均不佳；

利用暂态电气量的定位方法包括比较暂态零序电流方向的故障指示方法和比较暂态零序电流波形相似性的故障区段定位方法。前者通过比较线路区段两端暂态零序电流或暂态零序无功方向的异同来查找故障区段，后者通过比较线路区段两端暂态零序电流的波形相似性来识别故障区段。

相比于稳态法，暂态法不需要附加一次设备或注入信号，且对间歇性接地有较好的适应性，兼顾了定位的准确性和安全性、适用性，具有较好的发展前景。

随着工程技术的不断发展，近年来，一些较为有效的判别方法逐渐得到了应用。针对中性点不接地和消弧线圈接地系统，当中压线路发生永久性单相接地故障后，可利用配电线路开关上配置的电压、电流互感器和终端装置，与变电站内的消弧、选线设备相配合，通过消弧线圈并联电阻、中性点经低励磁阻抗变压器接地保护、稳态零序方向判别、暂态零序信号判别、不平衡电流判别等单相接地故障判别技术，就近快速隔故障。

**4. 小电流接地系统单相接地故障定位方法评述**

利用稳态电气量的定位方法原理简单，但对间歇性接地故障的适应性不强，故障检测的可靠性较低。

暂态零序电流方向定位方法不受弧光接地、间歇性接地的影响，对终端的对时精度要求不高，检测的可靠性较高；终端只需向主站上送暂态零序电流的方向信号，通信实现较为简单；主站的定位、隔离方法与短路故障下的馈线自动化处理过程相类似。但是，该方法需利用电压互感器获得零序电压信号，以判定功率方向，只能应用于安装有 TV 的配电站所或线路开关上，有一定的局限性。

暂态零序电流波形相似性定位方法不需要测量电压信号，适用性较强。但是，该方法需借助高精度对时、高速录波等手段，对装置取电、通信带来了压力，在工程实现上存在一定的难度；主站定位算法有别于传统的短路故障研判方法，需进一步开发、完善波形解析和相似性计算模块，并与馈线自动化处理流程相结合。

**（三）基于暂态量的单相接地故障处理方法**

国网公司经营范围内的 10kV 配电网多采用中性点不接地或经消弧线圈接地的方式，即小电流接地系统。受多种因素的制约，单相接地故障的查找和定位难度较大，对配电网的稳定运行、用户的连续供电和人身安全都造成了一定影响。

长期以来，配网单相接地故障处理主要靠人工试拉、人工巡线的方式查找故障点，故障修复时间长，人力物力消耗大，其主要原因有：

（1）无零序 TV 和零序 TA。现有配电线路普遍存在无零序 TV 和零序 TA 的情况，难以实现接地故障检测。

（2）故障特征不明显。负荷电流大，单相接地故障电流很小，三相电流中稳态故障特征不明显。

（3）对零序 TA 要求高。现有的零序 TA 极性正确性难以保证，测量精度不高；变比选择难度大，变比太大接地时检测不到电流，变比太小带负载能力不足，难以进行接地选线。

（4）消弧线圈影响。消弧线圈补偿增加了接地故障检测的难度。

经消弧线圈接地的配电网发生单相接地时，故障电流示意如图 4-26 所示。

由图 4-26 可知，发生接地故障时，各相电流的暂态特征如下：

（1）故障支路中故障相与非故障相方向相反，且故障相幅值最大。

（2）非故障支路中各相暂态分量相位相同，且幅值相近。

因此可通过计算故障瞬间的暂态相电流突变量，提取接地故障特征量后，使用暂态综合算法进行故障检测及选相。

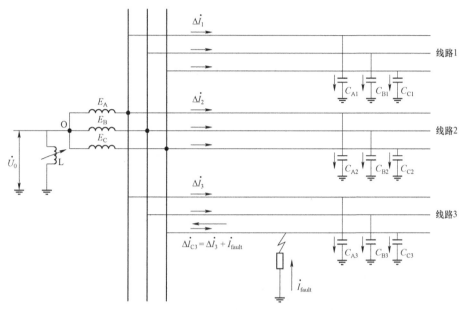

图4-26 单相接地故障电流示意

图4-27、图4-28为故障支路及非故障支路各相的暂态电流仿真示意。

为解决上述难点，拟通过相不对称电流检测的方法，通过对接地故障时相电流暂态特征的分析、结合暂态综合算法进行故障检测及选相，通过三相电流即可进行小电流接地故障检测、选相，适用于现场无零序 TV、零序 TA 的场合。

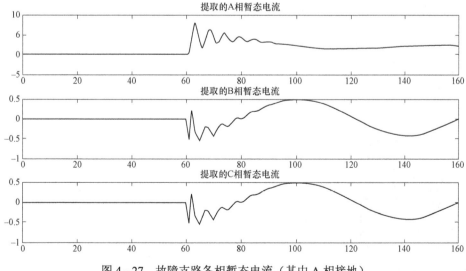

图4-27 故障支路各相暂态电流（其中 A 相接地）

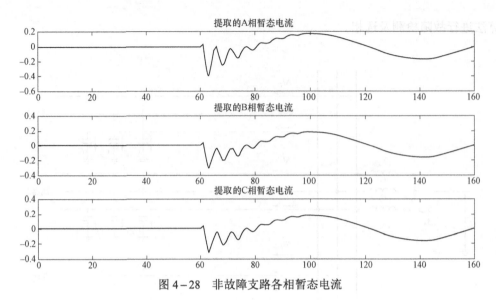

图 4-28 非故障支路各相暂态电流

基于相电流检测法开发单相接地故障处理模块，包括单间隔、多间隔两大类，可适配国网公司经营范围内目前在运的 38.6 万台 FTU/DTU，实现对现有 C 类及以上区域 14.38 万条自动化线路的接地故障高效、准确检测。

装置采用单间隔和八间隔形式，分别适配 FTU 和一控八 DTU；工作电源可采用 DC 24/48V，适配存量设备电源；相电流输入范围为 5A，适配 600/5 或 400/5 的 TA 二次侧；支持 IEC 104 规约，适配现有协议；通信方式采用光纤以太网或无线公网方式，适配现有通信模式。

装置主程序分为正常运行程序和故障计算程序：正常运行程序完成系统无故障情况下的状态监视、数据预处理等辅助功能。整组启动后进入故障计算程序，进行各种保护的算法计算，告警逻辑判断等。

三相电流输入经隔离互感器隔离变换后，经低通滤波器至模数转换器，再由 CPU 定时采样；CPU 对获得的数字信号进行处理，构成各种保护逻辑。

当自产零序电流变化量大于整定值时，开放装置的接地故障检测功能，装置根据单相接地特征方向进行接地检测，判断为本间隔接地故障后，经延时动作于告警或跳闸；保护经相电流过流、负序电流过流闭锁，另外经分闸位置闭锁，研判逻辑如图 4-29 所示。

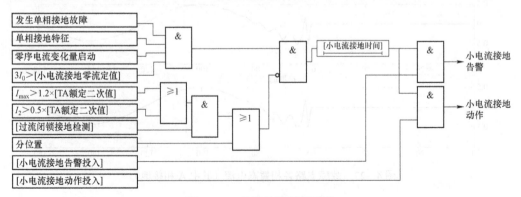

图 4-29 接地故障研判逻辑

现场应用时，单相接地故障处理模块产生的接地告警信号可通过 FTU/DTU 上送至配电自动化主站系统，结合拓扑结构进行故障区段判定，其动作逻辑类似于主站集中式 FA，从而实现对接地故障的快速、准确定位和隔离，并恢复对非故障区段的正常供电。

### （四）基于注入信号的单相接地故障处理方法

#### 1. 基本原理

线路单相接地故障分为瞬时性故障和永久性故障两种。造成单相故障的原因有很多，如雷击、瓷瓶闪落、导线断线引起接地、导线对树枝放电、山火等。由于引起单相接地故障的原因众多，并且判断依据无法精确，如何精确判断单相接地故障成为世界难题。我国对单相接地故障也进行了长期的研究，常见的单相接地故障方法有利用电网稳态电气量进行判断，利用电网暂态电气量进行判断，利用特征信号进行判断。其中常用的具体方法有零序电流法、电容电流法、首半波法、5 次谐波法。另外还可以根据判断依据的来源分为被动式分析、主动式分析。

对于采用经消弧线圈接地或中性点不接地方式的 10kV 配电网，采用单纯的电气信号量进行判断，能够判断一部分单相接地故障，但是由于经过消弧线圈接地的线路电气特征量很小，很多时候无法有效判断，可能会导致故障的漏报误报。因此根据稳暂态电气信号量比较小、容易被干扰的情况，需要增加小电流接地故障智能研判辅助装置，该装置可以在接地时采用对非故障相和大地之间短时投切电阻或电容，人为把单相接地故障变成多次经电阻（或电容）和大地的瞬时性相间"短路"，利用电阻（或电容）投切的涌流将对地电流放大几十甚至上百倍，放大接地故障母线段的对地电容电流，从而提高线路故障指示器判断的准确性。

#### 2. 装置原理

小电流单相接地故障辅助研判装置的主要部件由主装置、监控终端及其与三相线路连接的配件组成，主装置内主要部件包括 ABC 三相电子式电压互感器以及三个继电器，分别是 A 相电容继电器、C 相电容继电器和储能继电器。

装置的工作流程和判据如下：

（1）一相电压低和另外至少一相高时间超过 30s 时，储能继电器动作进行开关储能，储能时间可设定；

（2）一相电压低和另外至少一相高时间超过 60s 时，储能继电器断开，投切继电器第一次动作；

（3）投切继电器吸合时间到，根据设定的投切次数，如果次数为 1，投切全部完成，如果次数非 1，那么进入储能继电器动作，重新开始储能投切动作；

（4）A/B 相电压低，投切 C 相电容继电器；C 相电压低，投切 A 相电容继电器。

电压升高动作限值，电压下降动作限值，可以本地或由主站远程设定。

系统的线路指示器和主站针对各种情况协调分析，线路发生单相接地时，根据不同的接地条件（例如金属性接地、高阻接地等），会出现多种复杂的暂态现象，包括出现线路对地的分布电容放电电流、接地线路对地电压下降、接地线路出现 5 次和 7 次等高次谐波增大，以及该线路零序电流增大等。

综合以上情况，故障指示器单相接地判据如下：

（1）线路正常运行（有电流，或有电压）超过30s；

（2）线路中有突然增大的电容放电电流，并超过设定的接地故障检测参数（暂态接地电流增量定值）；

（3）接地线路电压降低，并超过设定的接地故障检测参数（线路对地电压下降比例、对地电压下降延时）；

（4）接地线路依然处于供电（有电流）状态。

以上四个条件同时满足时，故障指示器发告警数据给线路数据采集终端并上报主站。主站在接收到小电流接地故障智能研判辅助装置的动作信号及各个监测采集终端的告警数据后，根据故障指示器所监测的对地故障电流首半波的大小、历史数据及网络拓扑，定位接地故障区域。

### 3. 设备安装选型

同一母线多条支线，只需要在任意一条支线上安装一台小电流接地故障智能研判辅助装置，检测A、B、C三相的相电压，每分钟向主站上报一次数据。如果检测到一相电压降低超过限值，另有至少一相电压升高超过限值，会向主站告警，并自动控制相应电容投切。此外，主站也可以根据分钟数据点分析判断，假如主站检测到符合单相接地故障数据条件，但未接收到监控终端告警信号，此时主站可以主动向小电流接地故障智能研判辅助装置发命令投切相应电容。

智能电流接地放大装置可分为电容型和电阻型两大类：

（1）中性点不接地。小电流接地故障智能研判辅助装置可以采用电容式，电容容量计算如下：

额定放大电流：$I=50A$，接地时线电压 $U=10kV$；

电容器额定容量：$P=U×I=10×50=500kVar$。

（2）中性点经消弧线圈接地。小电流接地故障智能研判辅助装置建议采用电阻式，电阻计算如下：

额定放大电流：$I=50A$，接地时线电压 $U=10kV$；

电阻大小：$R=U/I=10\,000/50=200\Omega$。

### （五）单相接地故障处理典型案例

#### 1. 暂态信号法典型案例

山区配电网的变电站电源点布点少，10kV 线路供电半径长，以架空线路为主，网架相对薄弱。同时，由于地理原因造成线路负荷分散。山区线路通道环境较为恶劣，台风冰冻等极端天气对配电网的影响较城市电网更大。因此，山区配电网线路故障有如下特点：

（1）故障多发。在山地地区，地形起伏多变，南方湿润地区植被披覆茂盛，野生动物活动频繁，山区道路、村庄、厂矿等分布情况复杂，线路运行环境复杂多样。这使得以架空线路为主的山区配电网极易受各种自然因素或者人为因素造成各种故障，其中尤以单相接地和相间短路故障为多。

（2）故障查找、排除工作量大，所需时间长。山区配电网供电半径大，线路走廊曲折蜿蜒，甚至翻山越岭，道路难行。在发生故障后的巡查工作量大，故障查找困难，在恶劣天气情况下某些区段甚至无法到达进行巡查作业。同时，山区配电网运行维护人员配置少，素质相对较低。这更加重了工作量和排查难度，使得山区配电网恢复供电能力远比平原及城市地区薄弱。

（3）往往因为只影响到少数用户的故障造成整体线路的停电。山区配电网线路一般都是从山区城镇出发，直到偏僻村庄。主要负荷集中在城镇，但主要线路长度在村庄，故障多发在长度长、植被披覆茂盛的村庄线路上。故障发生后，全线停电巡查检修造成非故障区段的主要负荷也只能停电。以单相接地故障为例，不能及时排除的单相接地故障还会进一步恶化为短路故障，或者导致系统内绝缘薄弱的设备发生损坏使得故障程度严重，故障影响范围扩大。因此，尽管运行规程允许可带电运行 2h，但为了提高安全性，目前普遍实行的是站内检测到接地故障后必须立即"拉路选线"，待全线巡线排除故障后方可送电。而在山区配电线路停电情况下查找接地点非常困难，这将导致非故障区段的主要负荷长时间停电。

为了实现山区配电网就地型馈线自动化系统，安装某型智能开关，由开关本体、智能开关控制器、电子式电压电流互感器、取能 TV 等部分构成。选择两个典型山区变电站的出线安装分布式智能开关：DL 变所有出线 1 号开关处均安装智能开关，在出线上发生故障时，相应故障线路上的智能开关就会发出故障报警信息；LN 变选择两条互相联络的出线作为试点线路，每条线路分段安装三台智能开关，另有一台开关作为联络开关。试点线路上的开关采用就地型馈线自动化运行方式，在线路发生故障时，开关可以根据判断结果自主实现分闸、重合、闭锁等操作，实现故障的就地检测、定位、隔离及自愈，并将操作信息发给运行人员。该试点验证了山区配电网馈线自动化运行模式，实现了配网线路单相接地故障的区段定位与自动隔离，为山区配电网馈线自动化提供了一个发展方向。

1）35kVDL 变电站（中性点不接地系统）。

该应用试点位于××市 DL35kV 变电站，该站有 7 回出线，均处于山区，冬季积雪天气及夏季雷暴台风季节易发生短路接地等故障。7 回出线的出口 1 号杆上均安装了智能开关。该站的出线结构图如图 4-30 所示。

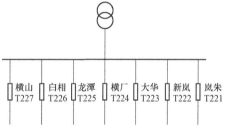

图 4-30 DL 变出线结构图

该变电站智能开关设置选择为手动型，即在线路发生故障时只上报故障消息，不自动动作开关，辅助实现该变电站线路故障选线。另外，于 2016 年 7 月在 T223 线上主要分段点、重要分支入口及联络开关处另外安装 6 台开关，具体线路上开关分布如图 4-31 所示。实现了对 T223 线的线路分段，在该线上发生故障后，可实现故障区段定位。

2）110kVLN 变（经消弧线圈接地系统）。

该应用试点在 C480 线、C487 线上共安装 7 台智能柱上开关，包括一台联络开关与六台线路分段开关。开关打开自动化运行方式，在发生故障后，开关可以自动检测、定位并隔离故障。两条线路上开关的安装配置结构如图 4-32 所示。

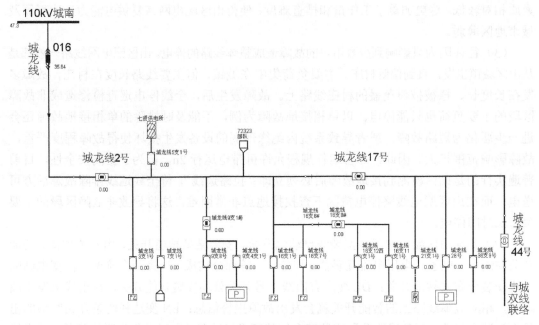

图 4-31　智能开关安装位置示意图

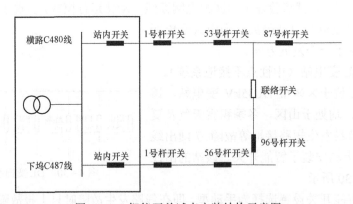

图 4-32　智能开关试点安装结构示意图

　　LN 变两条试点线路上的智能开关安装在了主要分段点处，将两条线路较为平均地分为了三部分；当其他段发生故障时，通过分段开关的故障隔离作用，可缩小故障影响范围，保障重点区域的供电。以 C480 线 53 号杆开关后发生单相接地故障为例，该自动化系统的运行步骤如图 4-33 所示。

　　自 2015 年 8 月在 DL 变 7 条出线上安装带单相接地功能的智能柱上开关以来，发生的单相接地及短路故障运行记录如表 4-2 所示。

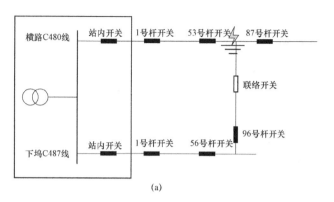

(a)

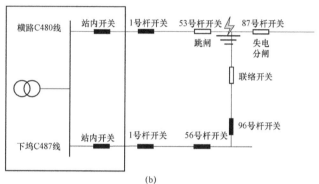

(b)

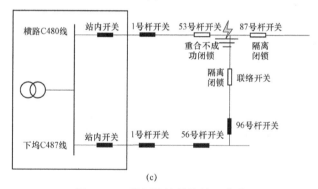

(c)

图 4-33　单相接地故障处理步骤

（a）接地故障发生；（b）53 号杆开关分闸，切除单相接地故障；（c）故障前后开关闭锁，隔离故障区间

表 4-2　　　　　　　　　故 障 记 录 清 单

| 时刻 | 线路 | 故障类型 | 备注 |
|---|---|---|---|
| 2015-9-23　5:23 | T222 | 短路 | |
| 2015-9-29　13:49 | T221 | 短路 | |
| 2015-11-7　15:37 | T225 | 单相接地 | 漏判 |
| 2015-12-21　21:52 | T224 | 单相接地 | |
| 2016-1-20　21:40 | T224 | 单相接地 | |
| 2016-1-23　12:42 | T223 | 短路 | 因过流定值设置过高未报警 |
| 2016-1-31　1:29 | T225<br>T222 | 单相接地 | 双重故障，新岚线避雷器击穿，龙潭线一台变压器一相击穿 |

| 时刻 | 线路 | 故障类型 | 备注 |
|---|---|---|---|
| 2016-2-5　10:42 | T225 | 单相接地 | 短时故障 |
| 2016-4-16　13:36 | T222 | 短路 | |
| 2016-4-16　18:14 | T225 | 短路 | |
| 2016-5-28　02:04 | T224 | 短路 | |
| 2016-5-28　02:05 | T222 | 短路 | |
| 2016-6-1　7:25 | T221 | 短路 | 这三次故障是 T221 线上一台开关造成的，A 相接地 |
| 2016-6-1　9:15 | T221 | 单相接地 | |
| 2016-6-1　16:01 | T221 | 单相接地 | |
| 2016-6-8　18:47 | T227 | 单相接地 | 避雷器击穿 |
| 2016-6-8　18:50 | T221 | 短路 | |
| 2016-6-8　19:59 | T221 | 单相接地 | 雷击引起 |
| 2016-6-9　10:27 | T227 | 单相接地 | 水电站所用变避雷器击穿 |
| 2016-6-14　14:16 | T222 | 单相接地 | 因村内道路建设，在道路开挖和填埋过程中，引起拉线处山体滑坡，导致拉线落在 T222 线某支线 1 号杆 C 相上造成单相接地故障 |
| 2016-6-20　17:19 | T221 | 单相接地 | 雷暴大雨天气 |
| 2016-6-20　17:21 | T221 | 短路 | 由单相接地发展而来，重合成功 |
| 2016-6-20　17:36 | T222 | 短路 | |
| 2016-6-20　17:39 | T223 | 单相接地 | 雷暴大雨天气 |
| 2016-11-4　08:25 | T221 | 单相接地 | 线路故障 |
| 2016-12-31　04:12 | T221 | 单相接地 | 线路上某变压器烧坏引起 |

表中的统计结果表明，该系统有较高的可靠性，对接地故障、短路故障判断正确率都很高。截至 2016 年年底，总计 15 次单相接地故障中，判断正确 14 次，判断准确率达到 93.3%。在所有的故障判断中，未出现误判，说明该算法具有很高的稳定性。

项目实施后，对这个 D 类故障高发区的配电线路故障处理发挥了很大的作用，发生单相接地故障时还能避免了正常线路的试拉停电，减小了单相接地故障的停电影响范围。

2. 注入信号法典型案例

某年 6 月 21 日 11:22，某县公司 B168 线发生单相接地，智能接地辅助研判装置发生投切，B168 线 S 分线 277 号杆故障指示器告警。配电线路在线监测系统将故障监测信息推送至配网抢修指挥平台进行故障研判。在系统内生成故障监测信息、故障范围结果，研判结果以短信发送至抢修人员手机，为抢修提供系统支持。收到系统短信后，抢修人员初步判断故障点位于 B168 线 S 分线 277 号杆后段，到达现场发现故障点树枝压线，造成线路接地告警，经现场故障排除后，合闸成功，解除告警。

### 三、对配电网上级电源故障的处理

#### （一）配电网大面积故障概述

在配电网的日常运行过程中，受上一级系统故障影响，110/220kV 变电站的 10kV 母线失压难以完全避免，由此将导致该变电所供区内 10kV 配网的大面积停电，对社会正常生产、生活秩序产生巨大冲击。

多年来，国内外学者对配电网大面积断电后的供电快速恢复问题进行了详尽的探讨，对配网重构方案的优化、开关操作次序的生成、负荷均衡、分布式电源的影响等各方面开展了研究，分别采用了遗传算法、蚁群算法、禁忌搜索法、动态规划法、一阶负荷矩法等各种方法，在理论上较好地解决了故障恢复和配网重构的问题。但是，现有方案多偏重于目标函数的确定及最优转供策略的生成，对策略的执行过程和动态调整考虑较少；加之数学模型复杂，编码难度较大等原因，在工程上难以获得广泛的应用。

为此，需要在充分考虑配电自动化系统建设应用现状的基础上，利用 10kV 联络线进行配电网故障快速恢复，在基本免除人工干预的前提下，实现配网负荷的自动、快速转移。首先，通过配网 SCADA 系统实时获取配网拓扑结构，以 10kV 母线段为单位开展事故预想，根据拓扑连接关系和负荷优先级顺序，在线生成配电网故障快速恢复策略；若母线失压，则依据转供策略表，顺序执行负荷转移操作，并可根据执行情况，动态调整恢复策略。根据转供操作步数估算，母线失压后的供电恢复时间约为 2～3min。

该方法简便实用，可广泛应用于配网故障处理、计划检修、主变重载时批量配网负荷转移等场景。当变电站受到山洪、林火、洪水等周边环境的威胁，需全站或部分线路紧急停运时，可应用全停全转功能批量生成转移负荷方案，调度员一键实现负荷的快速转移，有效提高了 10kV 配网的供电可靠性，为民生用电、抗灾抢险用电提供了保障。

**（二）配电网大面积故障快速恢复策略**

（1）相关概念。为叙述方便，对相关概念简要说明如下：

1）正常运行线路：若 10kV 线路不处于检修或事故后的任一种状态，则称之为正常运行线路。

2）有源线路：若 10kV 线路中含有分布式光伏、分散式发电或分散式储能设备等分布式电源，则称之为有源线路。

3）可控联络（分段）点：若线路联络点已完成"三遥"改造、可进行遥控，FTU/DTU 装置在线，且配网自动化主站系统中未挂调试/检修牌，则该联络点当前为可控联络（分段）点；反之，为不可控联络（分段）点。

4）无效联络点：若某个联络点的对侧线路与本线路属于同一母线，则当母线停电时，该联络点为无效联络点；若其对侧线路与本线路属于同一变电所，则当全所失电时，该联络点为无效联络点。

5）母线倒供恢复：若某条 10kV 线路潮流反向，通过变电所 10kV 母线向其他线路供电，则称之为母线倒供恢复方案。

（2）策略生成。以 10kV 母线段为单位开展事故预想，对其所属的每条处于正常运行状态下的 10kV 线路，利用拓扑连接关系，逐一搜索并记录其联络点，并判定是否为可控联络点。

对于单辐射/单射线路，标记为"母线倒供恢复"，并写入预案。

对于单联络线路，若其联络点为可控联络点，且本线路所带负荷可由对侧线路完全转带，则标记为"对侧遥控恢复"，并写入预案；若其联络点为不可控联络点，标记为"手动或母线倒供恢复"，并写入预案；为简化讨论，暂不考虑由于负荷裕度不足所导致的分段转供。

对于多分段多联络线路，若其无可控联络点，标记为"手动或母线倒供恢复"，并写入预案；若仅有一个可控联络点，则视作单联络线路处理；若有多个可控联络点，则通过潮流预算，确定最优及次优转供点；并写入预案。

最优及次优转供点的确定方法如下：读取本线路及各对侧线路出线开关的潮流实时值及其限额，分别测算各对侧线路是否可完全转带，若有多条对侧线路可完全转带，则选择裕度最大的一条为最优方案，次大的一条为次优方案，以此类推；若仅有一条对侧线路可完全转带，则其即为最优方案。

（3）策略执行。变电站发生半停或全停事故后，母线三相失压，程序自动启动。按转供策略表，根据线路优先级从高到低依次顺序执行负荷转移操作；对于存在可控联络点的线路，逐一断开其变电所出线开关，并合上联络开关，以恢复其供电；对于不存在可控联络点的线路，暂时跳过此线路并做记录。

线路停电后，受蓄电池老化或输出功率不足、继电器触点粘连、电源模块损坏等不利因素干扰，可控联络点可能出现终端离线、遥控失败的情况，影响转供策略的正常执行。当出现此类情况时，若该线路存在次优转供策略，则按次优策略执行；若次优策略不存在或执行失败、导致此线路无法恢复供电，则暂时跳过此线路并做记录。

转供策略表内的所有步骤执行完毕后，剩余的未转供负荷可分为两类：一是不存在可控联络点的线路，其出线开关处于闭合状态，记为线路组 A；二是存在可控联络点、但转供失败的线路，其出线开关处于分断状态，记为线路组 B；以上两类负荷需通过母线倒供方式快速恢复供电。

至此，所有线路恢复送电，变电站 10kV 母线故障引起的配网停电得到恢复。

（4）执行时间估算。根据上文所述方法，可以对配网转供操作步数和停电恢复时间进行估算：

根据典型设计资料，110kV 变电所每段 10kV 母线带有 10～12 回 10kV 出线。按 12 回出线计算，若所有出线均有可控联络点，且均一次性遥控成功，则每条线路只需操作 2 步（分断出线开关、合上联络点）；24 步操作后，即可恢复对该母线所带负荷的送电。根据相关实测资料，顺序控制下，每步操作耗时仅 5s，加上 10～30s 的程序启动延时，停电恢复总时间约为 80～100s；若部分线路通过母线倒供方式恢复送电，则操作步数可适当减少，供电恢复时间亦有所压缩。

从现场情况来看，若采用光纤通信方式，"三遥"开关的遥控成功率一般在 95%以上，终端在线率一般在 99%以上。考虑到蓄电池老化等不利因素，停电情况下配网开关的遥控失败率按 10%计算；遥控失败后，配电主站需额外耗时约 10s，用于确认遥信变位信号确未上送。

计及 10%的配网开关遥控失败率后，遥控失败次数期望值为 24×10%＝2.4（次），需增加 3 步操作，以及约 30s 的遥信变位确认时间，则共需操作 27 步，总耗时约 125～145s。

根据上述分析，变电站 10kV 母线失压后，经过约 2～3min，其所带配网负荷即可全部自动恢复供电；若采用并发操作方式，恢复时间可进一步压缩。相比于传统的配网大面积停电事故处理模式，供电恢复效率得到了极大的提升。

## 四、负荷合环转电

### （一）合环转电技术与供电可靠性

随着社会经济的飞速发展和居民生活水平的日益提高，广大电力用户特别是敏感用户对配电网的供电可靠性要求越来越高，尤其对配电网短时停电及闪动变得越来越敏感。提供安全、稳定、可靠、合格电能质量的供电是供电部门的职责，正常情况下，对用户做到持续供电、不停电是配电网运行的良好状态。

目前，我国的配电网一般采用闭环设计、开环运行的供电方式，当遇到站内设备检修、运行方式调整等情况时，常常需要负荷转供，具体操作有两种方式：一种是采用短时停电方式—"先断后停"的操作方式；另一种是不停电合环方式。采用短时停电方式转供负荷大大降低了配电网的供电可靠性，在当前供电企业以客户为中心的服务宗旨背景下，不仅严重损害了供电企业的自身形象，而且使供电优质服务水平大打折扣。不停电合环转电方式源自合环转电技术，此技术是提高配电网供电可靠性、减少对用户停电次数的一项重要技术手段。目前配电网发展趋势下，迫切需要不停电的合环转电技术提高配电网供电可靠性。

### （二）合环转电存在的风险评估

合环转电技术是提高配电网供电可靠性的重要技术手段。然而配电网合环操作时也会存在影响配电网安全运行的潜在风险。由于电网络参数、负荷等因数影响，合环操作时一般会在合环电网络中出现环流，由于整个电网络结构的复杂性、用电负荷的随机性，环流大小常常不能准确计算；若环流过大，就会给电网安全带来不容忽视的运行风险：

（1）合环环网内各元件过载；

（2）产生冲击电流，造成各母线电压越限；

（3）造成继电保护及安全自动装置动作，严重者可能造成大面积停电；

（4）若是电磁环网合环，操作时更科学分析、谨慎而为。

同时，目前现有的配网调规中给出的合环操作依据是："合环操作的线路相序相同，电压幅值差允许在 ±0.2kV 以内，合环两端电压相角差不超过 20%"。在实际工作应用中，配网调控员实施难度相对较大，合环时整个电网潮流分布受整个系统运行条件的影响，而缺乏有效的科学技术分析手段，配网调控员实施合环转电操作也仅仅只能通过以往的经验进行，因此存在较大的安全风险。

### （三）合环转电技术理论

#### 1. 配电网合环过程分析及其计算模型

配电网合环过程大致分为两个过程：一是联络断路器合闸瞬间合环网络的暂态过程，此过程中一般会形成冲击电流而且冲击电流幅值较大，持续时间较短。二是联络断路器合闸暂态后的稳态过程，一般在两倍的时间常数内合环由暂态进入稳态。合环暂态瞬间将产生较大的冲击电流，稳定后环路中也可能产生较大环流。因此上必须进行计算分析。结合图 4-48 给出的典型配电网合环网络模型，进行等值，图 4-49 给出了配电网合环的等值电路，其中 $U_a$、$U_b$ 分别表是待合环两条馈线所在各自变电站的母线电压，$Z_{sa}$、$Z_{sb}$ 分别表示 A 变、B 变的系统等效阻抗，$Z_{la}$、$Z_{lb}$ 分别表示为 A 站、B 站馈线阻抗，$Z_a$、$Z_b$ 分别表示 A 变、B 变馈线对应的负荷阻抗。将图 4-34 的合环等值电路再进行等值可得到单相的配电网合环冲击电流计算的等值电路，如图 4-35 所示，可知 $E = \Delta U = U_a - U_b$，$Z = R + jX$ 为环网系统的总阻抗值。

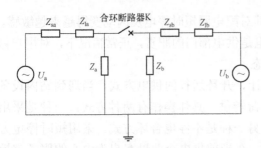

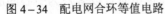

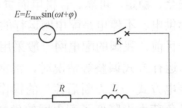

图 4-34  配电网合环等值电路          图 4-35  配电网合环冲击电流计算等值电路

### 2. 配电网合环暂态冲击电流计算及其影响因素分析

鉴于合环过程中暂态冲击电流较大，可能引起继电保护误动作，因此上必须对暂态电流的进行分析计算，依据上述图分析的冲击电流计算等值模型。以 A 相为例进行计算，以系统平衡节点为基准，等效后两电源的幅值差为：$|\Delta u| = |U_a \angle \varphi_1| - |U_b \angle \varphi_2|$，设 $\alpha = \varphi_1 - \varphi_2$，$\dot{E} = \Delta \dot{u} \times \angle 30° / \sqrt{3}$，由 KVL 定律可得环网的方程为

$$E_{\max}\sin(\omega t + \alpha) = Ri(t) + L\frac{\mathrm{d}i(t)}{\mathrm{d}t}$$

非齐次微分方程的解，由通解和特解组成，即冲击电流的非周期分量 $i_1(t)$ 和周期分量 $i_2(t)$ 组成，该方程解为

$$i(t) = A\sin\omega t + B\cos\omega t + Ce^{-\frac{R}{L}t}$$
$$= I_{\max}\sin(\omega t + \alpha - \varphi) - I_{\max}\cos(\omega t + \alpha)e^{-\frac{R}{L}t}$$

其中：

$$A = I_{\max}\cos(\alpha - \varphi) \qquad B = I_{\max}\sin(\alpha - \varphi)$$
$$C = -I_{\max}\sin(\alpha - \varphi) \qquad \varphi = \arctan(\omega L / R)$$

$$i(t) = i_1(t) + i_2(t)$$
$$= e^{-(R/L)t}\left\{\frac{-E_{\max}}{\sqrt{R^2 + \omega^2 L^2}}\sin\left[\alpha - \arctan\left(\frac{\omega L}{R}\right)\right]\right\} + \frac{E_{\max}}{\sqrt{R^2 + \omega^2 L^2}}\sin\left[\omega t + \alpha - \arctan\left(\frac{\omega L}{R}\right)\right]$$
$$= -M e^{-(R/L)t}\sin(\alpha - \varphi) + M\sin(\omega t + \alpha - \varphi)$$

其中：

$$M = \frac{E_{\max}}{\sqrt{R^2 + \omega^2 L^2}}, \qquad \varphi = \arctan\left(\frac{\omega L}{R}\right)$$

上述过程中，$\alpha$ 为合环初始时刻 $E$ 的初始相角，它由该时刻合环点两侧电压的相角差决定。从上述分析结果可知：影响合环瞬时冲击电流大小的主要因素为合环点电压幅值差、合环点电压相角差、环网内的总阻抗。通过分析可得知，配电网合环电流的衰减非周期分量一般不会对合环判断造成影响，各因素之间的大致关系如下：① 电压相角差小于 0.5° 时，合环电流较小；电压相角差超过 0.5° 后，合环电流将随合环点相角差的增大的而迅速增大；② 总体趋势上，合环电流随合环电压幅值的增大而增大；③ 当电压相角差接近 3° 时，电压相角差对合环电流的影响起主导作用；在电压幅值差接近 0.3kV 时，电压幅值差对合环电流的影响起主导作用。

### 3. 配电网合环稳态电流计算

配网合环稳态电流有助于调度员直观地进行分析电网运行情况,是进行电网分析校核的重要依据。由电路叠加定理可知,待合环运行的配电网络可以等效为开环运行方式与合环点两侧具有附加电压源作用的等值网络,因此上合环后的稳态电流由合环前的馈线初始电流与合环后环流叠加而成。其计算步骤为:① 对合环前的配网进行潮流计算得到变压器高压侧的电压幅值、相角和合环点两侧的电压矢量差;② 计算等值后的环网总阻抗;③ 计算开环方式下的负荷电流;④ 计算合环点两侧的电压差引起的环流;⑤ 将开环方式下的负荷电流与合环点两侧电压差引起的环流叠加。

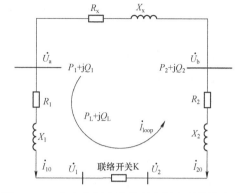

图 4-36　含有合环支路的配电网合环等值电路

$$\dot{I}_{\text{loop}} = \frac{\dot{U}_1 - \dot{U}_2}{\sqrt{3}(R+jX)} = \frac{[\dot{U}_1 - \dot{I}_{10} \times (R_1 + jX_1)] - [\dot{U}_2 - \dot{I}_{20} \times (R_2 + jX_2)]}{\sqrt{3}(R+jX)}$$

$$\dot{I}_1 = \dot{I}_{10} + \dot{I}_{\text{loop}} \qquad \dot{I}_1 = \dot{I}_{20} + \dot{I}_{\text{loop}}$$

实际工程中,可用合环后的稳态电流可以简单合环暂态出现的冲击电流,因此上合环的稳态电流计算的重要性及准确性显得尤为重要,采用下列公式计算: $I_M = 1.62\left(\dfrac{I_m}{\sqrt{2}}\right)$,

其中 $I_m$ 为稳态电流幅值,1.62 为冲击系数。

### 4. 合环转电技术实践

在线解合环分析的主要功能是对指定方式下的解合环操作进行计算分析并得出结论,内容包括合环路径拓扑搜索和校验、合环稳态电流和冲击电流的计算等。合环潮流计算除了对合环电流是否会导致合环开关的过流保护或速断保护误动作进行判定外,还必须考虑合环是否会导致系统其他开关的过流保护或速断保护误动作。这就需要在计算合环点合环冲击潮流的同时,还应计算合环冲击潮流在其他支路设备上的分布,从而计算出其他支路开关在合环瞬间的电流值。

环路搜索:根据 PAS 应用实时数据库中的合环参数和电网运行方式,主网自动拓扑搜索获得合环环路的拓扑信息,并对环路内的拓扑连接关系和变压器支路接线方式的相位进行检验,直到拓扑搜索到最短合环路径。

主配一体的合环潮流计算首先由主网合环界面程序请求配网合环参数服务单元,配网拓扑自动搜索后将配网合环参数发送给主网合环主进程,主网收到配网合环参数后,进行合环潮流计算至收敛,得到合环开关两侧的电压矢量差,计算出合环稳态电流和冲击电流值。稳态潮流计算单元将合环冲击电流的影响等效为合环支路两端的逻辑母线的有功和无功的注入量的变化,即将合环支路断开,在合环支路的首末端对注入量分别增加和减少合环冲击电流的数值,计算出合环冲击电流对整个系统的其他支路设备的影响,直到收敛为止。

合环风险分析综合评估能够利用合环路径、合环冲击电流、合环后稳态潮流越限信息、合环后系统 $N-1$ 越限信息、合环后遮断容量扫描越限信息等计算数据，建立了合环操作的风险分析模型，形成了合环风险指标的计算方法，实现合环操作可行性的定量评价，为调度运行人员进行合环操作提供了直观的结论。

在实际应用中，可进行如下简化：

1）10kV 供电馈线以集中参数等值，且忽略对地的电纳和电容；

2）10kV 供电馈线降压变压器高压侧的电压相角相同，假定为 0；

3）按常规合环操作方式考虑配网合环操作的合环点（开关）；

4）对于出线开关已知条件的处理：当 $P$、$Q$、$I$ 仅知道其中一个条件时，可以按默认的功率因数计算线路的 $P$、$Q$；

5）对于非合环路径上的负荷，认为其 $P$、$Q$ 值恒定，合环前后没有变化。

为了更清晰、直观、科学地进行配电网合环操作，为合环转电提高技术支撑和分析依据，在 OPEN5200 配电自动化主站系统中开发部署了在线合环操作风险分析模块，利用合环分析理论，依赖状态估计和调度员潮流功能提供的实时网络模型以及设备状态，进行合环操作风险分析，包括初始设置、环路路径搜索和校验、冲击电流和合环稳态电流计算、合环风险评估等若干子功能。通过读取状态估计结果得到电网模型，可以基于各种电网方式进行合环操作的设定。功能示意如图 4-37 所示。

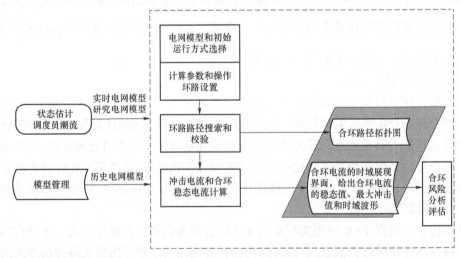

图 4-37 在线合环操作风险分析模块总体框架图

该模块可实现如下主要功能：

1）根据主网合环路径分析，提示用户是否跨大区合环（跨多个 220kV 变电站合环）；

2）根据配网合环路径分析，提示用户选择最优的合环点进行合环，并能安全地解环操作；

3）根据合环开关两端电压矢量差计算，当电压幅值差超过 20%，相角差超过 5°，进行风险提示；

4）考虑最严重负荷断面数据或者多时段合环计算分析，对最严重情况下的合环风险校验，校核通过则可以安全合环操作；

5）对合环及解环后是否出现设备过载进行校验，如有设备过载进行风险提示。

## 五、中压配电设备运行状态监测

### （一）配变台区运行状态监测

配网设备在供电环节起着至关重要的作用，设备的状态监测及运维检修直接影响配网供电质量和稳定性，配网变压器是配网设备中非常重要的部分，传统的数据分析模式已无法满足规模日益增大的配电网规模。针对目前配变在线状态监测功能的状况及配变设备运维的重要性，设计网格化区域管理方式，基于设备主人的运维理念，强化设备主人对现场设备的负荷、环境监控和隐患消除能力，结合负荷预警和智能告警，改善目前处理配变设备异常的被动应对状况。

$$配变负载率=三相有功总功率/额定容量×100\%$$

$$三相负荷不平衡度=（最大相电流-最小相电流）/最大相电流×100\%$$

指标异常类型说明如下：

过载：负载率超过 100%，且持续 2h。

重载：负载率为 80%～100%（含 80% 及 100%），且持续 2h。

三相负荷不平衡度＞25%，且持续 2h。

低电压：[标准电压（220V）-当前电压]/标准电压（220V）＞10%，且持续 1h。

过电压：[当前电压-标准电压（220V）]/标准电压（220V）＞7%，持续 1h。

（1）台区配变监测指标。展示全区域和分区域的异常统计指标及有功总加曲线，并统计负荷各时段极值大小和发生时间，台区配变监测指标图如图 4-38 所示。

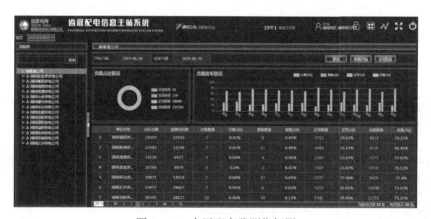

图 4-38　台区配变监测指标图

（2）台区配变异常明细。按区域导航分级检索各节点异常明细，展示同比负荷曲线，并统计历史异常信息以及当日电压负荷统计，支持查看各量测历史采样曲线和台账信息，如图 4-39 所示。

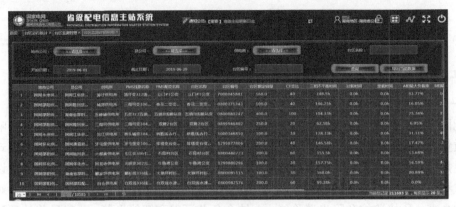

图4-39 台区配变监测明细图

（3）台区画像信息浏览。在左侧导航树查询框中，输入拼音、数字及中文等，会通过模糊查询，返显相关的地市公司、县公司、供电所以及馈线的名称。导航树会默认定位并展示从跳转页面的配变，单击导航树的配变节点，整个页面所有的数据、图标会刷新展示该配变以及选择时间范围的数据，如图4-40所示。

图4-40 台区画像信息浏览图

（4）台区配变异常统计。按时间检索区域历史日异常统计信息，支持数据导出和模糊检索，如图4-41所示。

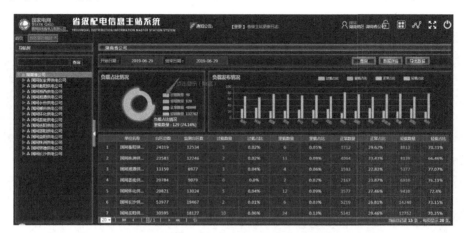

图4-41 台区配变负载异常统计图

### （二）配网线路运行状态监测

基于地理图，展示线路的运行状态数据、历史数据以及线路上的监测点的相关运行数据、历史数据等。

线路数据综合线路的故障信息、异常信息、负载信息等数据，依托地理图，给管理人员以直观、总体的展示。其中故障信息包括线路跳闸故障、线路接地故障等，异常信息包括线路重过载信息、线路环网运行信息、线路不满足 $N-1$ 信息等，负载信息包括线路的实时负载率、历史负载率曲线等。

线路上的监测点信息综合监测点数量及分布等物理信息、监测点实时运行信息等，其中运行状态信息包括电流越限、三相不平衡、采集数据不完整等。

（1）线路运行监测展示。运行监测展示从全局角度展示故障数量、异常数量、区域负载率等，如图4-42所示。

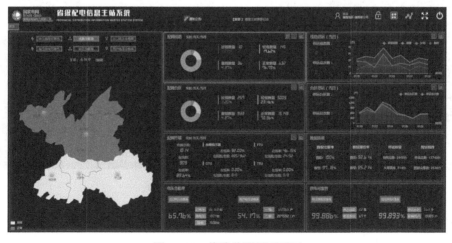

图4-42 线路监测界面展示

（2）线路负载统计情况展示。线路运行统计主要展示各地市的线路负载占比、区域分布展示及地市县中各种负载情况的线路图，如图 4-43 所示。

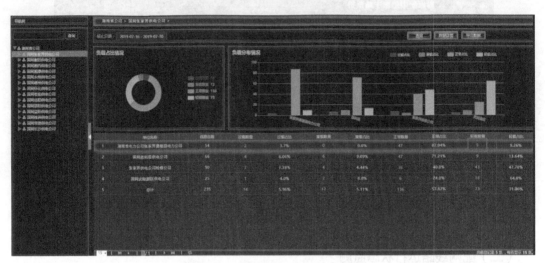

图 4-43　线路负载统计信息展示

点击表格中的数字，可以显示对应线路的统计详情信息，如图 4-44 所示。

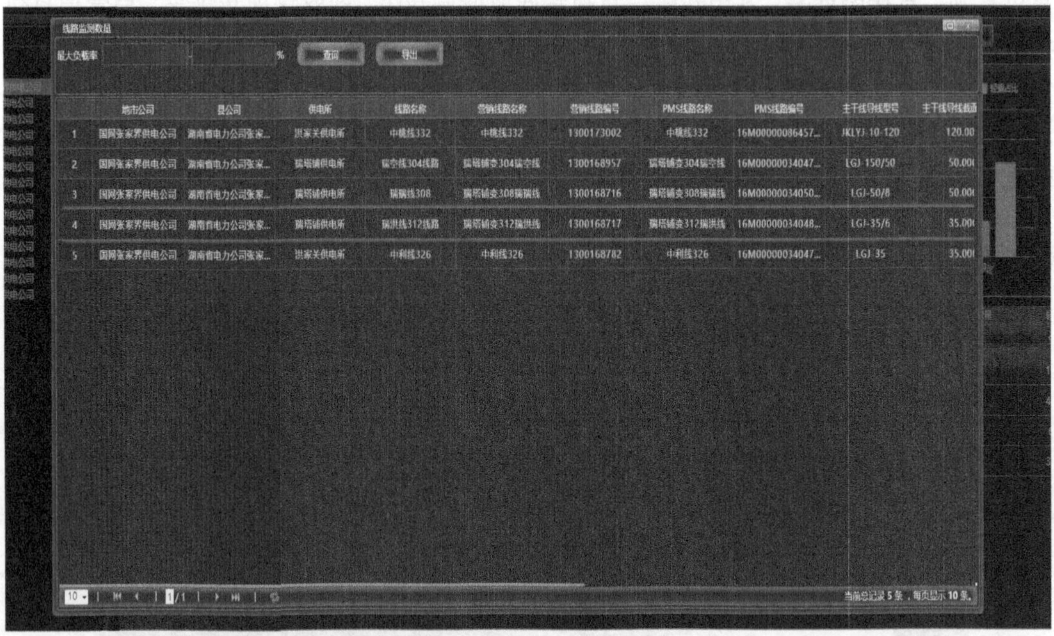

图 4-44　线路负载详细信息展示

双击一条记录，可以查看该线的电流曲线，如图 4-45 所示。

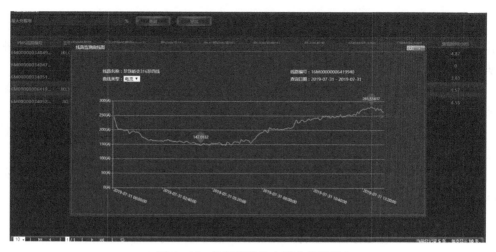

图 4-45　单条线路的电流曲线展示

# 第二节　配电物联网技术典型应用

## 一、配电物联网总体架构

配电物联网是电力物联网在配电领域中的应用体现,是传统电力工业技术与物联网技术深度融合产生的一种新型电力网络运行形态,通过赋予配电网设备灵敏准确地感知能力及设备间互联、互通、互操作功能,构建基于软件定义的高度灵活和分布式智能协作的配电网络体系,实现对配电网的全面感知、数据融合和智能应用,满足配电网精益化管理需求,支撑能源互联网快速发展,是新一代电力系统中的配电网的运行形式和体现。

配电物联网遵循电力物联网的"感知层、网络层、平台层、应用层"技术架构,参考工业互联网"云边端"和通信网络架构体系,如图 4-46 所示。

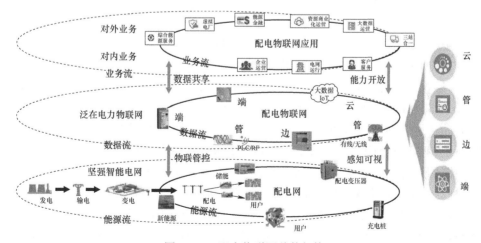

图 4-46　配电物联网总体架构

配电物联网承担感知可视配电网状态、物联管控配电网设备、开放配电网服务能力、共享配电网数据的功能，实现对内支撑电网运行、客户服务、企业运营等业务，对外业务支撑资源商业运营、综合能源服务、虚拟电厂等业务。配电物联网具备如下特征：

（1）设备广泛互联。实现配电网设备的全面互联、互通、互操作，打造多种业务融合得安全、标准、先进、可靠的生态系统。

（2）状态全面感知。对电力设备管理及消费环节的全面智能识别，在信息采集、汇聚处理基础上实现全过程、资产全寿命、客户全方位感知。

（3）应用灵活迭代。以软件定义的方式在终端及主站实现服务的快速灵活部署，满足形态多样的配网业务融合和快速变化的服务要求。

（4）决策快速智能。综合运用高性能计算、人工智能、分布式数据库等技术，进行数据存储、数据挖掘、智能分析，支撑应用服务、信息呈现等配电业务功能。

（5）运维便捷高效。传统电力工业控制系统深度融合物联网 IP 化通信技术，基于统一的信息模型和信息交换模型实现海量配电终端设备的即插即用免维护。

配电物联网系统架构可划分为"云管边端"四大核心层级，"云"是对传统信息系统架构和组织方式进行创新的云主站；"管"是为"云""边""端"数据提供数据传输的通道；"边"是一种靠近物或数据源头处于网络边缘的分布式智能代理，拓展了"云"收集和管理数据的范围和能力；"端"是状态感知和执行控制主体终端单元。

**（一）"云"**

"云"是云主站平台，采用云计算、大数据、人工智能等技术，实现物联网架构下的主站全面云化和微服务化。配电物联网云主站平台满足海量设备连接末端设备即插即用、应用快速上线、多平台数据有效融合、数据驱动业务以及边云协同等功能，支撑电网中低压统一模型管理、拓扑自识别、终端即插即用、数据云同步、APP 管理、IoT 管理等业务需求，具备灵活的物联网云服务和边云协同能力，满足需求快速响应、应用弹性扩展、资源动态分配、系统集约化运维等要求。全面提升电网的精益化与智能化管理水平，促进传统电网向能源互联网的转变。

"云"层采用"物联网平台＋业务微服务＋大数据＋人工智能"的技术架构，实现海量终端连接、系统灵活部署、弹性伸缩、应用和数据解耦、应用快速上线，满足业务需求快速响应、应用弹性扩展、资源动态分配、系统集约化运维等要求。

"云"层包括基础设施即服务（Infrastructure as a Service，IaaS）层、平台即服务（Platform as a Service，PaaS）层、软件即服务（Software as a Service，SaaS）层 3 部分。

（1）IaaS 层实现"云"、"端"资源虚拟化，形成资源池，按需分配调度。根据配电的监控对象和传感器的接入数据量、存储容量需求以及后期业务扩展的需求，具备动态的计算和存储扩展能力。IaaS 层提供计算资源服务、存储资源服务、网络资源服务等服务。

（2）PaaS 层主要实现配电物联网数据汇聚、消息传输、数据存储、计算、公共服务等功能。针对终端单元众多、快速响应等需求，在 PaaS 层实现终端智能化管理、数据统一接入与存储处理等功能。PaaS 层提供资源调度与运行支撑、物联网服务、大数据服务、微服务框架、云中间件服务等支撑。

（3）SaaS 层实现配电物联网应用服务化，使应用可随需而扩展，达到应用开放、通用的目标。突破硬件、数据、软件纵向捆绑的研发、建设模式，实现硬件资源、数据资源开放共享。按照"应用服务化"的理念，研发和部署面向配网应用的"云"应用软件，并支撑向"云""端"各类客户提供不同类型的应用服务。

（二）"管"

"管"是为"云"、"边"、"端"数据提供数据传输的通道，用于完成电网海量信息的高效传输，整体上可以分成远程通信网和本地通信网两个主要部分。其中，远程通信网为云主站与边缘计算节点之间提供数据通信通道，本地通信网为边缘计算节点与终端单元之间提供数据通信通道。

"管"层采用"云边通信网＋边端通信网"的技术架构，通过通信通道 IP 化、物联网协议、物联网信息模型映射，实现通信网络自组网、设备自发现自注册、资源自描述，支撑边端设备的即插即用，满足配电业务处理实时性和带宽需求。

远程通信网：远程通信网主要满足配电物联网云主站与边缘计算节点之间高可靠、低时延、差异化的通信需求，具有数据量大、覆盖范围广、双向可靠通信的特点。通信方式主要包括 EPON、工业以太网、无线公网、北斗卫星通信等。远程通信方式选择应根据配电物联网发展现状、业务实际需求以及已建网络情况，综合利用国网公司自建通信网络和租用运营商网络，按照"多措并举、因地制宜"的原则选取：

（1）控制类业务宜采用光纤专网承载，光纤专网采用 EPON 技术、工业以太网技术。

（2）无线公网主要用于在不具备光纤通信条件下，承载采集类业务，应根据业务需要选用 4G/5G LTE 或 NB－IoT 技术。

（3）对于公网未覆盖的偏远地区，重要数据采集类业务可以采用北斗短报文通信方式。

本地通信网：本地通信网主要满足边缘计算节点与终端单元之间的通信需求，因配电业务种类、设备类型、部署方式等不同，对通信网络带宽、容量、实时性、可靠性、安全性等要求存在较大差异。通信方式主要包括电力线载波、微功率无线、电力线载波和微功率无线双模通信等。本地通信方式应结合配电业务的实际需求，因地制宜选取：

（1）边缘计算终端应选择电力线载波、微功率无线双模通信技术，对下通信采用双模通信方式，以支持配变侧、线路侧、客户侧设备多种通信方式的接入，实现设备间的广泛互联。

（2）配变侧设备：开关类设备、无功补偿类设备应选择电力线载波通信技术，智能传感类设备应选择微功率无线通信技术。

（3）线路侧设备：对开关类设备应选择电力线载波、微功率无线双模通信技术，线路监测类设备应优先选择电力线载波通信技术，其次选择微功率无线通信技术。

（4）客户侧设备：开关类设备应选择电力线载波、微功率无线双模通信技术，末端采集设备应优先选择电力线载波通信技术，其次选择微功率无线通信技术。

（三）"边"

"边"即边缘计算节点，以"边缘云、云化网关"为主要落地形态，以"边云协同、边缘智能"为核心特征，是数据汇聚、计算和应用集成的开放式平台和容器。

"边"层采用"硬件平台化＋业务软件 APP 化"的技术架构，融合通信、计算、存储、应用核心能力,通过边缘计算技术提高业务处理的实时性,降低云平台通信和计算的压力;通过软件定义终端,实现电力系统生产业务和客户服务应用功能的灵活部署。

在配电物联网系统架构中,边缘计算节点是"终端数据自组织,端云业务自协同"的载体和关键环节,实现终端硬件和软件功能的解耦。对下,边缘计算节点与智能感知设备通过数据交换完成边端协同,实现数据全采集、全感知、全掌控;对上,边缘计算节点与云主站实时全双工交互关键运行数据完成边云协同,发挥云计算和边缘计算的专长,实现合理分工。

根据边缘计算产业联盟(ECC)和工业互联网产业联盟(AII)的定义,将边缘计算节点划分三层,包括边缘计算平台层基础设备即服务(Edge Computing Infrastructure as a Service,EC-IaaS)、边缘计算基础软件层平台即服务(Edge Computing Platform as a Service,EC-PaaS)、边缘计算应用软件层软件即服务(Edge Computing Software as a Service,EC-SaaS)。

(1)EC-IaaS 层主要完成边缘计算平台计算、存储、网络、通信以及 AI 引擎等资源管理,对并资源进行虚拟化,实现业务应用与资源的隔离,业务应用与业务应用之间的隔离,并对业务应用提供标准接口。

(2)EC-PaaS 层在平台层的基础上,将业务应用所需的基础服务抽象出来,形成基础功能模块,为业务应用提供数据管理、跨业务应用的数据通信等功能,还包括对端和云的数据通信功能和即插即用服务。

(3)EC-SaaS 层基于 EC-PaaS 和 EC-IaaS 层提供的基础功能,部署和安装满足业务功能的 APP,实现状态全面感知、资源高效利用、业务快速迭代、应用模式转型升级的目标。

(四)端

"端"是配电物联网架构中的感知层和执行层,是负责向"边"或"云"提供配电网的运行状态、设备状态、环境状态以及其他辅助信息等基础数据的源头,是执行决策命令或就地控制的终端。

"端"层采用"轻量级物联网操作系统+设备业务应用软件"的技术架构,实现配电网的运行状态、设备状态、环境状态以及其他辅助信息等基础数据的采集,并执行决策命令或就地控制,同时完成与电力客户的友好互动,有效满足电网生产活动和电力客户服务需求。

"端"为"边"和"云"提供配电网的运行状态、设备状态、环境状态以及其他信息,根据端的存在形态,可分为智能化一次设备、二次装置类、智能传感器类以及运维和视频等其他类型。智能化一次设备是集成了传感器、监控和通信终端等功能新型的一二次深度融合设备,包括变压器、智能开关、补偿装置等;二次装置类主要是 IP 化的智能终端,包括监控终端、电力仪表、故障指示等;智能传感器是用于监测一个或多个对象且带有通信功能的物联网化传感器;其他装置类主要包括用于辅助运维的视频、手持终端等。

为实现端设备的标准化和 IP 化,端设备采用基于轻量级操作系统的设计思路,功能单一且取能不便的智能传感器、故障指示器、RFID 类产品延续传统的设计思路。

## 二、配电物联网典型场景

### （一）电源侧应用场景

#### 1. 分布式光伏应用场景

（1）目的与意义。为应对高渗透率分布式光伏接入低压台区，带来的台区过电压、重过载、倒送电等问题，对分布式光伏增加监测管控手段，将融合型终端监控范围延伸至分布式光伏，实现分布式光伏的安全接入与可知可控。通过融合型终端为分布式光伏并网管理、电能计量、负荷潮流与电能质量监测，以及人身电网安全提供有效的数据支撑；同时，通过融合型终端就地实现分布式光伏的有功功率控制、无功电压调节、电网异常响应等功能，实现海量分布式光伏的监控，提升新能源接入与消纳能力，保障配电网安全高效运行。

（2）现状分析。"十三五"以来，在国家政策大力支持下，光伏产业技术进步和成本下降明显，我国分布式光伏发展迅速，尤其以户用光伏呈现爆发式增长。《国家电网有限公司服务新能源发展报告（2021）》指出，截至 2020 年年底，我国太阳能发电装机容量 2.5 亿 kW，占全国总装机容量的 12%；其中分布式光伏装机容量 7831 万 kW，占太阳能发电总装机容量的 31%。户用光伏成为分布式光伏发展重要力量，2020 年，国家电网经营区户用分布式光伏新增装机容量 952 万 kW，占分布式光伏新增装机容量的 65%。截至 2020 年年底，全国户用光伏累计装机已超过 2000 万 kW，安装户数超过 150 万户。

随着分布式光伏规模迅速增长，公司局部电网消纳和并网服务压力日趋增大，同时大量分布式光伏接入低压配电网，带来了用户侧过电压、配变反向重过载等功率平衡问题，谐波、三相不平衡、电压波动闪变等电能质量问题，倒送电等安全问题，给配电网安全稳定运行、用户电能质量和检修作业安全产生影响。

目前，低压台区分布式光伏采用逆变器本地控制，营销专业只采集电能计量和 15min 负荷数据到用电信息采集系统，逆变器的电能质量、并网状态与保护动作与调度、设备专业的配电自动化主站、供电服务指挥系统无信息交互，使得分布式光伏的并网监控处于空白状态。而且，分布式光伏单机容量小、数量众多、布点分散、特性多样，如果汇聚海量大数据来分析，势必影响实时控制的效率，也无法仅靠人工开展调度。因此，基于融合型终端的边缘计算能力，就地实现分布式光伏的监控势在必行。

（3）实施方案。

1）方案 1：融合型终端 + 光伏并网断路器。按照"1+N"监测模式，"1"即融合型终端，"N"即台区内光伏并网断路器集群。光伏并网断路器将实时监测数据上传融合型终端，如图 4-47 所示。融合型终端根据监测到的有功/无功、电压分布、并网电流、电能质量、开关状态、事件记录等情况，实现对整个台区分布式光伏的就地统一管控，管控结果上传配电自动化主站和供电服务指挥系统，支撑供电服务指挥中心（配网调控中心）对分布式电源的监控，支撑设备主人的现场运维。

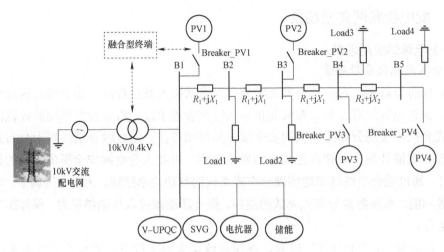

图4-47 分布式光伏通过光伏并网断路器接入台区示意图

① 分布式光伏并网监测。通过融合型终端本地通信模块（HPLC/RF/双模等），每5min采集1次光伏并网断路器的电压、电流、有功功率、无功功率、视在功率、功率因数、谐波等基础数据，实现基础数据采集和存储。并将基础采集数据上送配电自动化主站和供电服务指挥系统。

通过融合型终端本地通信模块，每天采集1次光伏并网断路器研判的光伏并网点电压合格率、电压/频率偏差、电压谐波2~19次谐波分量、三相电压不平衡度、电流谐波2~40次谐波分量、功率因数、三相电流不平衡度等电能质量数据，并将电能质量数据上送配电自动化主站和供电服务指挥系统。

光伏并网断路器具备检测缺相、过压、欠压、过频、欠频、电能质量异常、孤岛运行、停复电、分合闸等事件的能力，事件发生后，能通过通信模块主动将事件记录（SOE）实时上传至融合型终端；融合型终端也可主动采集并网断路器历史事件记录；并将事件记录实时上送配电自动化主站和供电服务指挥系统。

② 分布式光伏并网保护。光伏并网断路器具备过载短路保护、防孤岛保护与并网电能质量保护功能，所有保护功能的整定值支持远方配置。其中，过电流长延时保护、过电流短延时保护、额定瞬时短路保护、剩余电流保护、端子及触头过温度保护根据传统塑壳断路器技术要求配置。

a）过/欠压保护。在监测电压偏差的同时，要同时辅助监测电压频率变化，若电压频率基本不变（排除因为台区正常运行时潮流变化引起的过电压），则利用上述判据进行过/欠压保护，断开光伏并网断路器，并持续监测光伏并网断路器入口电压，上报融合型终端。

b）被动式防孤岛保护。当电网断开后，由于有功功率和无功功率失配，并网点的电压幅值和频率会产生漂移，若电压幅值超出了标准范围或者电压频率超出了标准范围，就可判断为孤岛现象，断开光伏并网断路器，上报融合型终端。

c）发电质量监控与保护。光伏并网逆变器注入电网的电流总谐波畸变率（THD）限值定为 5%。当 THD 不超过 5%，正常运行；当 THD 超过 5%，持续监测 60s，60s 后谐波依然超标，断开光伏并网断路器，并且上报融合型终端。

d）发电电流三相不平衡监控与保护。当负序三相电流不平衡度小于 2% 时，光伏用户正常并网发电；当负序三相电流不平衡度超过 2% 时，持续监测 60s，60s 后不平衡率依然超标，断开光伏并网断路器，并且上报融合型终端。

e）"边端协同"一体化监控与保护。根据光伏并网断路器上报地过/欠压保护、防孤岛保护、发电质量监控与保护、发电电流三相不平衡监控与保护等情况，由融合型终端对整个台区所有光伏并网点的电压分布、频率分布、电能质量情况进行评估，从而实现不同光伏用户对台区过电压的贡献度、发电电流质量劣化程度或孤岛运行情况进行评估，并决定是否对已保护开断的光伏并网断路器进行重合闸。

2）方案 2：融合型终端 + 光伏并网逆变器。采用能源互联网"云、管、边、端"物联网架构和融合型终端边缘计算能力，通过"1+$N$"模式实现监测控制功能。"1"即融合型终端，"$N$"为台区内分布式光伏并网逆变器集群，如图 4-48 所示。融合型终端根据监测到的有功/无功、电压分布、并网电流、电能质量、并网状态、故障告警等情况，实现对整个台区分布式光伏的就地统一管控，管控结果上传配电自动化主站和供电服务指挥系统，支撑供电服务指挥中心（配网调控中心）对分布式电源的监控，支撑设备主人的现场运维。

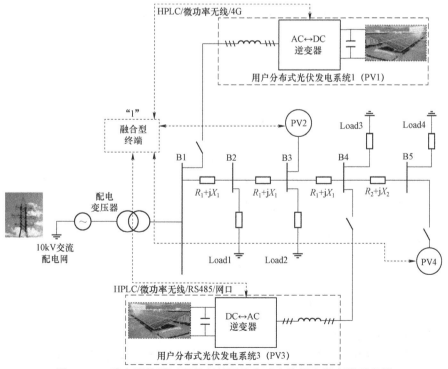

图 4-48　融合型终端远程控制低压分布式光伏用户逆变器示意图

① 分布式光伏并网监测。通过融合型终端本地通信模块（HPLC/RF/双模等）定期采集光伏并网逆变器的电压、电流、有功功率、无功功率、视在功率、功率因数、电压谐波含量、电流谐波含量等基础数据，实现基础数据采集和存储。

通过融合型终端分析光伏并网点的电压合格率、电压/频率偏差、电压谐波、三相电压不平衡度、电流谐波 2~40 次谐波分量、功率因数、三相电流不平衡度等电能质量数据。

光伏并网逆变器能将运行状态、故障告警等信息，通过通信模块主动上传至融合型终端。

② 分布式光伏并网保护。光伏并网逆变器具备过/欠压保护、过/欠频保护、缺相保护、过载短路保护、防孤岛保护与恢复并网功能，所有保护功能的整定值支持远方配置。光伏并网逆变器能将运行状态、故障告警等信息，通过通信模块主动上传至融合型终端。

融合型终端汇集的台区故障信号进行控制。当台区出现停电或故障，监测台区下所有光伏并网逆变器的运行状态，未及时断开与电网连接的，融合型终端向该逆变器发出控制信号，及时断开光伏并网，防止孤岛运行。

③ 分布式光伏并网控制。供电服务指挥中心（配网调控中心）向融合型终端下发典型控制策略，包括定功率因数控制、下垂控制、紧急无功控制、无功控制等，详见图 4−49 所示，融合型终端接收控制策略后，通过分析台区电压分布、负荷运行情况等，给台区下分布式光伏并网逆变器下发调控指令，控制分布式光伏无功出力参与电网调节。

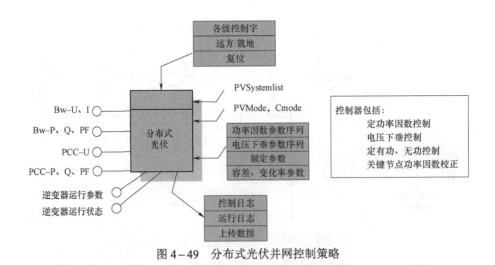

图 4−49　分布式光伏并网控制策略

3）融合型终端技术功能需求。

① 融合型终端功能需求。融合型终端实现功能包括边缘计算、规约转换、模型的建立及就地采集、指令下发机制的实现。就地实时采集分布式光伏并网断路器/并网逆

变器的运行状态、故障事件等信息，对分布式光伏采用标准化建模，基于信息交换模型，将分布式光伏信息上送至配电自动化主站和供电服务指挥系统，实现分布式光伏的信息建模、状态感知、协调控制。

a）分布式光伏并网断路器采集功能。通过融合型终端与分布式光伏并网断路器通信，实时采集断路器的分/合状态、电压、电流、功率（有功、无功、视在、功率因数）、剩余电流、谐波、电能质量统计、跳闸事件和告警事件等信息，具备三相电压、电流、功率（有功、无功、视在、功率因数）、剩余电流、谐波、电能质量统计、开关状态、告警、跳闸事件读取等功能，实现断路器运行状态、故障事件的定期和实时采集；支持主站向终端远程下发断路器保护整定值，通过融合型终端自动本地配置；支持主站向终端远程下发分析控制策略，通过终端就地遥控分/合断路器。

b）分布式光伏并网逆变器采集功能。通过融合型终端与分布式光伏并网逆变器通信，实时采集逆变器的运行状态、电压、电流、功率（有功、无功、视在、功率因数）、谐波、告警事件等信息，具备三相电压、电流、功率（有功、无功、视在、功率因数）、谐波、运行状态、告警事件读取等功能，实现逆变器运行状态、故障事件的定期和实时采集；能通过终端边缘计算，利用基础采集数据统计分布式光伏电能质量；支持主站向终端远程下发逆变器保护整定值，通过融合型终端自动本地配置；支持主站向终端远程下发分析控制策略，通过终端就地遥控逆变器的运行状态和功率控制。

c）分布式光伏计量采集功能。融合型终端具备与分布式光伏并网点发电表、公共连接点双向电能表（自发自用、余电上网）的计量采集功能，并上传用电信息采集系统。

② 融合型终端技术需求。融合型终端应具备后备电源。当终端主供电源供电不足或消失后，后备电源应自动无缝投入并维持终端及通信模块正常工作不少于 3min，具备至少与台区下所有分布式光伏并网断路器/逆变器通信 3 次（① 采集断路器/逆变器运行状态，② 下发断开指令，③ 验证断路器/逆变器运行状态及指令执行情况），具备至少与主站通信 3 次（① 上报反孤岛正常动作的分布式光伏，② 上报逆变器反孤岛动作失败、终端下发指令断开成功的分布式光伏，③ 上报停电 2min 内/终端停止工作前、反孤岛失败仍未离网的分布式光伏）的能力。

融合型终端应具备 HPLC、微功率无线、双模通信等功能，满足停电时（包括低压出线开关、分支开关断开时，TT 系统 N 线也断开时），终端与分布式光伏并网断路器/逆变器之间的通信。

融合型终端应采用微应用架构，满足不同分布式光伏方案场景下的 APP 应用，微应用之间应能进行数据交互，考虑到微应用开发类型繁多，微应用之间应基于数据中心的消息机制进行交互，避免私有通信，实现数据交互解耦。

2. 分布式电源就地承载力分析应用场景

（1）目的与意义。基于融合型终端开展低压配电台区分布式电源就地承载力分析，实现对影响低压配电台区分布式电源接入制约因素的精准辨识及低压配电台区分布式电源最大可承载容量的精确计算。对指导分布式电源有序接入，为配电网适应性规划建设改造提供参考，提高配电网供电能力和供电服务质量，保障供电的安全性和可靠性，以及提升电网精益化管理水平等方面都具有重要意义。

（2）现状分析。低压分布式电源一般采用先接入后改造方式，缺少接入合理性评估，存在分布式电源容量接入不合理甚至超过配电变压器额定容量等问题。部分台区低压分布式电源发电量远超台区用户消纳能力，造成电能大量上送，向台区甚至 10kV 线路返供电流，导致台区反向重过载。同时，大规模具有间歇性、波动性的分布式电源接入，也将导致低压配电台区出现电压双向越限、电压波动与闪变、谐波超标、三相不平衡等电能质量问题。基于融合型终端实现对低压台区分布式电源承载力的就地分析，可有效引导分布式电源合理分布，避免分布式电源无序接入导致的台区重过载及一系列电能质量问题。

（3）实施方案。

1）低压配电台区分布式电源接入制约因素精准辨识。基于融合型终端对低压台区源网荷运行数据进行采集，并在此基础上进行统计分析，包括低压配电台区负载率，以及电压、谐波、三相不平衡等电能质量数据，基于上述分析精准识别低压配电台区分布式电源接入制约因素，并针对性提出改进策略，为低压配电网的建设改造提供参考，助力提升电网精益化管理水平。

2）低压配电台区分布式电源最大可承载容量分析。基于融合型终端采集低压配电台区源网荷运行数据，结合一次系统固有参数，开展低压配电台区分布式电源最大可承载容量分析。其中，一次系统方面重点考虑开关、线路、变压器等现有电网设备参数对低压配电台区分布式电源承载力的制约，运行情况方面重点考虑电压偏差、谐波、三相不平衡等指标对低压配电台区分布式电源承载力的制约。在上述基础上，以保证电网安全稳定运行为前提，计及多重约束开展低压台区分布式电源就地承载力分析计算，为后续分布式电源有序接入及电网适应性改造提供参考。

**（二）电网侧应用场景**

**1. 低压智能开关状态监测管控应用场景**

（1）目的与意义。依托融合型终端，开展剩余电流动作保护器（总保、分支、中级保护）的监测管理，实现对低压配电台区总保开关、分支、中级保护状态信息的实时采集与管理。实现总保、分支、中级保护的状态检测、拓扑识别，提高低压配电网状态感知能力，准确定位配电网故障点，提高人工排除故障效率。

（2）现状分析。目前低压配电网装接的总保已经能够接入融合型终端进行数据采集与管理，分支、中级保护由于与融合型终端距离较远，且多数不带通信功能，还是沿用传统的离线盲点人工管理方式，中级保护缺少有效的管理手段存在工作效率低下，缺乏判断配电网故障点准确定位。由于中级保护缺乏较远距离的通信功能，中级保护的运行信息和状态信息很难有效地实现被监测点之间以及被监测点与远程主站之间的双向信息传输，既不利于低压配电网区域信息化管理，也阻碍了优质服务的进程，提高了人工管理的成本。

（3）实施方案。

1）总体架构。融合型终端需满足智能开关状态信息的实时采集，并满足分支、中级保护的远距离接入需求。实时采集开关的分/合状态、剩余电流值、电压、电流、电量、谐波、跳闸事件和告警事件等信息，具备三相电压、电流、功率因数、剩余电流（漏保）、开关状态、告警、跳闸事件读取等功能，实现低压配电线路出现开关状态和跳闸事件采集，可由主站远程遥控分/合智能开关、参数下发。根据状态特征信号，通过算法分析，实现配变、分支箱、表箱的分相拓扑关系识别。

总漏保实时与融合型终端进行信息传递，当总线路发生故障时，总漏保把故障信息传递给融合型终端，终端将信息反馈到主站，主站人员及时发现并通知现场抢修人员，抢修人员根据主站提供的准确定位，及时赶赴现场进行故障抢修，当故障消除，融合型终端会接收到总漏保恢复工作的信息。

分支、中级保护与融合型终端进行信息的实时传递，当某一段分支线路发生故障，中级保护可实时上送故障信息至融合型终端，终端将信息反馈到主站，主站人员及时发现并通知现场抢修人员，抢修人员根据主站提供的准确定位，及时赶赴现场进行故障抢修，当故障消除，融合型终端会接收到中级保护恢复工作的信息。

融合型终端应满足通过采集各级保护的状态、特征等信息，上传至主站，主站结合分析各点实际低压配电网运行需求，进行数据分析，建立控制策略，得出各项指标，下发相关配置至终端，终端对保护参数进行配置。实现对低压配电网故障定位、处理精细化，提高供电可靠性，提高服务质量。

2）应用成效。

① 漏保状态在线监测提高低压配电网精益化运维管理水平。通过融合型终端对漏保的状态监测及统计，统计分支线路负荷曲线、停电时长，分析线路负荷特性，差异化制定运维、抢修策略，动态调整漏保运行配置及运行状态；实时监控漏保的投运状况及漏电流值。防止漏保因故障等原因退出运行，减少触电伤亡事故。提高低压配电网精益化运维管理水平。

② 低压线路故障智能定位。融合型终端通过实时采集分支总保及中级保护的分合闸信息和分相电流信息，结合采集的电压和电流数据，智能分析低压线路故障情况，并显示故障范围，如低压线路缺相、低压分支回路跳闸、分支回路负荷超载等，准确定位故障、隔离区间，减少停电范围，缩短处理故障时间，提高故障抢修效率。

2. 智能感知及主动抢修系统建设应用场景

（1）目的与意义。基于融合型终端和分路监测传感装置，打通智能电表与融合型终端数据链路，实现融合型终端与所属设备的本地化通信，根据已知低压网络拓扑信息和各级监测设备的数据识别故障，定位故障区段，终端将判断结果上告主站，推送供电服务指挥系统，下派工单至抢修人员进行精准抢修。

（2）现状分析。传统配网应急抢修是通过用户故障报修来获取故障信息，没有充分的数据信息和技术手段对故障发生时间、故障点位置及故障范围进行提前预判。故障信息掌握不充分，抢修力量准备无针对性、抢修工期过长抢修过程反复等问题，这种被动式的故障抢修效率低下，难以满足优质服务水平提高的要求。

（3）实施方案。以配网云主站为应用中心，基于物联网的信息感知、传输、汇聚和处理技术，以融合型终端为数据汇聚和边缘计算中心，以低压传感设备为感知设备，以边缘计算和站端协同为核心，实现低压配电网开放接入、低压配电网全景感知和精益管理。

结合融合型终端及低压智能传感器对低压台区的全覆盖和营配融合全息，以云化主站为分析决策核心，以配抢系统、配网移动作业为手段，建设配电网智能感知及主动抢修系统。

融合型终端根据低压网络拓扑信息和各级监测设备的数据识别故障，定位故障区段，上送至云化主站。云化主站根据终端上送故障事件，结合中压相关信息，进一步确定故障事件，综合进行故障精确研判分析，自动生成主动抢修工单推送至配网移动作业终端。同时云化主站分析影响用户情况，通过短信平台、微信平台将停电信息推送至用户手机。

1）配电网主动抢修。云化主站汇集用户、低压线路、配变、中压线路支线开关的停复电上报事件，云化主站综合生产停电计划、营销欠费停电等信息进行故障研判及停电范围分析，自动生成主动抢修工单推送至配网移动作业终端。同时分析影响用户情况，通过短信平台、微信平台将停电信息推送至用户手机。

2）配电网智能感知。以融合型终端为核心，采用硬件平台化、软件 APP 化方式以及人工智能技术，对低中压配电网信息进行全采集，通过边缘计算对台区信息优先进行本地化分析处理与决策，减少主站决策压力，同时借助光纤、无线专网、无线公网或 5G 移动通信网络实时上送高关注度数据至云化主站，实现融合型终端与云主站的端云协同配合。云化主站基于中压线路、配变和低压线路实时运行信息及用户智能电表信息，智能分析配网异常设备并生成主动处置工单推送至业务系统处理。

3. 电能质量综合治理应用场景

（1）目的与意义。发挥融合型终端边缘计算优势和就地管控能力，监测配变关口和低压分支回路上电气量信息，实现低压台区负载率、电压、频率、三相不平衡度、谐波等电气量的就地计算分析。根据台区电能质量变化情况，统筹协调换相开关、智能电容器、SVG 等设备，实现对高渗透率分布式能源接入后台区电能质量问题快速响应及治理。在台区无法就地调节时，向运维人员发送异常告警信息，主动抢修优化台区电能质量。在云主站分析所有台区历史数据和区域特性等数据，优化改进区域电能质量智能调节策略，满足用户高质量用电需求。

（2）现状分析。对于低压台区电能质量治理，一般情况下是从源头出发，督促相关企业严格贯彻执行相关电能质量的国家标准，遵照"谁污染，谁治理"，兼顾预防与治理；然而，治理低压台区电能质量问题最经济有效的方法是从技术方面入手，通过合理的技术手段，加装治理装置来解决电能质量问题。目前常用的几种治理装置包括：换相开关、智能电容器、静止无功发生器 SVG 等设备，同时基于台区微电网和低压多台区柔性互联系统，充分利用台区内接入的电力电子设备也可在一定程度上提升电能质量，但这些治理装置具有自身特点，都难以实现台区电能质量综合治理。

（3）实施方案。基于数据中心、电能质量交互协议（基于 MQTT 总线，扩展协议）与电能质量监测治理设备采集程序进行交互，并结合融合型终端自身交采数据、台区通信采集等数据（含出线开关、分支箱开关、户表等各个层级），通过对多个控制点的计算、分析、决策等方法，协调控制台区所有电能质量监测治理设备，实现电能质量治理设备的控制器软件化，治理策略软件 APP 化，达到治理模式、策略的快速迭代，形成以"台区集中式＋下端分布式"结合的电能质量治理策略，有效解决台区电能质量设备配置不同，各设备间各自为政的问题，达到减少设备硬件投资，快速迭代，精准治理的效果。

1）低压台区电能质量综合分析。台区主要通过融合型终端采集的电压、电流信号结合台区变压器容量计算变压器台区负载率、电压偏差、频率偏差、三相不平衡度、谐波等电能质量数据，结合设定定值产生对应告警信息。低压出线通过融合型终端 RS485 与低压智能断路器通信，采集低压开关状态、过压、失压、缺相、剩余电流等告警信息。低压分支箱电能质量通过融合型终端 LoRa 无线与低压故障传感器通信，采集分支开关状态、过压、失压、缺相、剩余电流等告警信息。

2）台区电能质量治理设备控制器软件化。电能质量监测治理以多控制点、多优化目标为依据进行台区电能质量综合治理。控制点多样化是指结合台区拓扑，对台区各个层级进行监测治理，包括台区侧、出线开关侧、分支箱侧、末端用户侧；优化目标多样化是指对台区多个电能质量指标分别进行治理，包括三相电压/流不平衡、电压越限、功率因数越限、谐波含量越限等。

通过融合型终端交采、通信采集数据实现对多个控制点的监测，继而实现调容调压、动态电压补偿、无功补偿（无功需量）、三相不平衡治理（SVG、换相开关）、谐波分析及治理、低电压治理等多目标优化治理策略。参数灵活可设，输出灵活可设。

3）统一协同控制电能质量治理设备运行及治理策略。通过数据采集，计算分析出台区电能质量差的真实原因（例如：断线引起的三相不平衡、首先要解决断线问题），统一控制电能质量监测治理设备的投入、退出，形成电能质量监测治理设备间的有效配合、协同工作，在电能质量良好的情况下，退出、旁路某些电能质量监测治理设备，降低损耗，实现电能质量监测治理设备利用效率最大化、补偿精准化。

4）台区电能质量污染源定位。结合台区拓扑识别信息，通过融合型终端的通信采集能力，对台区各分支、末端节点的交流数据进行数据分析，定位台区电能质量污染源，从而进行有针对性的电能质量治理。

5）电能质量治理设备运行监测。监测台区所有电能质量监测治理设备的运行状态，对其治理效果进行统计，综合评估台区电能质量监测治理设备的运行状态。为电能质量监测治理设备的投资提供决策依据。

4. 负载率分析及动态增容应用场景

（1）目的与意义。基于融合型终端开展变压器负载率分析，实现台区移动电力动态增容方案的优化配置，延缓或减少配电网容量投资，提高电力装备的利用效率，提升电力系统配电资产的投资效率和资产利用率，创新配电台区投资建设模式。

（2）现状分析。季节性负荷造成变压器重载，长则一两个月，短则几天（如春节负荷突增现象），改造完负荷快速回落，采用传统的配变扩容改造方式，导致设备利用率大大降低，甚至是低效运行。同时，在城市核心区和老旧城镇的扩容改造更因为供电走廊地形复杂、新增变电站选址困难。

（3）实施方案。发挥融合型终端边缘计算优势，统计配变日、月、年的负载率，分析重载－轻载间交替变化规律，计算重载持续时间及过载电量，将判断结果上告主站，主站根据配电过载分析结果，自动生成台区移动电力动态增容方案推送至配网移动作业终端。

**（三）负荷侧应用场景**

1. 智能电表应用场景

（1）目的与意义。台区智能融合型终端是智慧物联体系"云管边端"架构的边缘设备，具备信息采集、物联代理及边缘计算功能，支持营销、配电及新兴业务。采用硬件平台化、功能软件化、结构模块化、软硬件解耦、通信协议自适配设计，满足高性能并发、大容量存储、多采集对象需求，集配电台区供用电新兴采集、各采集终端或电能表数据收集、设备状态监测及通信组网、就地化分析决策、协同计算等功能于一体的智能化融合型终端设备。

（2）现状分析。当前配电台区监测分布零散、感知能力不足，为确保配电台区运行工况、设备状态、电能质量、用户用电等信息及各项数据的有效感知。在台区低压侧通过部署智能融合型终端、升级集中器/智能电表 HPLC 模块，实现配变监测、用户电表数据采集、台区线损计算、台区电能质量监测、台区户变关系识别、台区负荷预测等功能。

用电信息采集系统主要应用 I 型集中器，对下通过 PLC/HPLC 的通信方式，基于 645 规约对本地费控表进行远程抄表。现阶段根据用电信息采集系统的功能要求，现场存量的集中器对上通信协议主要包括两种：DL/T 698.45 协议和 Q/GDW 376.1 协议，分别对应面向对象的电能表和 09/13 版电能表，主要上传的信息包括低压用户的日冻结电量和电压曲线，对于专公变用户为日冻结正反向电量，功率曲线、电压曲线、四象限无功电能曲线和电能示值曲线。部分 3761 集中器与电表之间通过窄带载波通信，数据采集频度低，数据利用价值不高，在应用场景应优先考虑 HPLC 通信方式。

（3）实施方案。

1）总体架构。全网感知智能台区以智能融合型终端作为本地物联感知与信息交互的中心，通过 HPLC、RF、HPLC＋RF 双模、RS485 以及蓝牙等通信方式获取用户侧、计量箱侧、分支箱侧和变压器侧感知数据，经智能融合型终端边缘计算处理后通过 4G/5G 网络上传至营销主站及配电主站，实现台区可视化、基础设备运管、台区精益管理、用能安全监护、能效监测分析和应急响应等智能应用。

2）技术方案。

① 计量箱侧。

a）应用多芯模组化电能表。计量箱内部设备主要包括智能塑壳断路器（进线侧）、多芯模组化电能表、蓝牙微型断路器（出线侧）等设备。

b）智能塑壳断路器。具备计量、存储计量箱进线侧电压、电流、功率、电能量等电气量的功能，有功电能准确度等级为 0.5 级。至少具备一路 RS485 通信接口。通过 HPLC、RF 或 HPLC＋RF 双模等方式与模组化融合型终端通信，通信模块可插拔，兼容目前单相电能表通信模块。具备监测开关分合闸状态、出线端子温度等信息的功能，检测到开关状态改变时应将当前开关状态主动上报至模组化融合型终端。具备故障（三段过流、过欠压、缺相、过温等）报警及跳闸功能。具备远程控制功能。具备检测拓扑识别特征电流的功能，可存储检测到特征电流的时间、强度等信息。具备停上电主动上报功能。

c）多芯模组化电能表。由计量芯、管理芯、功能芯组成。计量芯负责提供电能量、时钟等法制计量数据；管理芯负责整表对内、对外的信息交互和处理，支持软件升级；功能芯可根据需要配置上行通信、下行通信、负荷识别等模块。上行通信模块通过HPLC、RF 或 HPLC＋RF 双模等方式与模组化融合型终端通信，通信模块可插拔。通过蓝牙与蓝牙微型断路器通信。实时检测接线端子温度，端子温度超限、不平衡、温度剧变等异常情况下产生事件并主动上报。具备拓扑识别特征电流信号发送功能、停上电主动上报功能。

d）蓝牙微型断路器。通过蓝牙与电能表通信，与电能表之间利用无功微电流编码方式自动完成匹配。手动控制模式下可以手动进行拉合闸操作，自动控制模式下可接收电能表发送的命令进行跳合闸操作。具备监测开关分合闸状态功能，在未接收到命令的状态下检测到状态改变将当前开关状态主动上报至电能表。具备漏电流监测功能。具备过载、短路保护功能。

② 分支箱侧。分支箱进线及各分支出线均配置智能塑壳断路器，功能同上，实现电气量、出线端子温度及状态量的采集和拓扑识别。

③ 变压器侧。

a）变压器侧设备。变压器侧设备主要包括智能融合型终端、智能塑壳断路器、智能电容器、剩余电流动作保护器、环境传感器等设备。

b）智能融合型终端。

系统要求：

终端主控 CPU 应为安全可控的工业级芯片，主频不低于 700MHz，内存不低于512MB，Flash 不低于 4GB。安装经安全加固的嵌入式操作系统，支持在线升级。操作系统可支撑上层应用 APP 的独立开发及运行，并提供统一标注的外部及内部资源调用接口，实现上层应用与底层硬件解耦。容器运行于操作系统之上，提供应用 APP 所需统一标准的虚拟环境，完成应用 APP 与操作系统和硬件平台的解耦，实现不同容器中应用 APP 的隔离。应至少可分配三个容器。应用 APP 与操作系统解耦，支持独立开发；采用容器部署，支持"一容器、多应用"方式部署；支持远程和本地应用安装、升级、启动、停止和卸载，支持应用状态查询和异常监测。

功能要求：

终端具备计量、需量测量、费率和时段、交流模拟量测量及监测、负荷记录等功能，存储电压、电流、功率、电能量等电气量的功能，有功电能准确度等级为 0.5S 级，电量小数位数为 4 位。

终端支持电能表、智能塑壳断路器、蓝牙微型断路器等设备的数据采集、状态量采集、交流模拟量采集、直流模拟量采集。终端支持数据冻结，冻结周期以及存储深度可配置。

智能配电网供电可靠性管理

终端支持累加平均、极值统计以及区间统计，以实现电能质量统计分析以及其他业务统计需求。终端根据主站设置的事件属性自动判断事件产生或恢复，事件产生或恢复时，根据主站的配置决定是否需要上报，同时记录上报状态。

终端可同时与用电信息采集主站和配电自动化主站通信，与用电信息采集主站之间的通信协议应符合 Q/GDW 11778—2017《面向对象的用电信息数据交换协议》，与配电自动化主站之间的通信协议应符合 IEC 60870-5-101/104《基本远动任务配套标准传输规约》。

终端具备监测电能表运行状况，可监测的主要电能表运行状况有：电能表参数变更、电能表时间超差、电表故障信息、电能表示值下降、电能量超差、电能表飞走、电能表停走、相序异常、电能表开盖记录、电能表运行状态字变位等。终端具备与环境传感器、变压器状态监测传感器的接口，实时监测变压器工况与环境。

终端可通过 RS485 等通信方式与剩余电流动作保护器通信，实现对剩余电流动作保护器的分/合状态、剩余电流值、电压/电流以及越限和跳闸等告警信息的监测。终端可通过 RS485 等通信方式与智能电容器进行通信，实现智能电容器容量、投切状态、共补/分补电压等信息监测。

终端支持采集台区变压器侧框架式断路器、智能塑壳断路器的开关状态等信息。可通过 HPLC 等通信方式采集分支箱侧、计量箱侧智能塑壳断路器的开关状态等信息。终端支持拓扑识别特征电流的实时检测功能，可存储检测到特征电流的时间、强度等信息。

终端支持汇集处理电能表和断路器上报的停上电信息，并立即上报主站。终端应采用国家密码管理局认可的硬件安全模块实现数据的加解密。硬件安全模块应支持对称密钥算法和非对称密钥算法，支持营销和配电对应的两套密钥管理体系。

3）设计要求：智能电能表全覆盖、全采集，采集终端全面支持面向对象通信协议，上行通信采用 4G/5G、光纤等高速通信技术（含 TD-230MHz），下行通信采用 HPLC、双模等高速通信技术；接入采集主站的智能电能表、采集终端应满足全量数据采集要求。具备台区电能表失准监测能力、回路状态巡检功能、时钟对时功能（对时误差不超过 5s）、台区内全量数据采集率、日均采集成功率、远程费控成功率、电能表和终端停电事件上报准确率等指标均达到较高水平（长期维持在 99%以上）。

4）应用场景：

a）线损精益管理分析。综合采集台变侧总表数据，分支侧、表箱侧智能隔离开关和用户侧智能电表计量数据，计算出台变侧、分支侧、表箱侧 3 级及分相实际线损，实现台区线损分级、分相日监控。基于台区物理拓扑，根据线路结构特征等参数计算理论线损。主站计算理论线损和实际线损差值，量化降损空间。通过采集全面覆盖的电能表、塑壳断路器电能计量数据，模组化融合型终端可就地化获取变压器侧、分支箱侧、计量箱侧、用户侧供电链路上所有电量冻结数据，结合台区拓扑关系即可准确计算分析出台区总线损、分段线损及分相线损，有效支撑台区分级、分层线损的分析和管理。结合台区物理拓扑关系和各级分支线损异常点，精准定位线损异常位置，有效治理线损异常，提高台区的经济效益。

b）台区拓扑自动识别。基于智能感知设备、拓扑识别等技术/算法，实现低压台区电气连接拓扑的自动识别。用电信息采集系统主站通过模组化融合型终端下发特征电流发送命令至多芯模组化电能表，通过计量箱侧、分支箱侧、变压器侧各级智能塑壳断路器及模组化融合型终端采样检测特征电流信号，实现台区"变–线–箱–表"拓扑关系及相位的自动识别。

c）台区内客户侧用电负荷辨识及优化。具备台区内用户大功率电器负荷辨识能力，分析"煤改电"、"农排"等特殊用电用户设备特征，建立特殊用电用户分析模型，实现运行周期内的负荷变化规律有效识别，采取有效措施调节用电负荷。

d）居民智慧用能感知响应。通过安装负荷辨识设备、随器计量、智能插座、智能物联电能表等智能设备，或者通过云云对接方式，实现家用电器设备状态感知和远程调节。在电网侧，基于台区负荷运行监测和预测情况，将空调、热水器等用户可调负荷纳入需求响应，进行设备能效诊断与运行优化调控，同时实现用户负荷集成、与电网互动及打包交易等功能，实现台区负荷削峰填谷，推动台区源网荷储高效协同运行；在用户侧，精准分析居民家用电器用电数据，智能识别用户用电规律和特点，对客户进行节能潜力评估，通过营销线上服务渠道，有效引导用能方式改善。

e）用户耗能分析和安全监测预警，开展居民家用电器耗电量长期跟踪，建立用户电器安全诊断分析模型，辨别电器用电异常、老化、短路等故障隐患，提供家电设备用电安全隐患诊断、故障停电信息主动推送、节能家电替代咨询、电器维修等增值服务。通过烟雾、温度等特征数据采集，推送火灾等预警消息至消防部门，辅助消防部门对居民用户安全用电监管。通过"多表合一"数据采集或水电气计费系统级数据融合贯通等方式，提供一站式综合缴费服务。

f）低压台区停窃电信息主动预警及停电事件主动上报。各级物联网智能断路器内部集成窃电及停电感知算法，通过采集到的电流来判断分支或用户是否存在停电及窃电异常，判断准确率达99%，并自动生成停电及窃电事件和位置定位的信息包，在30s之内上报至主站，为实现故障停电主动抢修，窃电异常主动稽查提供了有力支撑。基于电能表、断路器的停电主动上报，结合台区拓扑关系，实现停电故障区段、停电客户的综合自动研判和快速、准确定位，变"被动抢修"为"主动抢修"，提升客户服务水平。

2. 充电桩的应用场景

（1）目的与意义。为支撑"碳达峰、碳中和"国家电网行动方案的落地，落实国家绿色低碳转型和电动汽车产业发展战略。在满足电动汽车行驶要求的基础上可以通过对电动汽车充放电时间的有序控制和功率的柔性控制，并允许电动汽车储存的电能上网，从而实现电动汽车与电网能量、信息的双向智能交互。

通过台区融合型终端,实现对台区内电动汽车充放电时间的有序控制和功率的柔性控制和充电桩群充放电功率的协调控制。依据配变实时负载率与电动汽车充放电需求，实现对电动汽车有序充放电的高效管控，可以深入挖掘电动汽车动力电池储能价值，同时使配变负载资源得到合理分配，提高配网设备利用率，缓解台区变压器重载过载，并减少电动汽车放电接入电网时，对电网的电压、无功、谐波的影响。

（2）现状分析。电动汽车是客户侧重要的可调、可控灵活资源，电动汽车充电设施等新型用能设备与电网中传统电源和感应电机相比，其动态特性、控制方式存在显著差异，随着电动汽车保有量的增长，其对电网平衡的影响越来越大。大量电动汽车接入电网无序充电将造成常规用电负荷和充电负荷叠加，加剧电网高峰负荷水平，并引发配电网电能质量问题。

目前，电动汽车充电设施接入配电网缺乏引导性规范和技术手段，国内大部分电动汽车用户所采用的充电方式为"无序充电"，充电设施受控于车辆，完全按照用户停车时间自主决定，未考虑与电网的交互特性。少量有序充电功能可通过智慧车联网平台按照电网运行要求，制定有序充电控制策略，但由于与配电自动化主站和台区智能型融合终端无信息交互，无法通过用电信息采集系统获取台区数据，并按照台区进行负荷控制。导致充电设施的灵活性可控性无法有效发挥，导致充电设施及其蕴藏的能量无法对配电网实施有效的互动支撑。

同时配电网对海量用户侧资源的管控压力不断增大，配电网相比大电网其安全运行对源荷的快速支撑有更强要求，现有负荷通过聚合商、虚拟电厂等手段接入配网调度，响应速度慢，而通过铺设光纤对海量新电源和负荷实时管控经济性和可操作性较差。随着新一代通信技术的发展和台区智能型融合终端设备的应用，能够通过基于台区智能型融合终端的本地控制实现规模化电动汽车充电设施与配电网多层次互动，实现充电设施参与配电网稳定支撑和对电动汽车充电设施有序充放电的精准、实时管控，从而实现电网公司与用户在电动汽车领域的信息互动、数据共享与价值共享。

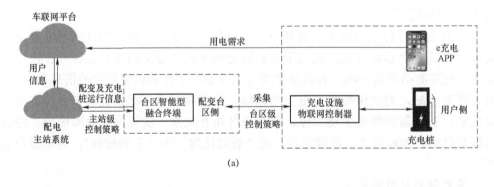

(a)

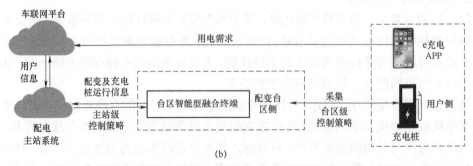

(b)

图 4−50　基于台区智能型融合终端本地的控制架构图
（a）通过物联网控制器进行规约转换和软加密；（b）直接通过融合型终端

目前大多充电桩运营商平台还是各自为政，跨运营商之间的支付和信息共享存在壁垒，产业链资源共享不足，导致充电设施的数据信息互联互通性较差。因此亟须推进基于台区智能型融合终端的有序充放电本地控制。同时，由于台区智能型融合终端支持就地化保护控制，增加了群控攻击事件发生的几率，电动汽车充放电设施作为典型配网二次设备，对其在运行状态监测、身份鉴别、数据安全传输及存储方面的安全性、可监控性要求逐渐增加，因此，在台区智能融合终端加密的基础上，需要考虑充电设施运行数据导出链路及数据加密的方法。

（3）实施方案。有序充放电管控可通过基于台区智能型融合终端本地的控制实现。

配电系统主站系统，和台区融合型终端制定并提供不同时间尺度的电动汽车有序充放电管理控制策略。配电主站系统接收台区融合型终端上送的配变运行数据，并与车联网平台交互获得用户有序充放电需求及响应信息，从而结合全局需求生成主站级调控策略。车联网平台通过手机客户端 e 充电 APP 收集用户充放电需求及响应信息。配电主站系统同车联网平台进行数据交互，获取用户有序充放电需求及响应信息，同时下发主站级有序充放电管理控制策略至台区融合型终端。

台区融合型终端具备采集、监测、分析决策、控制功能。台区融合型终端实时采集电动汽车充电桩运行状态数据、电量数据、告警事件等信息，全台区基础运行信息、电能质量信息、配网运维信息、配网模型信息、主站终端协同控制信息、需求侧管理信息等信息，并为配电主站系统提供实时运行数据。台区融合型终端能够进行边缘计算分析和决策，能够结合配变运行数据、充电桩实时运行数据、用户充放电需求及响应信息、主站级有序充放电控制策略，通过边缘计算生成可下发充电桩/充电站执行的台区级有序充放电控制策略，实现对台区内电动汽车充电桩的启停控制、柔性功率调节控制管理，有效减轻配电主站系统的通信压力。

可在充电桩/充电站加装充电设施物联网控制器，充电设施物联网控制器安装在充电桩/充电站侧，集通信连接、规约转换、通信接口转换及运行控制的链路加密功能于一体。基于所建立的信息交换模型，实现充电设施运行状态数据导出及实时上传，转发由台区融合型终端制定并下发的控制或调节指令给充电桩/充电站执行，实现对电动汽车充电桩启停和功率柔性控制。充电设施物联网控制器采用 RS485/以太网口与充电桩进行交互，通过载波/LoRa/Mesh/无线的方式将充电桩的实时运行数据上传台区融合型终端，无需改变原有的系统架构，实施方便易行。

1）实现构架。智能融合型终端与充电设施的交互方案在满足实现基础有序充电控制的同时兼顾了台区与配电主站系统的交互，台区融合型终端接收充电桩数据，并连同采集的配变信息上传配电自动化主站。智能融合型终端是充电桩/充电站充电管理的决策管理中心。基于智能融合型终端边缘计算控制实现对充电桩信息建模、网络监控、协调控制，和对充电桩的运行状态感知，状态智能管控。提升了对电动汽车充电设施的精益化管控水平和配电网运维管理水平。

智能配电网供电可靠性管理

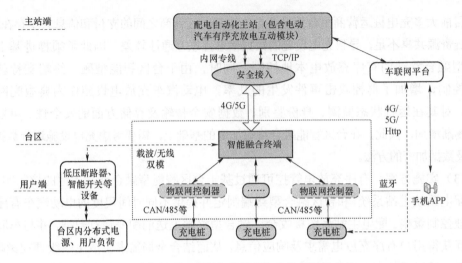

图 4-51　基于融合型终端的充电桩管控拓扑构架

2）充电管理策略。

① 充电管理策略。智能融合型终端或集中器预测日前配变负荷，结合台区电动汽车充电需求负荷，预先计算台区配变在各个时段可用充电功率，生成台区日前充电负荷规划。

针对预测的台区配变可用充电负荷，智能融合型终端或集中器管理充电桩充电资源分配，在超过配变安全运行阈值时调整或中断部分充电负荷。

基于家用交流充电桩均为单相接入的考虑，充电管理策略是针对配变单相的负荷优化和充电桩调度，配变三相采用相同的控制策略，三相独立优化，互不影响。

② 充电负荷优化策略。充电负荷优化策略是基于台区日前配变负荷预测，满足台区电动汽车充电需求、台区配变功率限制，基于负荷优化需求，得到台区日前充电负荷规划。

a）负荷优化需求。配变台区负荷优化需求包括错时、填谷、平稳、安全、经济几个方面。

错时：将个人充电桩的充电时间与居民生活用电高峰时段错开，将企业内部充电桩的充电时段与企业生产高峰负荷错开，避免充电高峰负荷与生活生产高峰负荷叠加。

填谷：居民电动乘用车的晚间停车时间很长，可充分利用晚间低谷时段充电，提高电网低谷负荷。

平稳：电网负荷低谷时段是弃风原因之一，在晚间低谷时段的台区平稳负荷有利于清洁能源的消纳。

安全：在负荷高峰时段，防止因不接受充电管理的负荷过大造成配变重载，保障居民生活用电。

经济：合理安排充电负荷，尽量使配变运行在经济运行区间，节能降损。

b）负荷优化策略。台区配变负荷优化策略的主导思想是，根据电动汽车需求的总能量和电网基础负荷曲线的高低变化，在时间维度上把电动汽车所需求的总能量分配到负载曲线上，使台区内电动汽车充电后的总负荷曲线相对平直稳定。同时，根据用户电动汽车SOC状态结合电网日负荷特征，给出推荐充电日及推荐充电区域。

c）策略修正。为降低预测误差对充电计划的影响，当发生以下情况时，应进行充电管理计划修正：

每日零点之前，对准备执行的充电方案重新审视，重新计算充电负荷，发现配变负载率超出经济运行上限时；

配变基础用电负荷预测、充电负荷预测与实际偏差较大，导致配变实际负荷与计划负荷偏差超过阈值时。

③ 充电负荷分配策略。电动汽车充电管理控制调度策略以实际调度结果与充电功率规划偏差的绝对值最小为目标，充分考虑用户充电管理需求，得到每辆电动汽车的最优充电时序。

a）用户充电需求。

便捷：充电操作简单方面，不能有繁琐的操作要求，在手机APP和智能充电设备的辅助下，应能提供比简易充电桩更简单灵活的操作方式，能随时获取充电进展状态。

自主：参与充电管理完全自愿，参与充电管理不能影响到充电目标的达成，不能影响用车出行。每一次充电可任意选择是否参与充电管理，充电过程中可随时变更或退出。

省钱：参与充电管理，利用优惠电价，分享公用充电设施，能降低充电成本，享受共享经济带来的利益。

b）充电资源分配策略。对签约用户，按照先请求先处理的原则，以当前请求桩充电时段内总体充电功率不超过充电功率规划值为依据，按时间最早进行安排，给出当前请求桩的充电时间计划以及预计充电完成时间，并将分配结果反馈给用户。

对非签约用户判断充电时段是否与负荷高峰时段重叠，提示可能出现的充电暂停。

c）因配变超载而需要降低充电负荷的策略。智能融合型终端或集中器对配变进行实时负荷监测，当监测到配变出现超载情况，向平台告警，并按以下策略暂停部分充电负荷。

首先，将签约用户的充电负荷调整到最低。计算每个充电桩用户的时间裕度（剩余充电时间/剩余充电电量），优先暂停时间裕度大的用户。

其次，暂停非签约用户充电桩。按照电动汽车接入时间，优先暂停接入时间晚的用户。对于不响应暂停指令的充电桩，通过电能表费控指令直接中断。

配变超载情况消除后，按照暂定充电负荷相反的顺序依次恢复充电负荷。

④ 策略修正。当发生以下情况时，应进行充电管理计划修正：

a）充电负荷优化策略更新后；

b）有新的车辆接入且当前充电计划无法满足用户充电需求，重新编排充电计划可满足用户充电需求时；

c）当超过 20%充电负荷在配变负荷高峰接入充电时。

⑤ 仿真与测试。

a）针对台区重过载问题。根据典型馈线运行曲线和过载台区数据，过载台区平均容量小于 400kVA，平均过载 10%，过载时间一般不超过 2h。

通过在典型过载台区配置 4 台 15kW V2G 充电桩，即可提供 60kW 双向可调节功率，满足典型过载台区调节需求。

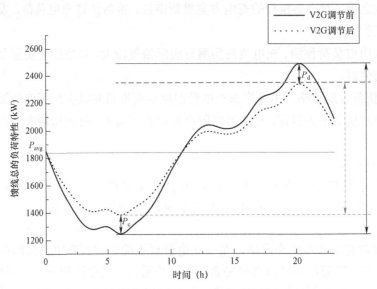

图 4-52  有序充放电控制对台区过载的调节效果

b）针对台区三相不平衡的调节。通过柔性互动充放电模块可实现向电池充电、向电网放电的有功功率、无功功率双向连续可调的四象限输出。

3. 提升低压用户用能服务应用场景

（1）目的与意义。通过融合终端与用户智能电表交互，与配电云主站、营销系统数据贯通，进行低压用户数据采集、边缘计算分析及数据上报，实现台区供电方案优化与用电可视化、停电准确定位与精准透明发布、负荷特性识别与用电用能优化，更好地提升低压用户的用电服务水平。

（2）现状分析。随着电力物联网建设的推进，深化开展基建全过程综合数字化管理平台建设等必要措施有待逐步落实。其中，在电网用户用电侧，传统的用户用电方式效率较低，阻碍了电力公司和用户之间的信息交互与管理。为响应国家"碳达峰""碳中和"战略，实现节能减排政策，需要探索面向低压居民客户的智慧能源服务新模式，以提升客户体验和用能服务水平为目标，实现居民客户与电网的友好互动。综合运用物联网、大数据、云计算、移动互联网和人工智能等新一代信息通信技术，构建集融合终端、感知终端、智慧服务云平台和多样化用能服务于一体的智能用电生态体系，开展基于用户画像的负荷特征识别、用能优化、新能源接入、能源交易、电力积分、需求响应互动等精准服务，形成电网公司、政府、家电厂商、互联网公司多方共建共赢的生态模式。

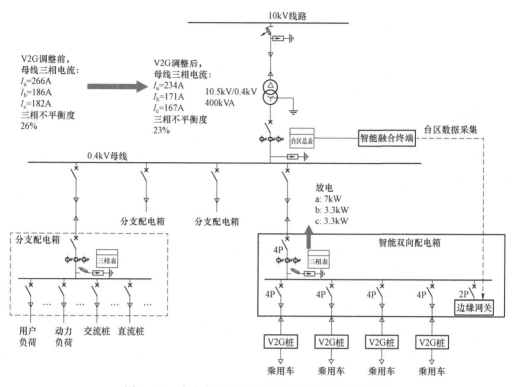

图 4-53　有序充放电控制对台区三相不平衡的调节

（3）实施方案。

1）供电方案优化与用电可视化。依托配电物联网，通过中低压配电网全息感知，开展基于配网及设备承载能力的可开放容量综合计算，同时综合考虑客户用电需求及增长趋势、主配网规划计划、设备通道路径造价等，为客户提供最优供电方案，利用融合型终端各类 APP 微应用，实现用电客户接入的线上全景展示和交互。

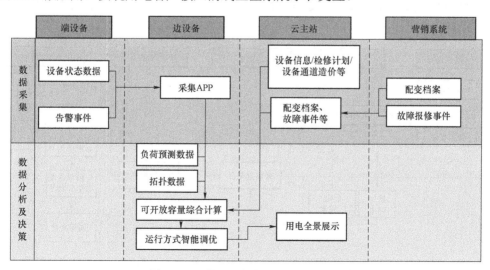

图 4-54　供电方案优化与用电可视化

① 业务流：通过配网负荷数据准实时接入，利用云计算手段，实现中低压配电网运行情况的全息感知，开展基于配网及设备承载能力的可开放容量综合计算。根据配网历史同期运行状态、负荷高峰期时段分布，以及当前配网负荷变化趋势，实现配网月、周、日用电需求预测判断。根据配电网拓扑结构，同时综合考虑客户用电需求及增长趋势、结合主配网规划计划、设备通道路径造价，实现配电网运行方式的智能调优。基于 GIS 系统实现配电网异常停运，运维检修的信息汇集，实现单位负载分布、停运分布、异常分布、巡视检修分布实现基于地理信息化的电网态势管控。通过移动终端完成非抢修类服务事件的接单、处理、回复等，通过优化推单派单流程，使班组处理各类工单更顺滑便捷，加快满意度非抢类服务时间处理速度，进一步提升供电服务水平。

② 数据流：中低压全景感知阶段：从用电信息采集系统获取用电负荷信息、配变停上电事件和智能表计的停上电事件、从 95598 系统获取故障报修事件。

供电方案计算阶段：从 PMS 系统获取配变信息，并根据配变标识在营销系统中找到对应配变档案，获取配变的额定容量，基于从用电信息采集系统获取的用电负荷数据计算配变的可开放容量。从配电自动化系统获取配电网拓扑结构，从 PMS 系统获取检修计划信息、设备通道路径造价，通过供电方案计算分析实现配电网运行方式的智能调优。

用电全景展示阶段：从 95598 获取用户服务申请信息，下发至非抢工单处置人员手持 APP，手持 APP 将用电服务全过程录入并回传至指挥中心进行用电服务交互，指挥中心可在 GIS 实时获取人员位置信息与工作负载，实现用电全景展示与服务可视化。

2）停电准确定位与精准透明发布。利用融合型终端和边缘计算，为用户提供末端配网事件处理服务，监视并主动发现用户用电异常，制定解决方案并提供处理服务；同时结合智能感知的停复电事件，云端自动识别停电影响范围及重要敏感用户，自动生成结构化停电信息并通过短信或微信等手段，点对点精准推送至用电客户，全面提升客户的用电体验和互动感知。

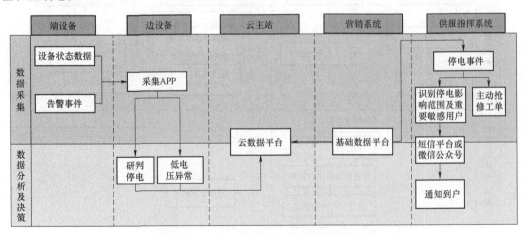

图 4-55　停电准确定位与精准透明发布

①　业务流：智能化供电服务指挥系统省级应用与存储服务部署在省侧服务器，通过 OGG 方式访问省营销基础数据平台获取用户/计量点/表计等档案信息与台区停电、低电压等异常事件，进行上级停电事件过滤，推送主动抢修工单进行处置，其中用户用电异常事件是通过部署新型融合型终端及智能电表，结合 HPLC 等新型技术，构建台区停电、低电压等异常事件计算模型，通过融合型终端进行边缘计算，实时精准研判得出的结果，回传至用电信息采集系统主站，同时采用 OGG 方式推送省营销基础数据平台。同时，智能化供电服务指挥系统根据台区停电事件，自动生成结构化停电信息，结合变－户关系识别停电影响范围及重要敏感用户，应用 WebService 方式将通知信息推送至短信平台或微信公众号，再将信息发送至用电客户，完成停电信息通知到户工作。

②　数据流：停电准确定位与精准透明发布的整个信息流如图 4－56 所示。

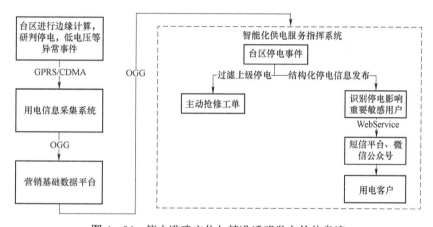

图 4－56　停电准确定位与精准透明发布的信息流

a）智能终端边缘计算阶段：新型台区集中器及智能电表，结合 HPLC 等新型技术，构建台区停电、低电压等异常事件计算模型，通过边缘计算，实时精准研判出结果。

b）主动抢修工单生成阶段：基于站－线－变－户关系，过滤上级停电事件，保证主动抢修工单的有效性。

c）停电信息发布阶段：基于变－户关系，识别停电影响范围及重要敏感用户，应用 WebService 方式将通知信息推送至短信平台或微信公众号，再将信息发送至用电客户，完成停电信息通知到户工作。

以庞大海量的客户用电行为数据为基础，对家庭、企业不同客户群体的用电行为特征进行识别并画像，通过配置合理的中低压终端，为用户提供关键运行及服务信息，包括提供台区直至用户户内的用电和电能质量信息，结合采用户用能特性，为客户提供包括电能质量治理、用电用能的优化策略，提升用户电力获得感。

a）业务流：融合型终端通过各监测点低压感知设备收集台区实时电压、电流、有功、无功、谐波等数据；融合型终端通过与智能电表的信息交互收集用户的实时电压、电流、有功、无功、谐波等数据。通过收集到的海量用电数据，基于边缘计算分析，对家庭、企业不同客户群体的用电行为特征进行识别并画像，精准定位目标客户，分析出用户的用电功率、用电设备运行情况及其功率情况、用电习惯、电能质量等负荷特性。融合型终端把用电负荷特性推送给配电自动化主站，主站根据这些数据及用户关联，更科学分析出用户用电用能优化策略，并实时推送给客户，以提升客户用电质量和用电体验。

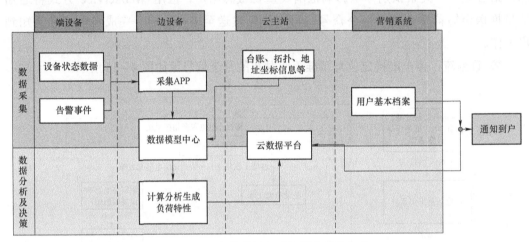

图 4-57　负荷特性识别与用电用能优化

b）数据流：基于营配融合的原则，融合型终端首先通过配电自动化主站从 PMS 系统中读取低压台区设备台账、电气拓扑、以及各个设备及用户的地理位置信息，再通过电压感知设备、智能电表等汇集的电压、电流、功率、谐波等用电信息，结合客户的历史负荷模型，计算生成各客户用电负荷特性，并上报配电自动化主站。配电自动化主站通过营销系统获取户表档案信息，生成客户用电用能优化策略并推送个客户。

**（四）家庭负荷调控应用场景**

（1）目的与意义。随着经济的发展以及清洁能源的大力推广，使得低压形成聚合传统用电负荷、电动汽车充电设备、分布式电源（分布式光伏和小型风机）、小型储能装置等多种类型设备的低压网络。这样的配电网网络一方面可以解决配电网改造投入高、利用率低、充电桩接入难等问题，另一方面可以促进就地消纳，提高清洁能源的利用效率。

然而大规模分布式电源、储能和电动汽车等电力电子装置分散接入配电网，极大地增加了电网复杂性和管控难度，致使出现台变负载波动性大、配变短期超容、平均负荷利用率低、台区潮流倒送等问题，给配电网运行经济性和供电可靠性造成了重大影响。

考虑台区电动汽车负荷、分布式电源、和储能的接入，对不同类型设备进行建模，分析传统负荷的可调节和可移动特性、储能设备的双向潮流蓄能特性、电动汽车的可有序充电的特性,研究台区负荷协同优化策略,协同家庭负荷资源和电动汽车充电桩资源,以解决台变重载问题为目标,设计日前重载优化和实时重载优化策略;以增强台区负荷的可中断能力为目标,设计紧急控制策略,在中压故障局部供电能力不足时提供可中断资源支撑;以增强台区的可调度能力为目标,设计日前峰谷平滑优化和参与电网需求的优化策略。从而实现配电低压台区内"网-源-荷"的灵活互动,满足包括电动汽车的居民负荷的用能需求。

(2)现状分析。随着我国城镇居民生活水平的提高,居民用电量呈飞速增长的态势,近些年来新增用电量中居民用电的比例高达 38%;空调等非生产负荷急剧增长,已成为电网高尖峰负荷的主因,导致电网峰谷差持续增大。空调高峰负荷占比达到 1/3 甚至 40%,局部地区超过 50%。为应对日益扩大的峰谷差,每年需投入巨资用于电厂和电网的建设,但这些发、输电设备年利用小时低,调峰成本高,而真正发挥作用的仅为 60~70h,造成了社会资源的极大浪费。此外,居民用电还呈现用电行为复杂、综合能耗高、与电网互动能力较弱等特点,对居民用户开展用电分析和双向互动的重要性日益凸显。针对居民用户开展负荷协同优化策略研究及实践,是缓解电网供需紧张重要的解决途径。

(3)实施方案。通过台区融合型终端实现对台区范围内的不同类型家庭负荷、户用电动汽车充电桩、公用电动汽车充电桩、公共区域光伏、农用设备的数据采集与调控。设备可通过 HPLC 直接与台区融合型终端通信。

1)负荷协同优化策略。

① 控制目标。

a)配变重载时用电负荷消减,减少超容风险;

b)优化减少台区负荷峰谷差,提升配网负荷利用率和清洁能源消纳能力;

c)电网供电异常时的应急减负荷响应;

d)提供家庭能用优化辅助服务。

② 可调控设备建模。将包括不同类型家庭负荷、户用电动汽车充电桩、公用电动汽车充电桩、光伏、户用储能的所有可调节设备视为负荷,可分类为储能型负荷、可调节负荷及可转移负荷、电源型负荷。

这里储能性负荷的特点为潮流双向、可蓄能,主要针对户用储能;

可调节负荷的特点为负荷功能可根据舒适度需求进行调节,主要针对空调和农用设备;

可转移负荷的特点为负荷使用时间可根据特定的需求进行调节,主要针对热水器、洗衣机和电动汽车充电桩。

电源型负荷功率流向电网,主要针对光伏发电。

③ 家庭用能优化目标。以家庭单体负荷设备为对象,以居民家庭整体用能优化为切入点,综合统筹台区不同类型负荷资源,开展居民家庭智慧用能优化控制策略研究。优化目标主要包括以下三个方面:

a）参与需求响应及电力市场辅助服务：当家庭智慧用能服务平台接到电网负荷调节指令时，制定控制策略，统筹台区可调负荷资源，挖掘居民家庭可调潜力，开展需求响应与辅助服务，保障电网安全运行；

b）台区能效最优：通过日常台区多目标协同优化，统筹光伏出力、电动汽车充电、储能和家庭负荷资源，制定台区能效最优的协调控制策略，实现削峰填谷、清洁能源消纳和台区经济运行等目标；

c）居民用能成本最低：依托云计算、大数据、人工智能等技术，通过有效利用分时电价和补贴政策，考虑用户行为习惯和保证舒适度的前提下，优化家用电器用能时段，调节设备运行功率，实现降低家庭整体用电量、节约费用的目标。

2）融合型终端技术功能需求。

① 融合型终端功能需求。融合型终端实现功能包括边缘计算、规约转换、通信接口转换、模型的建立及就地采集机制的实现。就地实时采集参与负荷调节的智能家电（空调、电热水器）的运行状态、设定参数、当前运行数据（工作电压、电流、房间温度、水温）以及异常事件等信息，对空调和电热水器按智能化程度不同分别建模，基于信息交换模型，将空调和电热水器的状态信息送用电信息采集系统"家庭智慧用能模块"以及网上国网"客户智能家电"模块，实现家庭主要负荷设备的信息建模、状态感知、协调控制。

a）家庭空调状态采集和远程调节功能。通过融合型终端 HPLC 信道与随器计量的空调（智能插座）通信，实时采集空调的起/停状态、电压、电流、功率、开机时刻、关机时刻、设定温度、室内温度和告警事件等信息，具备 15min 平均功率统计、开关状态、用户自行操作事件记录功能；支持主站向终端远程下发预置空调计划开机、计划关机、预设温度、风量定值，向融合型终端下发日前需求响应计划，融合型终端定时启停用户空调设备。

b）家庭电热水器状态采集和远程调节功能。通过融合型终端 HPLC 信道与随器计量的电热水器（智能插座）通信，实时采集电热水器的运行状态、电压、电流、功率、告警事件等信息，具备电压、电流、功率、运行状态、告警事件读取等功能，实现电热水器运行状态、故障事件的定期和实时采集；能通过终端边缘计算，利用基础采集数据分析电水热器的能源效率；支持主站向终端远程下发预置电热水器计划开机、计划关机、预设水温定值，向融合型终端下发日前需求响应计划，融合型终端定时启停用户电热水器。

c）非介入式负荷辨识数据采集功能。融合型终端通过 HPLC 信道负荷辨识型智能电能表通信，对智能电表用户负荷辨识结果以及计量数据采集，实现 15min 级各类主要家电电量、启停机次数等数据采集功能，并上传用电信息采集系统。

② 融合型终端技术需求。融合型终端应具备 HPLC 通信等功能，对随器计量家电设备的运行状态数据的采集更新频度为 1min，异常情况下不大于 5min，远程调控指令下发执行的延迟少于 5s，状态反馈时长少于 5s，满足用户和主站调控实时通信要求。

融合型终端应采用微应用架构，满足全台区多能源负荷协同控制应用场景下的 APP 应用，微应用之间应能进行数据交互，考虑到微应用开发类型繁多，微应用之间应基于数据中心的消息机制进行交互，避免私有通信，实现数据交互解耦。

（五）源网荷协同应用场景

1. 目的与意义

高渗透率分布式源、荷分散接入给低压台区带来新能源消纳、高效管控、经济运行以及电能质量治理等一系列问题。面对当前交流配网末端供电能力亟须提升，供电品质亟须提高的挑战，"碳中和"、终端电气化率提升、大规模分布式能源并网及新基建、直流快充桩大量接入的需求，基于微电网技术，通过融合型终端对增量资产的智慧监管可对台区内源、网、荷、储进行多时间尺度的并网、离网统一管控，优化系统运行工况，提高清洁能源消纳效率，并提升台区电能质量及供电可靠性。针对新农村建设中同一地区但不同台区间负荷的时空互补特性以及当前城市中心部分台区存在重载及短时过载的工况，通过低压柔性直流互联，近期可实现配网末端系统正常运行时的动态增容和故障下的转供电，延缓增容布点投资，提升供电可靠性，提升分布式电源接纳能力；远期可通过低压交直流灵活组网，适应规模化多模式源、荷便捷接入，实现柔性高效互动目标，为配电网的经济及可靠运行提供了一种新的技术手段。

2. 现状分析

当前台区大多采用单变压器，单线路供电的形式，可靠性较低，各台区间供电独立，缺乏统一协同管控。在农村地区，随着美丽乡村的建设，政府打造乡村电气化工程的推进，接入公变容量开放增大，原有的单电源供电已难以满足日益增长的用电容量和高可靠性需求。此外，同一片区因经济结构不同，常出现季节性负荷波动，小工业负荷接入台区因"煤改电"而导致部分台区负载率上升，且台区之间因开环运行并不能分享彼此的剩余容量，导致相邻台区负载率不均衡的情况愈发凸显。另一方面，随着电动汽车充电站、数据中心、直流家电、通信设备等直流负荷的日益增长，以及光伏等直流分布式电源的大容量、高比例分散接入，当前配网源－荷－储直流特征愈发明显。

针对上述问题，现阶段已有的解决方案主要分为以下三种：① 以台区各类传统负荷、新型负荷以及分布式光伏为基础，配置一定容量的储能构成微电网，以实现自我保护控制和能量管理，同时对分布式光伏进行就地高效消纳。典型工程如蒙东分布式发电/储能及微电网接入控制试点工程；② 多微网集群系统通过广域对等互联和自治消纳控制以最大程度适应大规模分布式电源接入配网的动态特性，典型工程如广西桂林兴安县猫儿山微网群工程。偏远地区微电网以及多微网集群的群控群调可解决的是源、荷直流化以及分布式光伏的消纳问题，季节性负荷波动，终端电气化率提升，台区间负载率不平衡的问题仍未得到有效解决。③ 通过配置应急柴发或移动储能装置，解决短时负荷高峰，保证重要负荷供电或是用于应急抢修，但其无法解决高渗透率光伏消纳的问题，且负载较轻台区的剩余容量仍未得到充分利用。

3. 实施方案

（1）台区微电网应用场景。通过多能源互补、负荷管理和储能设备的支撑，微网可以平抑系统内部的功率波动，减轻或避免分布式能源和负荷的随机闪变给电网稳定性带来的冲击。在大量分布式、集中式光伏与可控负荷接入的台区，构建基于微网的台区分布式发电系统，不仅能够容纳更多绿色环保的新能源发电单元，提高能量利用效率，而且能在现有电力基础设施下，增加整个台区的供电容量，改善电能质量，提升电力系统稳定性。

基于融合型终端的台区微电网二次架构如图 4-58 所示。保留原有交流负荷形态，通过单台 AC/DC 双向换流器接入直流型源、荷，同时配置合适容量的储能装置，端侧设备与融合型终端可通过 RS485 或以太网的方式进行通信，依托融合型终端对分布式光伏、储能等新能源的综合接入管控，结合配电台区综合运行工况，形成符合用户用能方式的新能源工作策略，以协助用户开展电源管理，优化设备工作性能，达到配网双向潮流有序化、台区负荷动态平衡调节，进而有序引导分布式光伏、储能等新能源工作，柔性调控用电负荷分布，从而达到削峰填谷、提高电网设备利用率的效果，同时还基于云主站侧台区负载约束和激励机制，在用电高峰期，对可调节负荷进行精准功率调节，对参与响应的用户给予补偿，缓解配网高峰压力，保障配网安全运行。

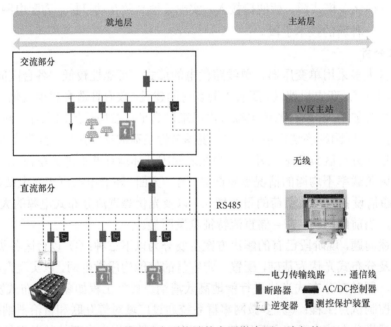

图 4-58 基于融合型终端的台区微电网二次架构

（2）多台区柔性直流互联场景。在负载率差异较大的台区低压侧加装直流柔性互联装置，选配合理容量的储能设备，就地接入光伏、充电桩，依托全寿命监测系统实时监控设备运行状态。通过打造负荷均衡和能量优化控制体系，基于融合型终端实现台区间互联协同自治运行、优化电能质量。正常运行时，根据各台区主变容量和当前实际源、荷分布，自动调整互联点潮流，均衡台区负载，实现动态增容；故障时，通过其他台区或储能装置进行供电，提升供电可靠性。

多台区柔性互联可采取集中式部署和分散部署两种主要模式,其中集中式部署模的特点为:

1）各台区由低压侧一路交流电缆引出,并通过 AC/DC 换流器连接至公共直流母线。

2）可根据需求采用放射状、分层式网络结构和母线结构。

3）直流侧预留接口,可根据实际需求接入充电桩、风电、光伏、储能、直流路灯等。

4）其中柔性互联装置、直流母线及直流侧开关可集约化配置,结构简单、建设经济、便于集成。该结构适用于供电可靠性要求不高,直流负载相对集中、"煤改电"、季节性负荷接入与居民住宅台区间互联互供的场景。选配合适容量的分布式储能装置,引导有序充电,削峰填谷,缓解台区尖峰负载率。

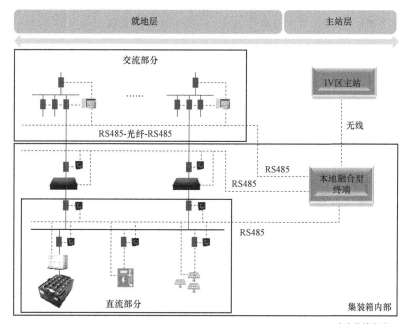

图 4-59 基于融合型终端的集中式部署多台区柔直互联二次架构

分散式部署的特点有:

1）各台区低压侧一路交流出线通过 AC/DC 换流器连接就地直流母线,台区间通过直流电缆和直流开关互联。

2）可根据需求设置分层式网络结构,或与集中式供电结构结合设计。

3）直流侧预留接口,可接入充电桩、风电、光伏、储能、直流路灯等。

4）供电范围大,结构简单、可扩展性强。该结构适用于容量较大、供电可靠性要求较高、大量分布式电源就地接入、负荷空间特性不匹配的台区互联场景,可解决无功容量不足、分布式电源接入引起的末端电压升高等问题。也可选配合适容量的分布式储能装置,在缓解台区尖峰负载率的同时提高分布式能源消纳能力。

207

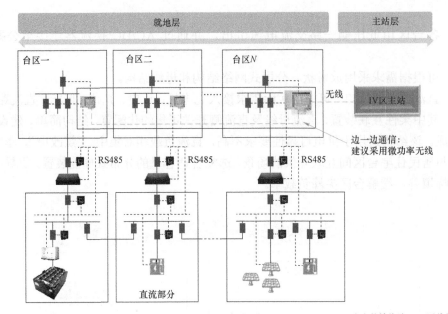

图 4-60 基于融合型终端的分散式部署多台区柔直互联二次架构

多台区柔性互联系统系统在实现台区功率互济，负载均衡，故障转供及容灾备份等功能的同时，还可实现：

1）应对交流冲击性负荷，实现台区电压无功动态支撑；

2）采用适当的接线形式实现谐波及三相不平衡的综合治理；

3）适应规模化直流型源、荷接入，构建柔性高效互动的区域自治多端互联交直流混合微网。

多台区低压柔性互联系统在升级和发展中也将与配网侧已有的业务系统深度融合，将柔直互联系统纳入现有的台区业务系统并匹配当前配网的运行和管理规范，其中最核心的是与现有台区管控中枢智能融合型终端实现灵活交互。基于智能融合型终端信息采集、物联代理及边缘计算功能，充分调研收集台区的历史运行数据及源、荷运行特性对柔性互联系统进行不同时间尺度的能量管理。其中，在集中式部署模式下，互联系统可独立配置融合型终端，并部署能量管控 APP，本地融合型终端与台区侧终端可通过有线或无线方式进行通信，获取其他台区的运行工况，并将就地信息通过本地终端上送至主站端。

在分散式部署模式下,可选取其中一个台区的融合型终端作为主融合型终端部署能量管控 APP，进行各台区的信息汇总处理及计算，再将指令分发给从融合型终端进行协同管控。受限于分散式互联台区间较长的地理距离，分散式部署宜采用无线方式进行融合型终端间"边-边"交互。

# 第三节 配电网不停电作业技术典型应用

国家电网有限公司坚持以客户为中心，以提升供电可靠性为主线，通过提升不停电作业精益化管理水平，不断增强工器具（装备）配置力度，创新不停电作业技术，完善不停电作业培训体系等举措，打造国内一流不停电作业队伍，推动配网作业由停电为主向不停电为主转变，为建设具有中国特色国际领先的能源互联网企业提供强大支撑和有力保障。

## 一、中压不停电作业应用实践

### （一）概述

近年来，国家电网有限公司按照"能带电、不停电"的总体要求，大力推进配网不停电作业高质量发展，逐年强化配网不停电作业的制度保障、人员保障、资金保障，有序推进各类配网不停电作业项目的开发和人才的培养，推动配网不停电作业向人员更加精干、装备更加精良、指标更加优秀发展。随着带电作业技术的迅速发展以及作业项目的不断完善，配电网作业方式从停电作业向以停电作业为主、带电作业为辅进一步向不停电作业的方式转变，带来了良好的社会效益和经济效益。

国家电网有限公司将配网不停电作业项目划分为 4 大类、共计 33 项，不仅涵盖 10kV 架空及电缆线路所有设备的不停电检修，同时在配网抢修、用户保电等工作中也发挥了较大的作用。各单位严格执行《10kV 配网不停电作业规范》等 50 余项国标、行标和企标，严格规范安全技术要求、人员要求、工器具技术条件和维护保养、作业流程。与此同时，对带电作业人员进行严格的培训和考核，要求参培人员熟练掌握不停电作业理论知识、工具装备使用方法和现场标准化作业流程。在现场作业中，严格按照《国家电网有限公司电力安全工器具管理规定》《带电工器具库房配置要求》《带电作业工具、装置和设备预防性试验规程》等标准和规程规定执行，分区、分类存放带电作业工器具，并设专人管理；严格按照 DL/T 976-2005《带电作业工具、装置和设备预防性试验规程》对工器具进行预防性试验。各电科院、培训中心积极开展配网不停电作业专业新项目、新技术、新工具的鉴定与技术经验交流，将研发的新装备、新技术与传统配网不停电作业装备进行配合，有效提升了配网不停电作业能力。各级设备部（运检部）指导属地各地市公司深化"地县一体化"管理，以"地域相邻、能力互补、资源共享"为原则，优化资源配置，灵活开展区域协同带电作业。

配网不停电作业常见项目可分为四大类、33 项。其中，第一类项目为临近带电体作业和简单绝缘杆作业法项目，临近带电体作业项目包括修剪树枝、拆除废旧设备及一般缺陷处理等；第二类项目为简单绝缘手套作业法项目，包括断接引线、更换直线杆绝缘子及横担、不带负荷更换柱上开关设备等；第三类项目为复杂绝缘杆作业法和复杂绝缘手套作业法项目，复杂绝缘杆作业法项目包括更换直线绝缘子及横担等，复杂绝缘手套作业法项目包括带负荷更换柱上开关设备、直线杆改耐张杆、带电撤立杆等；第四类项目为综合不停电作业项目，包括直线杆改耐张杆并加装柱上开关或隔离开关、柱上变压器更换、旁路作业等。

### （二）宁夏配网不停电作业发展现状

国网宁夏电力公司共有配网不停电作业人员223人（其中正式员工138人、农电人员44人、集体企业41人），全部取得从业资格，配置绝缘斗臂车31台、箱变车2台、旁路开关车1台、电缆展放车1台以及9大类32种规格1367件各种不停电作业防护用具，适合不停电作业检修工作的绝缘工具及电动工具135余件。2019年采购绝缘斗臂车15辆（目前还未到货），为开展不停电作业提供有力保障。

2019年，宁夏公司城市和县域开展10kV配网不停电作业6982次，减少停电时户数约为22.1443万时·户，不停电作业化率为75.42%。其中带电消缺3447次，配合抢修作业197次，配合配电工程作业2310次，配合用户工程作业1028次。

2019年初，宁夏公司党委会审议通过了《国网宁夏电力有限公司配网不停电作业提升工作方案》，要求在县公司成立配网不停电专业班组，并鼓励集体企业全面参与不停电作业开展。宁夏公司集体企业目前已组织41人取得了不停电作业资质，石嘴山、中卫公司在集体企业成立配网不停电作业相关机构，银川、吴忠、宁东、固原4个地市在所属县公司全部成立专业班组，并配置绝缘斗臂车等特种装备。2020年初，所有县公司绝缘斗臂车配置将达到2辆，市公司将达到3辆，有利于配网不停电作业全面推进。

宁夏公司在石嘴山红果子县公司试点打造"全类型、全地形、全时段"不停电作业示范区，通过梳理存在的困难和问题，不断总结试点经验，健全完善高低压不停电作业管理规定、工作规范及作业流程，将不停电作业延伸至低压界面，实现从中压到低压不停电检修，解决用户频发故障及用电问题，快速完成低压用户的接入改造工作。同时使用绝缘脚手架替代绝缘斗臂车作为现场作业平台，解决了配网不停电作业受作业点周边地形环境影响的问题，为已构筑在农田、乡村小巷的各类杆塔、电气设备检修工作提供充足保障，实现全地形开展配网不停电检修工作。

为加强县域配网不停电作业水平，2019年5月，贺兰县公司借鉴其他兄弟网省公司不停电作业经验，在各县公司中率先开展了"综合不停电作业更换变压器"项目和"综合不停电作业更换高低压架空线路"项目，为宁夏公司在县公司推广综合不停电作业提供了宝贵经验。

配网不停电作业是提高优质服务水平、优化营商环境和保障用户可靠供电的重要技术措施，是降低配网现场作业风险、减轻安全管控压力、缩短安全布防时间的有效手段。2020年，宁夏公司将以"不停电就是最好的服务"为目标，按照"能带不停"原则，分区域、分年度全面推进配网不停电作业，进一步提升供电可靠性和优质服务水平。

**1. 业务运转保障**

地市公司负责检修计划审核、人员培训和现场安全管控等工作，并建立地县一体化协作机制，统一调配资源跨区域开展大型和复杂作业项目。边远地区供电所可统筹作业人员力量，联合组建不停电作业小组，开展部分简单作业项目，并协助县公司、配电室专业班组开展复杂作业项目。

**2. 人员保障**

（1）人员配置。按照国家电网有限公司《10kV配网不停电作业规范》要求的人员配置标准，逐年将配网运检岗位具备资质的人员转岗至不停电作业岗位，2020年补充50

人、2021 年补充 52 人。2020 年开始，新入职人员或其他岗位转岗人员必须具备不停电作业资质。

（2）激励机制。为提高不停电作业人员工作的积极性和主动性，地市公司灵活制定不停电作业岗位薪酬激励机制，鼓励配网运检人员向不停电作业岗位流动。

3. 装备保障

根据不停电作业量逐年配置特种作业装备，2020 年增配普通绝缘斗臂车 6 辆、电缆旁路不停电作业车组 2 套、绝缘平台 26 套、绝缘脚手架 26 套。2021 年增配电缆旁路不停电作业车组 3 套、中压发电车 1 台。

4. 能力提升保障

培养专（兼）职培训师资队伍，购置特种装备，满足多种不停电作业方式的培训需求。开展不停电作业技能竞赛和对口练兵等活动，提高复杂作业项目技能水平，拓展不停电作业范围。编写《配网不停电作业危险点辨识手册》和《配网不停电作业指导书》，提升作业安全水平。加强项目管理、设计人员的专业培训，项目编制、审核优先采用不停电作业方案。强化不停电作业装备、工器具的试验技术监督，开展作业基础理论研究和复杂项目技术攻关，推广应用新技术、新设备、新工艺，不断提升不停电作业质效。

5. 外部力量支撑保障

鼓励社会队伍积极参与不停电作业，进一步壮大不停电作业力量，规范业务外包管理，解决公司现有作业人员不足、装备配置不够问题。每个县公司有两组及以上的社会专业人员和作业装备，能够独立开展不停电作业项目，满足公司不停电作业需求。

## 二、智能运检装备应用实践

### （一）配网不停电作业机器人

配网不停电作业工作中，常规采用操作人员直接使用作业工具完成作业任务，存在劳动强度大、效率低、作业对象复杂多变以及作业环境恶劣等问题。随着电子技术和计算机技术的发展，机器人在许多领域得到广泛应用，及时研究开发以带电作业机器人为代表的新一代带电作业装备对配网不停电作业的长远发展有着重要意义。作业机器人能够完成多项带电作业任务，减轻劳动强度，作业人员与高压电场隔离从而最大限度保证作业人员安全。

配网带电作业机器人属于特种机器人范畴，采用机器人进行带电作业，作业人员可远程监视、控制机器人，机器人控制信号由无线传输，可保证作业人员与高压电场隔离。机器人采用绝缘支撑及连接装置、绝缘夹持手等多级绝缘防护措施，可保证带电作业机器人系统、作业人员和电力网络的绝缘安全。

采用机器人完成配网不停电作业，具有以下特点：

（1）改善作业环境。作业危险性降低，减少了触电、高空坠落等危险事故的发生，使作业人员生命安全得到更有效的保障。

（2）提升作业效率。通过机器人进行作业，工作人员数量减少，效率提高，人工成本降低；同时，作业面和作业频次也可提高。

（3）降低作业难度。相比于人工作业时需合理把握精度要求、做到谨慎仔细完成任务，使用作业机器人解放了作业人员，由机器人操作完成，作业难度降低。

（4）提高作业质量。采用机器人进行作业，控制力度合理、作业质量提升。

（5）提升客户满意度。停电事故减少，供电可靠性提升。

图 4-61　配网带电作业机器人现场作业

（1）配网带电作业机器人组成。配网带电作业机器人运行于室外场景，其典型工作场景为带电接引线。其核心技术涉及环境感知、视觉算法和人机交互。激光传感器实现对三维作业环境的识别；视觉算法完成对目标物体电缆剥皮位置确认、引线电缆位置等信息的计算；人机交互系统完成作业过程的人机协同，确保作业过程准确可控。

与传统人工开展带电作业方式相比，采用智能机器人不仅可以降低作业人员的工作强度，解决人身安全风险，而且全过程实现"一键操作"，有效提升了带电作业质量和效率，降低停电事故，提升供电可靠性。

机器人硬件由三大模块组成：机器人本体、控制终端箱、末端执行工具。

1）机器人本体。机器人整体结构主要由底座单元、机械臂、视觉及传感器部分、工具库、绝缘杆组件等部分组成。机器人本体安装在绝缘斗臂车上，机器人本体与控制终端箱通过无线通信。

机器人本体主要具备环境感知、视觉算法、机械臂控制、执行器控制、机器人任务等多个功能，终端箱具备机器人状态系统、系统交互、机器人带电接线任务、机器人遥操作、数据导出等协同操作功能，可实现高空带电自动化作业模式及人工协同作业模式的灵活切换，能够高效率、高质量地完成带电接线作业任务。

底座单元：底座单元是机器人的承载平台，用于连接机器人本体和斗臂车的绝缘斗。采用四周支线滑轨支撑结构，可将全部的电气设备沉入绝缘斗内。面板线束均通过防水接头或航空插头与外部连接，主要壳体连接处采用密封圈或倒扣延结构，确保上方淋水安全。

机械臂：机械臂作为带电作业机器人用操作手臂，机械臂外包一层绝缘防护罩，抗冲击能力佳，在提供绝缘能力的同时可提供高抗冲击能力，可有效保护机械臂损伤；绝缘罩内设有走线槽，用于末端执行装置的通信及供电。

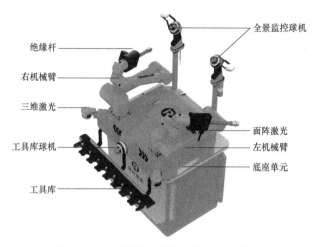

图 4-62　配网带电作业机器人本体外观

绝缘杆：机械臂末端装有一套绝缘杆操作装置，包括一个驱动电机，用于驱动末端工具，执行搭接线所有任务。绝缘杆确保 10kV 作业场景末端作业工具和底座单元绝缘。

机身视觉及传感器部分：机器人主要搭载有三组建模及视觉类传感器：3D 激光雷达，固态面阵激光，可见光相机，可以实现对作业场景的识别及作业流程的实时监控和信息收集。

三维激光雷达：激光雷达旋转采样，获取当前环境在机器人坐标系中的三维坐标，完成电缆位置、抓取引线位置、电缆剥皮位置等的初步感知。

面阵激光雷达：全固态面阵三维成像，能够精准获取电缆剥皮位置，引线穿线位置等精确数据。

可见光相机：工具库球机和全景监控球机，实现作业流程的实时监控；监控的数据存储在 NVR。

工具库：自动工具库布设与机器前部下方位置，设有工具位，配有自动锁定及解锁单元，操作时配合机械臂可执行取放工具动作；主要工具剥线器，夹线器，线夹工具等。

2）控制终端。控制终端箱实现对本体机器人状态监控、作业任务交互、机器人遥操作等功能，如图 4-63 所示。

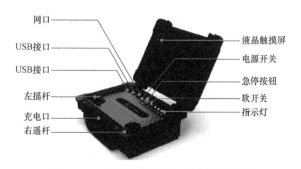

图 4-63　配网带电作业机器人控制终端

3）末端执行工具。末端执行工具安装在绝缘杆末端，通过绝缘杆上的电机驱动提供动力，实现剥线，支线抓取，线夹锁紧等动作。

带电作业机器人主要工具如图4-64所示。

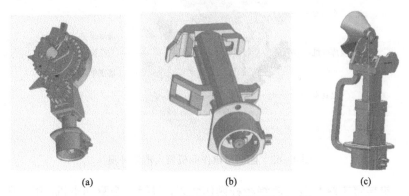

(a)    (b)    (c)

图4-64 配网带电作业机器人执行工具
(a) 剥线器；(b) 抓线器；(c) 线夹工具

注：左手场景：在顺接线场景，支线在机器人左侧；右手场景：在顺接线场景，支线在机器人右侧。

（2）配网带电作业机器人功能。

1）激光建模。三维激光雷达：激光雷达旋转采样，获取当前环境在机器人坐标系中的三维坐标，完成电缆位置、抓取引线位置、电缆剥皮位置等的初步感知。

面阵激光雷达：全固态面阵三维成像，能够精准获取电缆剥皮位置，引线穿线位置等精确数据。

可见光相机：可以实现作业流程的实时监控以及作业内容的视频存储功能。

2）视觉算法。用户标注处理：用户在三维环境模型中根据算法要求标注相应目标物体，包括引线电缆、带电电缆、电线杆、接线位置等信息。

视觉算法模块根据用户标注信息，生成电缆接线顺序、电缆剥皮位置、引线电缆位置等信息用于后续接线任务。

机器人目标位姿估算：根据三维环境模型、引线电缆位置、带电电缆位置和接线位置，视觉算法计算出接线过程中机器人位姿估算。

机器人当前位姿计算：根据三维环境模型，卫星定位估算出当前机器人相对三维模型的位置。

3）机械臂控制。机械臂运动规划：给定三维环境模型、机器人模型、机械臂模型和机械臂末端目标点位置，运动规划模块规划出机械臂协同移动到目标点的运动轨迹；给定三维环境模型、机器人模型、机械臂模型和机械臂末端遥操作指令，末端遥操作逆求解模块实时计算出末端遥操作指令对应的关节运动指令。

机械臂运动控制：机械臂运动控制模块根据业务需求提供多种机械臂运动控制，包括机械臂末端遥操作，末端目标点用户点动控制，末端目标点连续运动。

碰撞检测：机械臂运动过程中，碰撞检测模块实时检测机械臂是否发生碰撞，检测碰撞后停止机械臂运动。

4）末端执行器控制。工具台电机控制：执行器放置在工具台上，工具台在相应位置布置电机驱动工具解锁/上锁旋钮。当机械臂抓取绝缘杆放置到对应工具位置后，执行器控制模块给工具台电机下发解锁/上锁指令，从而实现执行器和绝缘杆之间的解锁/上锁。

绝缘杆电机控制：执行器连接到绝缘杆后，通过绝缘杆电机的正转和反转控制执行器行为。

电缆剥皮执行器：剥线器连接到绝缘杆，通过绝缘杆电机正转使剥线器在电缆上闭合，刀具转动从而实现剥线操作；通过绝缘杆电机反转，实现剥线器在电缆上张开。

电缆抓取执行器：螺旋夹线器连接到绝缘杆。通过绝缘杆电机正转或反转，使夹线器收紧或松开从而实现引线的灵活抓取。

电缆接线线夹执行器：电缆接线线夹执行器连接到绝缘杆后，通过绝缘杆电机的正转来实现接线线夹紧固。

（3）机器人作业成效。配网带电作业机器人运行于室外场景，通过模块化功能软件切换能自动调整作业策略，通过机械臂抓取、更换不同的工具，实现在高空完成机器人剥线、抓线，双臂协同穿线等完整操作，操作人员在地面通过 3D 模型进行操作即可完成各类基础带电作业项目。

与传统人工开展带电作业方式相比，智能带电作业机器人应用具备突出优势。

1）作业安全。带电作业机器人应用显著改善作业环境，降低劳动强度，彻底消除作业人员触电、高空坠落等的安全风险。

2）减员增效。依托机器人带电作业全过程工作人员可实现"一键操作"，有效减少单位工作组作业人员数量，对应开展作业面和作业频次大幅提高，工作效益显著提升；作业人员减少为 2 人/次。带电作业机器人全面覆盖，按 2020 年国网带电断/接引流线数据估算，相同作业次数可以减少约 2000 名作业人员，作业人数不变情况下可以增加约 20 万次作业。

3）质量提升。机器人开展带电作业标准化作业，作业过程符合运行规程，完成工艺统一美观，作业效果、质量可靠提升。

（二）配网巡检机器人

配电站房巡检机器人包括挂轨式和轮轨式两大类。

1. 挂轨式巡检机器人

配电站房户内挂轨式智能巡检机器人，是专门应用于配电站房的监测机器人系统，可替代人工完成多种巡检、探测、监控、故障诊断、预警报警功能。通过一个自主运行的机动平台和搭载一组高性能检测仪器对站内设备进行全天候监控，可大大减少配电站房所需的固定式传感器和仪器的安装数量，无需大量布线，在降低综合运营成本的同时，提高先进运营水平。

户内挂轨式智能巡检机器人集成机电一体化和信息化技术，采用自主或遥控方式，部分替代人工对开关站、环网单元、配电室等各类配电站房进行可见光、红外、局部放电、声音等检测，对巡检数据进行对比和趋势分析，及时发现开关柜运行的事故隐患和故障先兆，提高配电站房的数字化程度和全方位监控的自动化水平，确保设备安全可靠运行，提升高压智能巡检管理水平，提高巡检过程的可控性，为促进全社会智能检测技术的发展奠定基础。具有如下特点：

安装要求低。只需单相电（照明电）即可安装，用滑触线安装的导轨供电可以给机器人全天供电，不会因为特殊情况下电量不足而造成无法完成检测。

高可靠性。巡检机器人系统本身兼容多种渠道与远程端通信，包括光纤、普通商用宽带、无线 4G 网络、手机短信、低压载波通信等，可加密通信并有严格的身份认证措施，对于非核心敏感的数据安全性可以信赖。

功能按需选配。巡检机器人搭载多组高性能监测仪器对站内设备进行全天候监控，用户可以按照现场环境和本身需求选配自己需要的功能，包括部分硬件，如 UPS、硬盘录像机可与固定式监控共用。

后台操作简易化。巡检机器人分为特巡、例巡、定巡、手动等能实现一键式智能巡检，操作简单明了。

图 4-65　户内挂轨式智能巡检机器人

（1）机器人结构。户内挂轨式智能巡检机器人硬件结构由六部分组成：轨道、运动机构、控制平台、升降机构、检测平台和智能云台。

图 4-65 为户内挂轨式智能巡检机器人。智能云台可实现水平 360°、垂直 -45°～+45°运动，智能云台搭载了可见光相机、补光灯、红外相机、拾音器、地电波传感器和超声波传感器。检测平台中装载有防碰撞传感器、智能音响和对讲系统等。

（2）探测器架构。户内挂轨式智能巡检机器人的数据采集系统由固定在巡检探测器装置上的各种传感器组成，包括视觉传感器、局部放电检测传感器、红外传感器、气体检测传感器、声音传感器等。

（3）机器人主要功能

1）运动功能。运动控制系统是户内挂轨式智能巡检机器人"手"与"脚"的动作机构，户内挂轨式智能巡检机器人通过预先挂装的固定导轨，运动到对应的待检测柜体的可检测区域，拾取柜体的运行状态信息。智能巡检运动控制系统由以下几个部分组成：运行轨道、供电系统、驱动机构、控制系统。

运行轨道：户内挂轨式智能巡检机器人的运行轨道由两个部分组成：水平运行轨道与纵向运行轨道。水平运行轨道是指根据开关室、继保室或 GIS 室的实际结构与布局，部署在开关室柜体上端的滑轨，供机器人横向运动；纵向运行轨道是指部署于机器人运动平台上的伸缩机构，供机器人上下移动，以监测柜体上不同高度的探测对象。

供电系统：户内挂轨式智能巡检机器人的供电系统由滑触线安装在导轨上面，可实现持续无间断供电。

驱动机构：驱动系统采用伺服步进电机驱动，水平运动驱动机构导向轮与驱动轮相结合，最小过弯半径小于 30cm、最大行驶速度大于 0.8m/s；纵向驱动机构采用定位精准的伺服步进电机，在 2m 行程内可精确定位。

控制系统：控制系统由电机驱动与定位检测系统，驱动控制器由专用伺服电机控制系统构成，定位检测系统由工业位置条码标签与条码扫描仪组成，通过条码实现机器人巡检系统的准确定位。

2）检测功能。户内挂轨式智能巡检机器人数据采集系统由固定在机器人本体上的各种传感器组成，其具体包括视觉传感器、局部放电传感器、红外传感器、气体检测传感器、声音传感器等。

视觉传感器：机器视觉系统可模仿人目测巡视，对面板上各种表计、指示灯、状态标志的含义具有智能识别功能。经过识别的读数、状态含义与系统预置或自定义的参数（阈值）进行比对计算，并作出相应的反应（预警报警）。

红外热传感器：红外相机实时拍摄目标输出热图，测定目标温度，同时与环境温度、目标历史温度进行组合对比计算，可以判断设备有无异常。更新版本的机器人可透过柜体观察窗（须新标准的特制玻璃）深入观察内部结构温度。

视频监控：高画质的摄像机对巡检过程进行全程拍摄，并可保存 7～30 天左右的记录。此数据正常情况下不上传，保留在本地服务器上。通过远程端可随时调用实时图像，并控制机器人观测任意位置。镜头可全向旋转，以任意角度对室内环境全面观察。

局部放电监测：局部放电传感器用于测量电气设备局部放电信号的幅值，并用视在放电量的大小表示绝缘结构中微小放电的强度。这是一种相对有效的分析绝缘缺陷的先进方法，能对运行中的电气设备（比如开关柜）实现实时监测。通过超声波和暂态地电波（TEV）两种方式相互结合的方式，能更好地确定有无故障，其中暂态地电波采用接触式测量，超声波采用非接触式测量。两种传感器探头通过伸缩臂控制，可实现与开关柜的表面的接触测量。

音频分析：设备故障往往会伴随着一定的噪声和异响变化。采用拾音器通过近距离地采集目标设备的声音，进行特征频谱分析，并与故障特征样本进行比对，非常有助于发现设备异常。

烟雾、臭氧、温湿度检测：借助于机动平台的优势，近距离的检测相比固定传感器，能更灵敏地侦测到烟雾、臭氧、六氟化硫等的泄漏，环境温度、湿度更少受到空调风口、门窗、水泄漏点分布位置等的影响，而且更容易定位故障点。

3）软件管理功能。智能巡检机器人后台管理软件是集任务调度、平台管理、数据监测、系统发布等多个功能于一体的智能巡检机器人综合管理系统，是智能巡检机器人与人工应用后台的交互接口。整个后台管理软件功能体系总体有以下几个部分

组成:

巡检任务调度及控制系统:通过操作员或者调度员配置,变电站智能巡检系统可实现变电站内的检测柜体的特点部位、特定参数的巡检,并结合任务调度系统,可以实现全自动轮询、定点巡视、故障检查等多种工作模式。

巡查信息反馈模块:巡检探测器巡查后的巡视数据可通过巡查传输系统传输到系统后台,并且按照指定格式存入数据库,方便用户调阅;当巡查数据出现异常后,可通过多种方式及时向用户报警。

4)应用功能。后台应用管理软件从系统设计角度出发,由三个层次组成:任务层、系统层和应用层。

任务层为智能巡检机器人的任务总调度系统,根据用户巡检要求不同,可定制为例巡(定时按顺序巡检)、特训(对可疑项目进行深入监测)、定巡(由用户设置顺序巡检)、手动(随用户操作巡检);

应用层为用户的人机交互接口层面,根据功能模式可分为设备健康自动评价、巡检系统与设备自身异常告警、巡检数据报表发布体系、用户手持终端 APP 发布体系;

系统层为巡检机器人的基本用户配置接口,其中有通信接口配置、系统自身设备,用户权限管理、系统可用性调试等。

2. 轮式巡检机器人

配电站房轮式巡检机器人是电力特种机器人系列中的一种,由移动载体、通信设备、检测设备组成,主要用于代替人工完成配电房室内巡检过程中的重复性工作,可有效解决传统配电房环境下检测质量分散、手段单一、智能化水平低等不足,将巡检人员从繁重的工作中解放出来,为无人值守和智能配电房提供一种有效的智能化检测手段;机器人本体如图 4-66 所示。

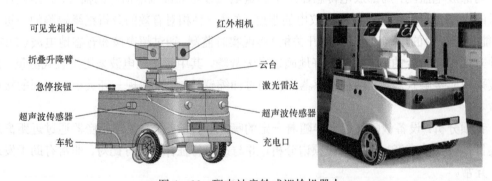

图 4-66 配电站房轮式巡检机器人

轮式巡检机器人的主要功能包括红外温度检测、局部放电检测、可见光图像识别、$SF_6$ 气体浓度检测、环境温湿度检测、无轨导航定位、自主建图、自主充电、数据分析与故障报警等;其中,可见光图像识别功能可自动识别开关刀闸状态、状态指示灯、压板位置、空开状态、旋钮开关位置、仪表数据等。

### （三）配网巡检无人机

配网线路长、分布面积广、接线复杂，在日常线路巡检中具有较大的难度，借鉴无人机在输电线路巡视中的优势，将无人应用到配网巡视中，开展"无人机＋人工"协同巡检方式，将有助于提升配网运维精细化管理水平。主要在配电线路巡视方面应用机器代人，通过无人机图片采集、AI 识别算法、航线规划，实现无人机自动巡视、缺陷智能识别和巡检报告自动生成等，提高配网巡视效率和提升智能化运维水平。

在人巡的诸多盲区位置，包括接地装置、基础、杆塔倾斜、导线、河网、山坡等，采用人工巡视具有较大的难度，选择采用无人机开展巡视工作，能够有效降低巡视难度。而在市区和人口较为密集的区域，为了保障巡视的安全性，可将无人机巡视作为辅助手段。与常规人工巡线相比，无人机巡检不受地形限制，巡线效率大大提高，可将拍摄的数据带回分析，使得巡视不留死角，降低人工劳动强度、减少作业风险，将成为未来配网巡检的主要方式。

在日常巡视中，无人机能近距离地拍摄杆塔设备照片，协助运维人员掌握设备运行情况，如图 4-67 所示。

图 4-67　架空线路无人机日常巡视

在事故后的现场特巡中，无人机发挥能巨大的作用：

图 4-68 是某线路雷击跳闸后，经无人机巡视发现 1 号杆 A 相安普线夹烧穿。

图 4-69 是某线路后段开关跳开后，经巡视未发现明显故障点，恢复送电后的第二天，利用无人机巡视，发现其分支线 15 号杆开关 B 相上桩头有鸟类遗体。

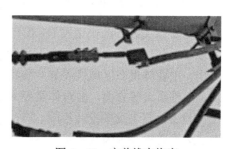

图 4-68　安普线夹烧穿

图 4-69　鸟类遗体

图 4-70 是某线路跳闸后重合成功，利用无人机对树线矛盾情况进行巡视。

图 4-70　树线矛盾

图 4-71 是某线路由于塔吊误碰导致线路跳闸后，利用无人机进行巡视，发现有导线断股的情况。

## 三、带电检测技术应用实践

随着国民经济的快速发展，配电网建设规模也实现了几何级增长。配网发展不平衡、不充分问题突出，主要体现在区域性差异、装备水平、人员素质、运维质量等方面。面对体量庞大、种类繁多的配电设备，鉴于设备投运年限、产品质量、运行工况、运维质量等等因素影响，不同设备运行状态参差不齐，传统的巡检模式已无法满足设备精益化管

图 4-71　导线断股

理要求。为此，积极探索和应用配网设备带电检测技术，加强设备状态检测与评价，对丰富配网状态检修手段、深化配网状态检修工作、及时发现设备缺陷、提高工作效率与质量具有重要意义。

　　配电设备带电检测是指对设备在运行状态下进行的带电的短时间检测，此种检测常采用便携式的检测设备进行检测，用于发现电气设备的潜在缺陷或隐患。带电检测技术的应用实现了设备的带电检测，保证了设备的正常运行，减少了因配电设备停电而造成的经济损失和信誉损失，提高了供电安全性；其次，带电检测技术很好地解决了设备检修与设备运行之间的矛盾，在设备运行状态之下也能排查缺陷或隐患；同时，由于部分设备出现老化，采用瞬时高压测试会导致设备故障的产生，带电检测技术正好弥补了停电耐压测试的不足；最后，带电检测技术还可以根据设备的实际运行状态，灵活安排检测时间。

　　（一）红外测温技术

　　（1）检测原理。红外线是一种波长在微波和可见光之间的电磁波，波长在 760nm～1mm 之间，也可称为红外辐射。而红外测温技术是利用红外线对温度敏感的物理特点进行测量的技术，可以反映出物体表面辐射的能量分布情况。任何温度高于绝对零度的物体都会发出红外线，且红外线具有反射、折射、散射等特点，使得红外测温技术的实现成为可能。利用光电探测器将红外能量转变为电信号，用信号放大器及信号处理的方式通过内置算法等得出表面温度。红外线成像法目前在我国的不同领域都有广泛的应用，在进行电气设备检测的时候，主要对因介电损耗或者电阻损耗等造成的电气设备的局部升温现象进行检测。

　　红外测温技术能够在不与被测物体接触的情况下进行测量，能够进行远距离的测量，不必拆解设备，无需取样，具备检测速度快、灵敏度高等特点，能够及时有效地检测到配电设备的温度情况，并判断是否发生过热，了解设备问题发生的位置和程度，判断出配电设备的早期缺陷并对设备的绝缘性能进行评判。

　　红外测温技术对检测的环境无特殊要求，一般检测时配电设备均可使用该种检测方法，检测是通常对被测设备进行大范围的快速扫描，可以进行被测设备整体发热情况的监测。在实际应用中先使用一般检测方法进行快速检查，然后对发现的问题进行准确检测，这种检测手段既能保证检测速度，同时又能提高检测的准确性。

　　虽然红外线检测技术已经普遍使用，但是还具有一定的局限性。因为红外线辐射在固体中穿透效果比较薄弱，所以红外测温技术只能观察配电设备表面的温度情况，对于设备内部的温度情况难以进行感知，也难以对因设备内部发生过热导致的故障进行监测。

　　（2）检测案例。对某 10kV 线路开展红外热成像巡检试验，在巡检到 10kV 某线杆塔时，通过红外热成像检测清晰地看到过热位置在 C 相刀闸处，最高温度达 323℃，如图 4-72 所示；根据 DL/T 664—2008《带电设备红外诊断应用规范》，电流致热型设备的刀闸热点温度＞130℃或 $\delta \geqslant 95\%$ 属于危急缺陷，需尽快消缺处理；经设备检查，该刀闸已烧毁，如图 4-73 所示。

图 4-72　10kV 配电架空线路红外测温热点图像

图 4-73　C 相烧毁刀闸

### （二）配电电缆超低频介损检测

超低频介损检测技术起源于 20 世纪 80 年代，是在超低频电压（0.1Hz）下测试 10kV 电缆的介质损耗角正切值，主要用于诊断交联电缆整体绝缘老化、受潮以及发生水树枝劣化的程度，在欧美地区，以及韩国、新加坡、日本等亚太地区进行了广泛应用。实践证明，超低频介损检测技术是评估电缆绝缘状态的有效手段，国际标准 IEEE 400.2-2013《有屏蔽层电力电缆系统绝缘层现场型试验与评估导则》提出了超低频介损诊断标准以及检修策略。

2016 年 4 月，国网公司制定了《配网电缆绝缘老化状态评价工作实施方案》，方案围绕配网电缆绝缘状态的现场评估技术，开展配网电缆线路现有绝缘状态评价技术调研分析，重点开展超低频介质损耗测量技术的测试方法、评估指标体系的调研、普测和分析，并利用实验室比对研究，形成电缆整体绝缘状态评估现场试验方法，提出科学可行的配网电缆检修策略，参照 IEEE 400.2-2013 的介损评价体系，并根据普测数据，制定适合中国国情的国家标准，以指导并最终实现配网电缆线路绝缘的整体老化趋势的全面诊断。

（1）检测原理。超低频介损的检测原理如下：

1）在 0.1Hz 超低频正弦电压下进行超低频介损测试，对被测电缆施加 $0.5U_o$、$1.0U_o$、$1.5U_o$ 三个电压步骤，每相电缆单独进行测试。通过采集流经电缆的泄漏电流信号，比较电流与电压之间的相位差得到介损值。

2）在每个测试电压下，分别测量 8 个介质损耗（$TD$）数值，测量结果给出 $TD$ 平均值、*TD* 差值和 *TD* 标准偏差，以及介损值随测试电压变化曲线。

3）根据 IEEE 400.2-2013 标准，检测设备可以自动给出测试电缆正常状态、注意状态、异常状态。

（2）检测方法。超低频介损检测示意图如图 4-74 所示，检测装置主要包括测试主机（集超低频电源、测量模块、数据分析模块等为一体）、无局放高压连接电缆以及接地线等三个部分。

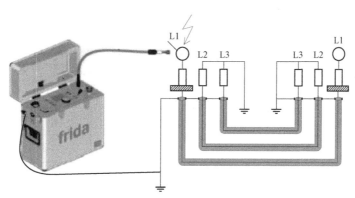

图 4-74　超低频介损测量示意图

超低频介损试验方法简要介绍如下：

1）电缆测距。采用测距仪对电缆线路的长度、接头位置与数量进行测试。

2）绝缘电阻测量。超低频介损测试前，采用 5000V 绝缘摇表测量电缆的绝缘电阻。

3）试验接线。检查电缆终端清洁并处于良好状态，将高压连接电缆一侧与被测电缆终端连接，另一侧与测试主机连接，将其他相电缆终端与检测装置接地，如图 4-75 所示。

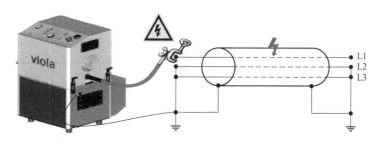

图 4-75　超低频介损检测接线示意图

4）参数设置。测试前在测试主机上设置电缆名称、长度、电缆绝缘类型、敷设方式等信息，选择油纸电缆或者交联电缆测试程序。

5）介损测试。点击介损测试按钮，对被测电缆进行加压，自动测试 $0.5U_0$、$1.0U_0$、$1.5U_0$ 三个电压下相关介损数据，得到介损值以及测试曲线。

6）数据保存。将测试结果与测试报告，通过 USB 接口保存至 PC 机。

（3）诊断标准。依据 IEEE 400.2—2013 标准，以"介损随时间稳定性""介损变化率""介损平均值"三个指标作为电缆绝缘老化的判据，得出正常状态、注意状态、异常状态三种状态，并制定"无需采取行动""建议进一步测试""立即采取检修行动"三个等级的检修策略，如表 4–3 所示。

1）正常状态。不需要采取措施。

2）注意状态。建议一定时期后进行复测。

3）异常状态。建议对电缆或电缆接头进行检修处理。

表 4–3　　　　　　　　IEEE 400.2—2013 超低频介损诊断标准

| 随时间稳定性 | 关系 | 介损变化率 | 关系 | 介损平均值 | 电缆状态 |
|---|---|---|---|---|---|
| <0.1 | 与 | <5 | 与 | <4 | 正常状态 |
| 0.1～0.5 | 或 | 5～80 | 或 | 4～50 | 注意状态 |
| >0.5 | 或 | >80 | 或 | >50 | 异常状态 |

（4）检测案例。某电缆全长 2638m，电缆型号为 $ZR-YJIV-10kV-3\times400mm^2$，2014 年 12 月投运；A、B 两相绝缘电阻 $0M\Omega$，C 相绝缘电阻 $5M\Omega$。对其进行超低频局放、耐压、介损三合一测试，设置 $U_o=8.7kV$，在 $0.5U_o$、$1.0U_o$、$1.5U_o$ 三个测试电压下自动测量介损，每个测试电压分别测量 8 个周期的数据，计算平均值；按照该程序完成被测电缆的 A 相、B 相、C 相的介损测试。现场检测数据见表 4–4。

表 4–4　　　　　　　　　　被 试 电 缆 测 试 数 据

| 介损值 | TanDelta $(0.5U_o [10^{-3}])$ | TanDelta $(1.0U_o [10^{-3}])$ | TanDelta $(1.5U_o [10^{-3}])$ | 介损变化率 DTD $(1.5U_o-0.5U_o)$ $[10^{-3}]$ | 超低频介损随时间稳定性 VLF–TD Stability（$U_o$ 下测得的标准偏差 $[10^{-3}]$） | 介损平均值 VLF–TD，$U_o$ 下 $[10^{-3}]$ |
|---|---|---|---|---|---|---|
| A 相 (L1) | — | — | — | — | — | — |
| B 相 (L2) | — | — | — | — | — | — |
| C 相 (L3) | 57.836 | 53.127 | 70.341 | 12.478 | 2.466 | 53.127 |

根据规程比对三个重要指标发现，得知该电缆介损值过高，可能因电缆运行环境恶劣，电缆中间接头受潮引起，为了保证电缆安全运行，按照国际标准 IEEE 400.2—2013 判断，C 相电缆超低频介损随时间稳定性、介损平均值 VLF–TD 均落在"需要采取检修行动"范围内，介损变化率 DTD 落在"建议进一步测试"范围内。建议尽快采取检修措施，必要时对电缆进行更换，见表 4–5。

表 4-5　　　　　　　　　　　被 试 电 缆 评 估 结 论

| 介损值 | 超低频介损随时间稳定性 VLF-TD Stability（$U_o$ 下测得的标准偏差 [$10^{-3}$]） | 介损变化率 DTD （$1.5U_o-0.5U_o$）[$10^{-3}$] | 介损平均值 VLF-TD, $U_o$ [$10^{-3}$] |
|---|---|---|---|
| A 相（L1） | — | — | — |
| B 相（L2） | — | — | — |
| C 相（L3） | 2.466＞0.5 | 12.478＞5 | 53.127＞50 |

| 评估 | | |
|---|---|---|
| L1 | | — |
| L2 | | — |
| L3 | 高度危险 | 需采取检修行动 |

已按照标准 IEEE 400.2—2013 进行评估

通过隧道查找，发现中某一中间接头所处环境极度潮湿，中间接头长期浸在水中，致使绝缘受潮，如图 4-76 所示。经解体异常电缆中间接头，发现内部已进水，电缆在运行工程中，由于电缆老化、机械应力、恶劣环境等因素导致电缆绝缘受潮浸入水汽、接头老化或水树劣化使其绝缘特性逐渐降低，介损值增大。检修人员对该中间接头电缆进行更换后，三相电缆的绝缘电阻恢复至 14GΩ，介损值恢复至正常范围内。

图 4-76　受潮电缆照片

## （三）局部放电检测技术

电力设备绝缘在足够强的电场作用下局部范围内发生的放电称为局部放电。这种放电以仅造成导体间的绝缘局部短（路桥）接而不形成导电通道为限。每一次局部放电对绝缘介质都会有一些影响，轻微的局部放电对电力设备绝缘的影响较小，绝缘强度的下降较慢；而强烈的局部放电，则会使绝缘强度很快下降，这是使电力设备绝缘损坏的一个重要因素。

因此，对运行中的设备要加强监测，当局部放电超过一定程度时，应将设备退出运行，进行检修或更换。在发生局部放电时，一般会带来电磁辐射、声、光、热、介质损耗、高频脉冲等现象。基于局部放电的原理，可以实现局部放电检测，常见配电设备局放检测技术有超声波检测技术、暂态地电压检测技术等。

（1）检测原理。

1）超声波（AE）局部放电检测技术。利用设备内部局部放电发生时产生的超声波在传播时会到达设备表面，可利用超声波传感器来接收设信号，从而检测信号的大小频率。超声波局部放电检测技术凭借其抗干扰能力及定位能力的优势，在众多的检测法中占有非常重要的地位。超声波法用于变压器局部放电检测最早始于 20 世纪 40 年代，但因为灵敏度低，易于受到外界干扰等原因一直没有得到广泛的应用。20 世纪 80 年代以来，随着微电子技术和信号处理技术的飞速发展，由于压电换能元件效率的提高和低噪声集成元件放大器的应用，超声波法的灵敏度和抗干扰能力得到了很大提高，其在实际中的应用才重新得到重视。经过几十年的发展，目前超声波局部放电检测已经成为局部放电检测的主要方法之一，特别是在带电检测定位方面。该方法具有可以避免电磁干扰的影响、可以方便地定位以及应用范围广泛等优点。

与此同时，超声波局部放电检测技术也存在一定的不足，如对于内部缺陷不敏感、受机械振动干扰较大、进行放电类型模式识别难度大以及检测范围小等。因此，在实际应用中，如变压器等设备的超声波局部放电检测也可以与特高频法、高频法等其他检测方式相配合，用于对疑似缺陷的精确定位；而开关柜类设备由于其体积较小，利用超声波可对配电所、开闭站等进行快速的巡检，具有较高的检测效率。

2）暂态地电压（TEV）局部放电检测技术。局部放电发生时，放电点产生高频电流波传播。受集肤效应的影响，电流波仅集中在金属柜体内表面传播，而不会直接穿透。在金属断开或绝缘连接处，电流波转移至外表面，并以电磁波形式进入自由空间，电磁波上升沿碰到金属外表面，产生暂态对地电压。局部放电产生的暂态地电压信号的大小与局部放电的强度及放电点的位置有直接关系。因此，可以利用专门的传感器对暂态地电压信号进行检测，以判断开关柜内部的局部放电缺陷。

中低压开关柜局部放电在线检测定位技术采用暂态对地电压的原理来对开关设备局部放电状况进行检测及定位，通过单只电容耦合式探测器在被检设备的接地金属外壳上进行探测。装置检测由于局部放电而引起的短暂电压脉冲，测出局部放电瞬时电压脉冲的幅度峰值。若采用两只电容耦合式探测器，则可以检测放电点发出的电磁波瞬间脉冲所经过的时间差来确定放电活动的位置，原理是采用比较电磁脉冲分别到达每只探测器所需要的时间。系统指示哪个通道先被触发，进而表明哪只探测器离放电点的电气距离较近。采用比较电磁脉冲抵达不同探测器的时间差异来确定放电点的方法在本质上优于采用比较信号强度来确定放电点的方法，因为电磁波的多次反射可能造成幅值测量结果不正常。

暂态地电压局部放电检测技术同样具有外界干扰信号少的特点，可以极大地提高电气设备局部放电检测，特别是在线检测的可靠性和灵敏度。到目前为止，该技术已经在世界多国应用，各国的研究均表明，暂态地电压的在线监测有很好的前景。

（2）检测案例。

**案例一：** 对某 10kV 架空线路进行巡视过程中，由于巡视人员利用肉眼很难发现杆塔上设备的不明显缺陷，故通过超声局放仪进行例行巡检；听到剧烈的放电声后，对此杆进行仔细定位检测后，确定杆上电压互感器位置存在严重缺陷。经登高作业检查后，发现 TV 存在严重裂痕，超声定位准确（见图 4-77）。

图 4-77　存在裂痕的线路 TV

**案例二：** 对某 10kV 开关柜进行例行巡检过程中，发现某开关柜内有明显放电声音，使用超声局放仪定位后，初步判断放电位置在三相电缆终端头位置。停电开柜检查后发现，三相电缆终端绝缘套管和绝缘封堵有明显的放电烧蚀痕迹。经分析，电缆终端绝缘套管盖板脱落，导致电场不均匀和电缆绝缘套管内部潮湿侵入，绝缘套管内金属部分与电缆终端头产生强烈的局部放电，形成明显的树枝状局部放电灼烧痕迹（见图 4-78 和图 4-79）。

图 4-78　有明显放电痕迹的绝缘套管附件

图 4-79　绝缘套管内明显的树枝状放电灼烧痕迹

**案例三：** 对某 10kV 分支箱的金属柜体进行 TEV 地电波检测，发现其 TEV 地电波数值明显偏高，达 31dB。经开箱检查发现，分接箱内电缆 A、B 相电缆护套开裂，箱内凝露严重，严重的凝露现象透过开裂的电缆护套侵入电缆接头，导致局部放电的发生。经过通风处理，水分散发后，该电缆上的局部放电消失，TEV 检测所得数值恢复正常水平（见图 4-80）。

图 4-80　分支箱电缆护套开裂

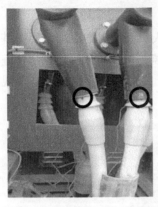

图4-81　分支箱电缆护套灼伤

**案例四：** 对某10kV分支箱的金属柜体进行TEV地电波检测，发现其TEV地电波数值明显偏高，达42dB，属于危急缺陷。经开箱检查发现，电缆A、B相电缆护套有灼伤痕迹。经分析，该灼伤痕迹系电缆终端头制作工艺不良，导致内部存在微弱的局部放电；在运行过程中，长期的局部放电导致电缆绝缘层不断被放电灼伤，绝缘劣化程度逐渐严重，局部放电的强度也逐步增加，灼伤已经蔓延至外护套表面可见的程度。若未及时发现，最终将导致绝缘介质彻底损坏，发生短路故障后，线路跳闸（见图4-81）。

# 第五章

# "双碳"背景下提升配电网供电
# 可靠性新技术

## 第一节 "双碳"政策背景及能源互联网发展形势

### 一、"双碳"政策背景

#### （一）国家能源战略新目标

国家能源新战略和"双碳"目标为能源电力发展指明方向。习近平总书记提出"四个革命、一个合作"能源安全新战略，代表了我国能源战略理论创新的新高度，是新时代指导我国能源转型发展的行动纲领。2020 年 9 月 22 日，习近平主席在第七十五届联合国大会一般性辩论上郑重宣布中国将提高国家自主贡献力度，采取更加有力的政策和措施，二氧化碳排放力争于 2030 年前达到峰值，努力争取 2060 年前实现碳中和，为我国能源转型升级明确了发展路线。

智慧能源相关政策相继出台助推能源系统转型升级。2019 年 5 月，能源局发布《关于加强能源互联网标准化工作的指导意见》，提出形成能够支撑能源互联网产业发展和应用需要的标准体系，涵盖主动配电网、微能源网、储能、电动汽车等互动技术标准，支撑能源互联网项目建设和技术推广应用。2020 年 4 月，发改委将智慧能源基础设施纳为"新基建"建设重点。党的十九届五中全会明确提出要发挥国有经济战略支撑作用，做强做优做大国有资本和国有企业，积极推进能源革命，建设智慧能源系统、加快数字化发展。

新能源政策逐步完善推动能源体系绿色低碳转型。2021 年 2 月，国务院印发了《关于加快建立健全绿色低碳循环发展经济体系的指导意见》，目的是建立健全绿色低碳循环发展的经济体系，确保实现碳达峰、碳中和目标，推动我国绿色发展迈上新台阶。明确提出了推动能源体系绿色低碳转型，提升可再生能源利用比例，大力推动风电、光伏发电发展，因地制宜发展水能、地热能、海洋能、氢能、生物质能、光热发电。2020 年 3 月，发改委印发《关于加快建立绿色生产和消费法规政策体系的意见》，加大对分布式能源、智能电网、储能技术、多能互补的政策支持力度，未来我国将进一步完善新能源相关立法，逐步提高法律政策体系的完整性。

### （二）能源和数字发展新趋势

先进能源电力技术的发展突破将为能源互联网提供基础技术保障。新能源发电技术方面，风能、太阳能等新能源发电技术快速进步，造价水平大幅下降，竞争力水平不断提升。核电技术处于从二代改进向三代转型升级阶段，效率、安全性进一步提升，三代核电具备了批量建设条件，投资水平呈上涨趋势。大容量远距离输电技术方面，全面攻克±1100kV特高压直流输电等关键核心技术，成功研制世界首套特高压 GIL 设备并实现批量生产。先进电力电子技术方面，以 SiC、GaN 为代表的宽禁带半导体材料的发现，使得反向截止电压超过 20kV 的限度成为可能，为新一代高电压、低损耗、大功率电力电子装置实现提供关键支撑。在控制策略上，数字信号处理器性能的升级也使得系统控制策略灵活多样。储能技术方面，电化学储能发展迅速，不仅能参与电网调峰、调频等辅助服务，同时也是分布式发电和微电网必不可少的调控手段。

先进信息、通信、控制技术的快速发展将为能源互联网提供关键技术支撑。当前，能源行业迎来了以"大云物移智链"为代表的新一代技术革命。其中，大数据系统中大量使用传感器收集的各项数据，是能源互联网云端的重要数据来源。云平台收集分布广泛而且密集的各种传感器数据，通过数据中心分析处理下发到所需要的数据终端。物联网让能源互联网系统中的各个设备、企业、用户连接成一张网，实现基础设施、人员及所在环境的识别、感知、互联与控制。移动互联网解决了传统线路巡检以及抄表人工作业效率低、成本高等一系列问题。人工智能则通过采用以巡检机器人和图像分析算法为代表的人工智能技术，集成智能传感、机器学习、计算机视觉以及自然语言处理，为能源互联网运行提供高效便捷的技术支持，奠定了能源互联网发展的技术基础。区块链作为去中心化的数据库，具有开放、独立、安全等特征，能有效解决能源互联网建设过程中面临的数据融通、网络安全、多主体协同难题。

### （三）经济社会发展新格局

国家经济转向高质量发展阶段为能源互联网提供重要发展契机。我国正处在转变发展方式、优化经济结构、转换增长动力的攻关期，必须坚持质量第一、效益优先，以供给侧结构性改革为主线，推动经济发展质量变革、效率变革、动力变革。能源高质量发展需要实现新旧动能转换，这就要求能源产业也需要与经济发展形势相适应，同时，在"以国内大循环为主体"的新发展格局背景下，随着区域协调发展、乡村振兴、新型城镇化等一系列部署深入实施，能源产业结合新一轮科技革命和产业变革是必然趋势，需要打造能源互联网，培育能源电力转型发展新动能。

新经济模式不断涌现为能源互联网商业生态提供了新的增长极。以"大云物移智链"等为代表的新一代信息技术迅猛发展，并加速与经济社会各领域深度融合，传统产业数字化创新转型步伐加快，促进了数字经济快速发展。以平台经济、共享经济为主要代表的数字经济等新经济模式不断涌现并迅速崛起，是发展最快、创新最活跃、辐射最广泛的经济活动，已经成为社会创新发展和产业升级的新引擎。新经济模式的不断涌现，助推能源产业主动拥抱平台经济、共享经济、数字经济等新经济理念，促使能源领域打造能源互联网，培育新业务、打造新业态、建立新模式，实现质效提升和新价值创造。

电力体制改革深入推进为能源互联网发展提供公平开放的市场基础。2015年3月，中共中央印发了《关于进一步深化电力体制改革的若干意见》，开启了"管住中间、放开两头"的新一轮电力体制改革序幕。随后国家发展改革委、国家能源局会同有关部门制定并发布了6个电力体制改革配套文件，提出了推进售电侧改革的主要目标，即进一步在售电环节引入竞争，向社会资本开放售电业务，扩大用户选择权范围，多途径培育售电主体，形成多家买电、多家卖电的竞争格局。随着电力改革部署的全面落地实施，各项改革任务的深入推进，能源电力市场进一步放开，储能、电动汽车、需求侧响应资源等多种类型新兴主体不断涌现，深刻改变行业生态，为能源互联网提供了重要的市场化条件。

## 二、能源互联网概念解析

以清洁低碳为主要特征的新一轮能源革命的兴起，"大云物移"等信息技术的快速发展，都催生了能源互联网的产生。配电网是电力流输送到用户的"最后一公里"，是各类能源接入、转化、传输的重要枢纽，因此，未来配电网的形态必然要适应能源互联网的发展要求。

对未来能源系统的展望中，由美国经济学家里夫金首先提出的能源互联网是一种较有代表性且被广泛接受的概念，被认为是未来能源行业发展的方向。里夫金在《第三次工业革命》一书中提出了能源互联网的愿景。里夫金认为，能源互联网应当包含以下五大主要内涵：

（1）支持由化石能源向可再生能源转变；

（2）支持大规模分布式电源的接入；

（3）支持大规模氢储能及其他储能设备的接入；

（4）利用互联网技术改造电力系统；

（5）支持向电气化交通的转型。

## 三、能源互联网下的配电系统

在诸多一、二次能源类型中，电能是清洁、高效的能源类型，其传输效率高，在终端能源消费中具有便捷性。有关数据表明，电能的终端利用效率可达到90%以上；其经济效率是石油的3.2倍，是煤炭的17.3倍。若电能在终端能源消费的比重中提升1%，单位GDP能耗将下降4%。因此，无论从经济角度，还是从技术实现角度，电力在当前的能源体系中占据重要位置，且已经形成了大规模的电力传输网络。某种角度上来说，电力系统是最具有互联网特征的网络。这些优势决定了电能在诸多能源类型中将起到枢纽作用。相应地，电网将成为能源转化和利用的核心平台，是能源互联网的关键物理基础。

传统能源系统中，多种能源与电能的相互转化一般在传统发电侧进行；而近年来，随着微电网、虚拟电厂、主动配电网等技术的发展，可再生能源得以大量分布式接入配电网，在配电侧引入了难以计数的可再生能源与电力系统的接口；电动汽车技术不断成熟与普及，使配电侧直接成为电力系统与交通系统交互的边界；加之小型燃气轮机、电转气、冷热电联供、储能等技术的发展，多种能源在电力系统的配电侧集中、交互，配电网逐步演变为面向能源互联网的未来电力系统中的关键环节。

传统配电网的物理实体主要是电力系统，而能源互联网的物理实体由电力系统、交通系统和天然气网络共同构成。传统配电网中，能量只能以电能形式传输和使用；而在能源互联网中，能量可在电能、化学能、热能等多种形式间相互转化。近年来，智能电网技术的研究不断突破，在配电网中的应用日益广泛，为适应大规模分布式电源的接入，主动配电网的概念被正式提出，成为智能配电的最新形态和实现手段。智能电网对于分布式发电、储能和可控负荷等分布式设备主要采取局部消纳和控制，而在能源互联网中，由于分布式设备数量庞大，研究重点将由局部消纳向广域协调转变。此外，智能电网的信息系统以传统的工业控制系统为主体，而在能源互联网中，互联网等开放式信息网络将发挥更大作用。

能源互联网对于配电网的需求包含两个层面，一是对配电网完成其固有任务的更高需求，二是对其服务于能源互联网功能的新型需求；具体可分为基础需求、替代与融合需求、协调与互动需求。

基础需求，要求进一步提升供电能力，提高电能传输和利用效率，减损耗；进一步保证供电可靠性，具有更强的鲁棒性与自愈性；能更有效满足新型负荷的供电需要。

替代与融合需求，要求提升对分布式可再生能源的接纳能力；配电系统内配置足够数量与形式的电能与其他能源的转换接口设备及其控制系统；应用新型物理信息融合的配电设备，在配电系统中广泛实现信息接入和传递。

协调与互动需求，要求建立以大数据云计算为核心，物理信息融合设备为基础的高度智能控制形态，满足"源-网-荷-储"协调调度、与其他能源系统协调运行、信息分析和需求侧响应的需要；配电系统结构上能够满足能源互联网对等互联、资源共享理念的需求，实现拓扑网络和信息网络的广泛联通；配电系统服务于互联网+能源新商业模式和相关产业，为产销互动提供物理信息技术支持，见表5-1。

表5-1　　　　　　　主动配电网以及能源互联网环境下的配电网技术演进

| 网络 | | 当前配电网 | 主动配电网 | 能源互联网环境下的配电网 |
|---|---|---|---|---|
| 相同点 | | 都具有分布式资源，具有自主调节能源供给、储能策略和能源需求的能力 | | |
| 不同点 | 调控对象 | 只考虑电网 | 考虑电网、兼顾冷热 | 以电为核心载体的冷、热、气、电一体化 |
| | 调控手段 | 以电力调度为主的单一手段 | 考虑地区差异、考虑时空差异 | 考虑地区、时空和能源形式差异的综合调控 |
| | 分布式 | 就地控制、消纳 | 跨区域平衡 | 跨区域、跨能源形式的协同平衡 |
| | 用户交互 | 参与度较低 | 引导用户主动参与 | 能源生产与消费的负荷体 |
| | 调控策略 | 缺乏联合调控策略 | 电能平衡和安全校验 | 多源间能量平衡优化 |

综上所述，能源互联网将是能源领域的一次技术革命，配电网是能源互联的重要枢纽，配电网的发展应立足先天优势，凸显核心地位，不断创新理念，突破主动配电网等关键技

术应用,加快信息通信系统建设,形成开放的能源资源配置平台、信息数据共享平台、能源交易服务平台,逐步实现与其他能源网络的互联互通。

# 第二节 分 布 式 电 源

随着能源互联网建设的快速推进,海量分布式可再生能源、多种新型电力负荷以及用户侧储能分散接入配电网,具有数量庞大、单位容量小、整体渗透率高、不确定性强等特征,使得配电网运行风险控制及故障处理、清洁能源消纳等问题越来越困难,传统的集中运行控制方式已很难满足发展需求。

## 一、分布式电源基本概念

尽管分布式电源技术在一些发达国家已经成熟,并在一些领域得到推广应用,但国际上尚未形成分布式电源的统一定义,不同国家、地区和组织对于分布式电源的界定不尽相同。

总结一些典型国家(组织)关于分布式电源的概念界定,分布式电源具有以下四个基本特征:

(1)直接向用户供电,以自发自用为主,潮流不穿越上一级公用变压器。

(2)装机规模小,一般在 10 000kW 以下。

(3)通常接入中低压配电网。

(4)清洁高效。综合国际上典型国家及组织的界定标准和我国电网特点,我国在通常情况下碰到的分布式电源一般可定义为:位于用户附近,装机规模小,通常小于 10 000kW,以 10(35)kV 及以下电压等级接入的可再生能源、资源综合利用和能量梯级利用多联供发电设施。包括风能、太阳能等分布式电源发电,以及余热余压余气发电和小型天然气冷热电多联供等。

国家电网公司高度重视包括分布式电源在内的各类新能源发展,把支持新能源发展作为落实国家能源战略、服务战略新兴产业、促进经济发展方式转变的重大战略举措和重要政治责任、社会责任、经济责任,有力地促进和保障了我国新能源发电安全健康发展。

## 二、我国分布式电源发展现状

截至 2020 年底,国网公司经营区内分布式光伏并网 197.6 万户,总装机容量 7227.59 万kW,年发电量 627.16 亿 kWh,分别占光伏总装机容量和发电量的 33.5%(国网光伏总装机容量 2.16 亿 kW)、28.0%(国网光伏总发电量 2241.96 亿 kWh),年上网电量 468.86 亿kWh,平均年利用小时数 991 h,主要分布在农村地区和工业园区。分布式广发发展较好的省份主要有山东、浙江、江苏、河南、河北、安徽等 6 个省份,装机规模均超过 500万 kW。

分布式电源随机性与间歇性发电特性,对配电网的规划建设、调度运行、设备管理等带来严峻挑战。随着国家能源局《关于报送整县(市、区)屋顶分布式光伏开发试点方案的通知》下发，实现分布式光伏"宜建尽建""宜接尽接"，是践行"双碳"战略的迫切需求。

分布式光伏的电价补贴逐年降低即将进入平价时代。根据上网类型（全额上网、自发自用余电上网）、项目属性（工商业、户用）不同，不同时期可再生能源补贴标准变动较大，呈现逐步下降趋势。户用分布式光伏补贴从 0.42 元/kW（2013 年以前）逐步下降至 0.03 元/kWh（2021 年）。全额上网的工商业分布式光伏项目自 2019 年 7 月 1 日起采用竞价上网方式，上网电价不超过所在资源区指导价；自发自用、余电上网的工商业分布式光伏，自 2021 年起不再补贴。按照《国家发展改革委关于 2021 年新能源上网电价政策有关事项的通知》，2022 年起新建户用分布式光伏项目，中央财政不再补贴，分布式光伏将全面进入平价时代。

"十三五"期间，分布式光伏建设成本降幅超五成。随着分布式光伏产业产值的增长，规模经济和产品迭代使光伏设备成本快速下降。2015 年以前分布式光伏建设成本介于 7~9 元/W，2017 年建设成本降至 5~7 元/W，2021 年降至 3 元/W，2021 年光伏建造成本较 2015 年末降幅达到 50%以上。随着技术不断进步，光伏建造成本还有进一步降低空间。

投资成本回收分析。以山东省为例，户用分布式光伏发电等效利用小时数约为 1000h/年，根据目前结算电价及建设成本，在不考虑维护成本情况下，投资回收期约为 7 年左右。近年来，主流单片光伏组件功率由 280W 提升至 540W 左右，占地面积不断减小。同时，随着光伏组件成本不断下降、发电效率稳步提升，分布式光伏度电成本还存在较大下降空间。

## 三、分布式发电关键技术

分布式发电的关键技术主要包括两个方面：一是更低成本、更高效率的分布式发电基础材料、器件和装置，通过先进光伏组件、低速风机、高能效生物质能等技术手段，进一步提高光伏、风电、生物质能等可再生资源的转化效率。二是分布式电源的并网控制和消纳技术。随着分布式能源渗透率的不断提升，其相互作用和集群效应对配电网的安全稳定和优化运行带来了巨大挑战，由此暴露出目前分布式能源电力电子装备及其控制系统存在着许多技术问题。在分布式发电高比例接入电网背景下，需要分布式电源电力电子变流器能够正确感知外部电网的异常及故障状态，并智能化地实现功率调节，对配电网运行起到支撑作用；还应具备孤岛运行能力和并网/离网运行方式无缝切换能力，保障关键负荷在配电网故障情况下的不间断供电，减小配电网故障对关键设备的影响。针对分布式电源的高效消纳，目前的主要技术手段分为两大类：

（1）将分布式发电与储能技术及多能互补技术相结合，实现间歇式分布式能源的有效利用。

（2）整合需求侧响应资源，实现电能的"虚拟存储"及最大化利用。此外，适应分布式电源接入的配电网保护和自动化技术也是分布式电源并网的关键技术之一。

未来，规模化、高渗透率分布式可再生能源并网高效消纳技术，分布式电源并网集成、控制和保护技术，含高密度分布式电源的电网自愈控制技术等将是分布式电源技术研究的热点。

## 四、分布式电源规模化发展对配电网规划的影响

分布式电源发展的随意性增加了电力负荷预测和网架规划的不确定性,加大电源电网协调规划难度,要求建立适应分布式电源接入的配电网规划方法。

(1)电力负荷不确定性大。分布式电源直接接入用户侧,抵消电力负荷,其安装位置和容量取决于用户实际需要,随意性强,对整个电力系统的负荷增长模式产生影响,使得配电网规划人员更加难以准确预测负荷的增长情况。传统的配电网规划一般情况下是按照"负荷预测 – 电源规划 – 网络规划"的步骤进行的。负荷预测是电网规划设计的基础,能否得到准确合理的负荷预测结果,是电网规划的关键前提条件。分布式电源的并网,加大了规划区电力负荷的预测难度。用户安装使用分布式电源后,与增加的电力负荷相抵消,对负荷增长模式产生影响。此外,分布式电源出力受到自然条件影响,使得用电负荷的增长和空间分布具有更大的不确定性,这些因素都加大了负荷预测的难度,将使得准确预测电力负荷的增长及空间分布情况变得更加困难。

(2)网架构建复杂。分布式电源并网使传统配电网成为有源网络,潮流由单向变成双向流动,此外,受到光照强度变化的影响,发电出力具有明显的随机特性,难以提供持续电力保证,这将使得配电网潮流具有较大的不确定性,进一步增加配电网网架构建的复杂性。规划区用户分布式电源安装点存在不确定性,其输出电能常受到气候等自然条件的影响,有明显的随机特性,不能为规划区提供持续的电力保证,使变电站的选址、配电网络的接线和投资建设等规划工作更加复杂和不确定。

适应含分布式电源接入的配电网规划方法:

(1)适应分布式电源接入的配电网规划流程分布式电源等分布式电源接入对配电网的规划会产生较大的影响。由于配电网网架结构复杂、节点多,分布式电源可选择的接入方式多种多样,接入的容量也可从千瓦级到兆瓦级,使得考虑分布式电源接入后配电网规划的复杂性远远超出传统配电网规划模式。考虑分布式电源接入对配电网规划的影响,总结如下:

1)考虑分布式电源接入后的负荷预测。分布式电源的接入增加了负荷预测的难度。从上一级电网看,在配电网中安装分布式电源,不仅仅相当于减少了供电负荷,还增加了负荷变化的不确定性。各级电网的负荷预测均必须考虑分布式电源接入的影响。

2)制定规划目标和技术原则。分布式电源接入对配电网的网架结构、参数选择、供电可靠性、电能质量等都会带来影响,首先,必须明确分布式电源并网的技术原则和安全标准;其次考虑配电网受到并网影响,配电网规划目标和技术原则都需要进行调整。

3)考虑分布式电源接入的配电网规划。首先,接入配电网光伏发电的容量受到所接入配电网负荷性质及规模的影响;其次,分布式电源的布局和接入方式也受到网架结构的限制。再次,配电网网架结构、上一级变电站选址和容量的优化,也要考虑分布式电源接入的影响。要考虑分布式电源的合理规模、布点,结合负荷、电网结构,开展发、配、用三者,特别是发电侧布局的规划优化研究。

4）考虑分布式电源接入的专项规划。高渗透率分布式电源接入对配电网一次网络结构产生深刻影响的同时，包括继电保护、配电自动化、电网调度与控制等在内的综合性问题将影响系统的运行，需要对专项规划方法进行调整。

（2）适应分分布式电源并网的配电网规划技术原则。适应分布式电源并网的配电网规划技术原则应考虑以下内容：

并网电压等级：分布式电源接入配电网时，需要根据其容量配置及电网情况确定其并网的电压等级。需研究满足分布式电源并网运行要求的标准下，分布式电源的接入容量与电压等级的关系。供电可靠性要求：电网供电能力不足的情况下，分布式电源对外输送电力，对提高电网供电可靠性起到了重要的作用；电网供电能力充足的时候，分布式电源本身故障也可能影响电网的稳定运行。配电网应建立有规划的分布式电源孤岛运行模式，即取消分布式电源反孤岛保护，在预设的解列点装设故障解列装置，基于对电网频率、电压等运行参数的判断来实现解列，提高电网的供电可靠性。同时也需要加强对光伏发电的管理，避免分布式电源影响电网事故的发生。

容载比：分布式电源接入电网，会对整个配电系统的容载比产生影响。因此，在分布式电源接入电网后，也应考虑其对系统容载比产生的影响。

变电设备和线路参数：分布式电源接入后受到其接入方式、容量的影响变电设备和线路将发生改变。如开闭站、配电室、电缆分界室需要预留出线规模，线路截面选择时也需要考虑因分布式电源接入引起的潮流变化情况。

短路水平：分布式电源的接入将提高配电网的短路水平，在故障时向短路点提供短路电流。分布式电源所能够提供的最大短路电流应与配电网自身短路水平协调，在任一点应不超过配电网所允许的最大短路电流水平。

无功补偿和电压调整：分布于配电网的分布式电源对配电网电压分布产生影响，位置选择不当会使节点电压超标，退出运行时，部分节点电压过低。针对电能质量问题，应该研究新的自动电压控制策略，使其参与分布式电源的运行控制，以调整分布式电源本身的出口电压；在分布式电源接入点考虑安装快速响应的动态无功补偿设备，如动态无功补偿装置或静止无功发生器。

## 五、分布式电源规模化发展对配电网运行的影响

分布式电源大量接入将形成配电网双向潮流，给配电网带来一系列新的技术问题。

### （一）非计划孤岛问题

分布式电源接入使得无源配电网成为有源配电网，当电网检修或故障时，分布式电源继续向负荷供电，导致部分线路带电运行，给电网检修人员和电力用户带来安全风险。

### （二）电压分布问题

分布式电源接入配电网引起的较为严重的问题就是电压超标的问题。分布式电源接入配电网后，将引起电压分布变化，但分布式电源的投入、退出时间以及有功无功功率输出又难以准确预测，且实时监测技术复杂成本高，使得配电网线路电压调整控制十分困难。分布式电源常位于配电网的终端，离负荷较近，输出的无功会使负荷节点处电压升高，甚

至超出电压偏移标准。当分布式电源退出运行时，受其影响较大的节点负荷又因缺少电压支撑而遭受低电压等严重电能质量问题，受影响程度的大小与分布式电源位置和容量有关。

### （三）继电保护问题

由于分布式电源提供的短路电流一般不超过额定电流的 1.5 倍，对短路电流水平影响不大，对断路器开断能力和保护整定的影响相对较小，因此，一般不太关注分布式电源对继电保护的影响。从理论上来看，一方面，增加控制协调难度，分布式电源并网会改变配电网原来故障时的短路电流水平，并影响电压与短路电流的分布，对继电保护系统带来影响：引起保护拒动和误动、影响重合闸和备用电源自投成功率。另一方面，对设备容量提出更高要求，直接并网的发电机会增加配电网的短路电流水平，提高了对配电网断路器遮断容量的要求。

### （四）电能质量问题

受光照资源影响，分布式电源输出功率具有随机性，易造成电网电压波动和闪变。通过逆变器并网，不可避免地会向电网注入谐波电流，导致电压波形出现畸变。大量单相分布式电源系统接入可能导致三相电流不平衡。无隔离的逆变器并网易导致直流分量。分布式电源与电网的连接通过逆变器实现，这些电力电子器件的频繁开通和关断，容易产生开关频率附近的谐波分量，对电网及用户造成谐波污染。分布式电源系统的谐波类型及其污染的严重程度取决于功率变换器技术和分布式电源的并网结构，谐波的幅度和阶次与发电方式以及转换器的工作模式有关。一定容量的分布式电源系统接入配电网，会对馈线上的谐波电压和电流分布产生影响。在分布式电源接入位置不变的情况下，分布式电源总出力与总负荷的比例越高，同一馈线沿线各负荷节点电压总谐波畸变率越大；分布式电源越接近系统母线，对系统的谐波分布影响越小。

### （五）系统安全运行问题

分布式电源的出力波动性将可能显著改变系统供电负荷曲线，对系统有功平衡带来挑战，对电网的运行灵活性提出更高需求。随着系统光伏接入容量的增加，分布式电源对系统净负荷曲线将有显著影响，呈典型的"鸭型"特点，将对电力系统有功平衡带来极大挑战。如白天分布式电源充足，满足电网负荷需求，甚至会出现电力过剩；而夜晚，光伏出力为零，需要其他电源能够快速增加出力，满足电网负荷。这就需要电网运行具有足够的灵活性，如足够灵活的常规发电机组对光伏出力的变化做出快速反应，充足的电网互联以发挥不同区域的资源优势，充足的需求侧响应资源等，保证系统有功平衡和运行安全。

# 第三节 电动汽车与车网互动

## 一、电动汽车发展概况

面对全球范围日益严峻的能源形势和环保要求，世界主要汽车生产国都把新能源汽车产业发展作为提高产业竞争力、能源革命的重大战略举措，国内外很多汽车厂家先后开展电动汽车的研发制造，如特斯拉、日产、宝马等。新能源汽车是国家七大战略新兴产业之一，也是"中国制造 2025"十大重点推动领域之一，国内的新能源汽车生产品牌如比亚迪、北汽、上汽、江淮、奇瑞、长安等品牌的市场规模也在逐步扩大。但是随着电动汽车规模化发展，电动汽车无序充电的行为对电网运行稳定性和经济性带来了一定的负面影响，如电网建设投资增加、网损增大、电能质量下降等。因此，如何更好地调控电动汽车充放电行为成为当前研究的热点。

在双碳战略的背景下，新能源汽车产业高速发展，市场规模快速发展。尽管受到疫情与中美贸易战的双重影响，但我国 2020 年新能源汽车产销分别完成 136.6 万辆和 136.7 万辆，同比分别增长 7.5%和 10.9%。同时，充电桩布局迅速，充电网络日趋合理。以江苏为例，截至 2021 年 2 月，江苏全省公共充电桩总量超过 7.5 万台，充电站超过 5600 座，率先实现了高速公路服务区与乡镇地区 100%全覆盖，构建覆盖全省的充电服务网络，基本满足了公共领域新能源汽车充电服务需求。

## 二、电动汽车规模化充放电对配网的影响

电动汽车作为分布式微储能单元接入电力网络后，配电网将由一个放射状网络变为一个分布式可控微储能和用户互联的复杂网络，其运行特性会发生改变。同时，电动汽车大规模集中放电，使得配电网有传统的单点电源放射状向多电源电网转变，这一转变也会给配网的运行检修带来安全风险。其主要影响有以下五点：

（1）对系统短路故障的影响。电动汽车充电会为不严重的短路提供一定的电压支持，同时减少配电网侧的短路电流，增加故障的保护切除时间，对电网的安全运行存在威胁。

（2）对配网检修的影响。电动汽车的放电行为会向故障或维修时断开的配网线路继续提供电能，构成一个不受电网控制的自给供电孤岛。孤岛效应一旦发生，就会使得孤岛区域内的线路带电，检修线路若未有效接地，会对检修人员造成人身威胁。此外，孤岛效应对合闸也存在影响，容易在重合闸时损害电网设备，甚至造成电网重新跳闸。

（3）电压运营水平的影响。大规模电动集中充电可能造成就地负荷的短时电压降超标，影响设备的运行安全及负荷的供电可靠性。同时，随着电动汽车数量的不断增加，电动汽车接入点负荷产生的电压降也随之增大，且在电网紧急情况下的影响较为明显。

（4）对变压器容量的影响。电动汽车在配电网中的接入量受配电网容量的限制，电动汽车集中充电存在超出配电容量的风险。

（5）对负荷峰谷差的影响。无协调控制的集中充电会加大电网的峰谷差，还会使负荷峰值发生偏移，造成电网系统峰荷过高的风险。

## 三、有序充电与车网互动技术

当前，我国新能源汽车保有量超过 550 万辆。电动汽车规模化接入电网会对配电网负

荷平衡造成重要影响，导致局部地区用电紧张，加重配电网负担。通过仿真发现，电动汽车在不同的充电方式下对电网不同类型新增设备有着不同的影响，无序充电所需的电网相关设备量较大。

为此，需要通过有序充电控制，根据电网供电能力和安全要求，将电动汽车充电负荷合理地引导到电网负荷非高峰时段。通过合理引导用户充电行为，有效避免配变及线路过载等问题，避免无序充电造成的投资浪费；并有效提高电网接入充电设施的能力，降低用户的充电成本，满足更多的电动汽车充电需求，保障电动汽车产业快速发展。

电动汽车有序充电是指依托智能配变终端、即插即用通信单元等装备，实现对电动汽车充电桩运行状态、电量数据、告警事件等信息的实时采集，为配电自动化系统及车联网平台提供数据，同时结合配变负荷预测、电动汽车充电需求、配变功率限制三个主要因素，制定台区内电动汽车充电管理控制策略，实现对台区内电动汽车充电桩的停启控制管理。通过智能配变终端与车联网平台、电动汽车充电桩的交互，提高配网设备利用率，减少电动汽车充电信息采集设备成本投入。

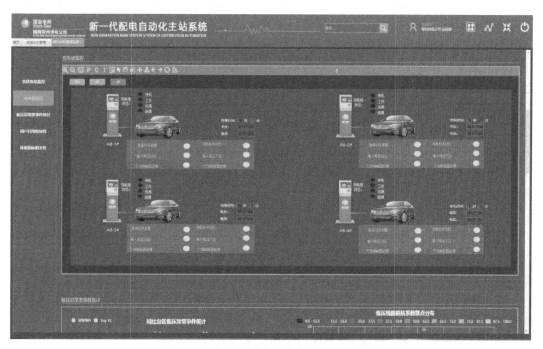

图 5-1　主站电动汽车充电管理展示界面

以某市为例，通过对城区居民典型台区负荷和典型生活习惯进行统计分析，城区的台区负荷自 18:30 起开始进入高负荷运行状态，电动汽车充电时段一般分布在 18:30～23:30之间，与台区晚高峰生活用电负荷完全重叠，如不经引导，台区将可能在 21:30 左右出现重超载现象，对电网的安全稳定的运行造成较大的影响。通过智能配变终端的有序充电方案进行引导，可将负荷合理转移至 0:00～6:00 时段内，充分利用配变轻载时段为电动汽车充电，提高配变运行经济性。

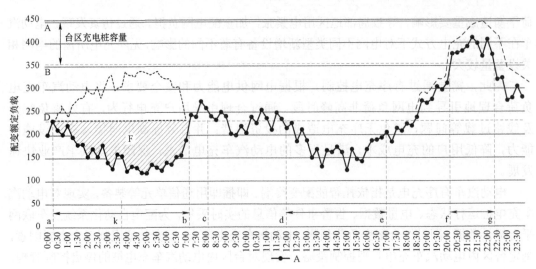

图 5-2　台区负荷特征及调度策略

550 多万辆新能源汽车相当于数千万千瓦的移动功率,已然成为一种潜力超大的用户侧灵活性需求响应资源。为了有效利用这一资源,解决无序充电造成的影响,车网互动(V2G)技术应运而生。车网互动技术是指电动车辆作为移动储能单元在受控状态下实现与电网的能量与信息的双向交换,电动汽车(充电站)不但从电网获得能量,而且实现在必要时电动汽车(充电站)向电网反送电,从而提高电网运行的可靠性。

在车网互动场景下,海量电动汽车既可以作为用户侧的柔性负荷,又可以作为分布式电源设备,帮助调节电网用电负荷,削峰填谷,消纳可再生能源,并为电网提供调频和备用等辅助服务。但单一电动汽车的容量往往较小,因此 V2G 技术一般需要通过集群电动汽车代理商,对已入网的集群电动汽车实施充放电调控管理,以实现参与电力系统调峰等辅助服务。

如表 5-2 所示,从实现的难易程度考虑,可将互动内容由易至难划分为三个层次。

(1)削峰填谷(第一层次)。互动协调控制系统根据电网状态信息、电动汽车充放电负荷信息,确定并发布分时电价;通过调整电价实现对电动汽车充放电负荷的调节,达到削峰填谷的目标。

(2)备用服务(第二层次)。电动汽车以可中断负荷的形式(在电网峰荷或故障时中断电动汽车充电负荷)向电网提供备用服务,可起到提高电网可靠性的作用。

(3)调频服务(第三层次)。大规模电动汽车具有可观的储能容量,且能够快速改变充放电状态,具有向电网提供调频服务的巨大潜力。

表 5-2　　　　　　　电动汽车、充电桩与电网间的信息互动内容

| 互动内容 | 电网侧信息 | 电网侧充放电控制指令 | 用端反馈 | 对电池性能及互动控制的要求 | 互动结果 | 互动效益 |
|---|---|---|---|---|---|---|
| 削峰填谷 | 电网负荷和电价信息 | 无 | 优化充放电时间和过程 | 较低 | 降低峰荷平滑负荷曲线 | 提高设备利用率和电网运行成本 |

续表

| 互动内容 | 电网侧信息 | 电网侧充放电控制指令 | 用端反馈 | 对电池性能及互动控制的要求 | 互动结果 | 互动效益 |
|---|---|---|---|---|---|---|
| 备用服务 | 电网备用功率和持续时间信息 | 停止或继续充放电指令 | 根据控制指令,中断或继续充放电过程 | 中等 | 电动汽车在电网需要时提供备用支援 | 减小电网对发电机的备用容量需求和支付的备用成本 |
| 调频服务 | 电网调频需求信息 | 调整或改变充放电指令 | 根据控制指令,调整或改变充放电状态 | 较高 | 电动汽车在电网需要时提供调频服务 | 减小电网对发电机组的调频容量需求和的调频成本 |

## 四、充电网络建设

### （一）开展充电需求预测

影响电动汽车充电需求预测的因素有很多,可从用户行为、市场、并网方式、动力电池特性及充电设施等宏观因素考虑,细化分析可得到起始充电时间、起始荷电状态、电池容量、电动汽车保有量、充电功率、充电地点等影响各宏观因素的具体技术参数。

电动汽车保有量和充电功率决定了电动汽车所需最大充电总功率;电动汽车保有量、电池容量和起始荷电状态决定了总电量需求;大量用户的起始充电时间和充电地点的随机性对充电负荷大小影响很大,充电时间和地点越集中,则电动汽车总充电负荷越大。

### （二）开展充电基础设施布局规划

电动汽车的普及进程与其充电服务的便利程度密切相关,充电网络布局规划的合理与否直接影响消费者的购买意愿和用车体验。电动汽车充电设施规划布局主要受市场需求和可行性两个因素约束。衡量充电设施市场需求的主要指标是交通量与服务半径两个要素;决定可行性的关键在于交通、环保、区域配电能力、地区建设规划、路网规划等外部条件。因此,充电设施规划布局应充分考虑以下因素:

充电设施布局与交通密度和充电需求相匹配。交通密度是指在单位长度车道上,某时刻所存在的车辆数;充电需求是指一定数量的电动汽车在特定时间和特定地点对充电设施的需求。相同的电动汽车运行方式下,交通密度越大,充电需求越高。因此,充电设施布局规划应与区域电动汽车交通密度成正比,保证充电需求。

充电设施服务半径与用户需求相适应。充电设施服务半径由电动汽车运行方式、动力电池续驶能力、区域交通密度等因素决定,充电设施布局应分析各种影响因素,合理选择服务半径,满足各类用户的充电需求。根据建设部《城市道路交通规划设计规范》,"城市公共加油站的服务半径宜为 0.9～1.2km",考虑电动汽车动力电池续驶里程,远景城市公共充换电站的服务半径应当在 1km 左右较为合理。

充电设施布局与配电网现状相协调。电动汽车充电设施运营时的电力负荷呈现出非线性、变化快、负荷大等特点,产生的谐波电流、冲击电压会对配电网电能质量及充电设施电能供应的安全性和稳定性造成影响,而且充电设施充放电还可以影响配电网的峰谷差。为保证充电设施能够提供良好的充电服务,同时与配电网运行相协调,充电设施布局应根据配电网现状统筹规划。

充电设施建设与城市规划用地相匹配。根据充电设施需求情况，充分挖掘和利用各种场地资源：充分利用公司变电站、供电所和营业厅等现有场地资源建设充换电站；充分利用停车场、居民小区、新建公共建筑等场所规划建设充电桩；在土地资源紧张、使用成本较高的繁华地段建设立体式充换电站；在条件允许的其他地段，建设大型平面式充换电站。

站桩布局与充电需求相匹配。合理确定集中式充换电站与分散式充电桩的配置比例，满足不同的充电需要，方便电动汽车电能补给，同时提高充电设施利用效率。

图 5-3　某市城市公共充电服务网络布局规划方案

### （三）发展"互联网+充电"运营管理新模式

发挥资源优势与资本优势，借助互联网平台开展"互联网+充电"，利用大数据平台，分析电动汽车位置信息、充电数据、运行状态，用户行为等数据，加强充电设施和用户的双向互动，提高充电服务的便捷性与可靠性；开展"互联网+运营"，通过研究探索分时租赁、共享出行等商业模式，参与、培育、引领电动汽车服务新模式。促进电动汽车与智能电网间能量和信息的双向互动，应用电池能量信息化和互联网化技术，探索无线充电、移动充电、充放电智能导引等新运营模式。

某供电公司推出了基于大数据、云计算、物联网、移动互联技术的"e充电"车联网平台。"e充电"车联网平台是集充换电设施监控、信息服务、资费结算、车联网服务、生活服务等业务于一体的车联网智能平台。通过车联网平台，可以完成电动汽车充电卡的开卡、换卡、补卡、销卡、挂失等业务，极大地满足广大电动汽车车主的充电需求。

"e充电"车联网平台硬件主要由充电桩、充换电设施监控系统、车载监控和通信设备、通信网络、运营管理系统等组成。通过用户友好的网络交互平台便于用户在线办理业务和查询充电信息，如图5-4所示。推出终端手机APP，可方便快捷地实现充电桩位置查询、充电方式选择、充电进度记录、无人充电授权等服务，而且通过与微信、支付宝等第三方支付平台的合作，可实现充电费用的自主在线结算。

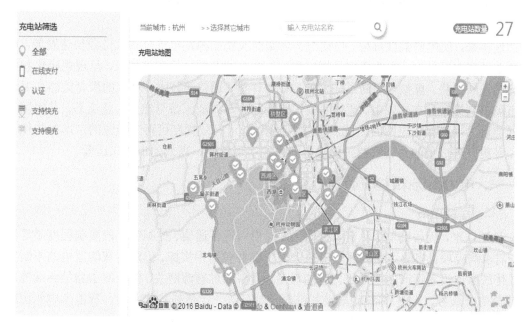

图 5-4 "e 充电"车联网终端 APP

### （四）发展车网协同的智能充放电模式

电动汽车的负荷特性和储能特性决定了其在能源互联网中的作用,即可作为需求侧响应资源参与系统调峰调频。通过数据平台共享车辆用能行为和用户的行为信息,实现电动汽车即插即用和移动储能行为的自主评估与分析,利用动态分时电价优化电动汽车充放电时间序列,实现智能化充放电,推动电动汽车与电网的协同优化运行。该模式的实践应用可显著降低充电站的运营成本和电动汽车用户的充电成本,改善电网负荷曲线,推动清洁能源消纳。同时以需求侧响应作为突破口让电动汽车积极参与电力市场,为终端用户提供应急电源、备用等辅助服务。

### （五）发展新能源+电动汽车运行新模式

探索新能源+电动汽车新模式,充分利用风能、太阳能等可再生能源资源解决电动汽车电能供给问题,推动光伏充电站建设,实现电动汽车与分布式电源的协同增效。如采用直流微电网技术,光伏发电、储能、电动汽车充电都连接在直流母线上,将减少光伏逆变、充电桩整流环节,从而降低系统的建设成本和运营成本,提高系统效率和经济效益,并同时解决分布式光伏消纳和电动汽车充电难题。

### （六）开展基于共享平台的车网协同优化规划

加快电网与交通网的深度融合,加强能源互联网与用户侧双向互动,通过共享平台和移动终端获取用户出行规律、充电需求地理分布和充电设施使用信息,构建定位精准,配置合理的充电服务网络,综合考虑配电网物理条件约束和运行成本,开展车网协同的配电网优化规划,保证电动汽车的友好接入,提高电网运行的安全性和经济性。

# 第四节　虚拟电厂与可调节负荷

近年来，配电侧柔性负荷、电动汽车、储能及新能源发电等分布式资源快速发展，广泛覆盖了家庭及社区、商业楼宇及楼宇群、工业企业及园区等各类场景，呈现规模化和集群化的发展趋势。虚拟电厂通过先进的控制、计量、通信等技术，精准的聚合策略和灵活的市场机制聚集分布式发电、柔性负荷、储能等分布式能源参与电力市场交易，是实现分布式能源大规模接入电网的区域多能源聚合模式，可有效提高可再生能源的市场参与积极性，并提升各成员的整体收益，促进电力系统实现低碳、高效的市场化运营。

## 一、电力系统柔性负荷资源

### （一）居民用户

长期以来，因居民单个负荷条件潜力小、户内设备通信、控制等手段限制程度高等原因，需求响应项目多集中在耗能较多的大型工商业负荷中实施。但随着智能家电的不断推广，传统家电设备逐渐转型升级为智能设备，具备通过能源网关、能源路由器等终端控制器或微信公众号、APP 等移动端设备进行控制开关、工作模式等功能。智能家电的出现使得大量无法调节的刚性负荷转变为可调节工作时序的柔性负荷。

同时，美国联邦能源管理委员会（FERC）的研究报告指出，虽然单个居民负荷的潜力较小，但由于居民负荷数量众多，其聚合潜力不可忽略，美国居民和商业用电分别占美国总用电量的 36%和 37%左右，其总和占全国用电量的 73%，如果没有监管和市场准入条件限制，中小型负荷的需求响应潜力甚至比大型工商业的潜力更大。在此背景下，精准评估和分析居民用户柔性资源潜力是需求响应项目准确计量、验证参与容量市场的需求侧资源必不可少的一环。

居民用户柔性负荷主要有两大类设备。第一类是以空调、冰箱、电热水器为代表的温控负荷，其可通过控制室温/水温进行负荷功率的柔性调节；第二类是以电动汽车、洗衣机为代表的时控负荷，其可通过控制启停及工作模式进行负荷功率的柔性调节。在两大类负荷模型的基础上，重点考虑设备之间的用电行为关系，开展单个居民用户柔性负荷调节潜力分析。居民用户柔性负荷可调潜力则是该区域内所有居民用户的调节潜力之和。

### （二）商业楼宇用户

商业楼宇是一种多功能、高效率、复杂而统一的城市建筑综合体，具备商业、办公、居住、旅店、展览、餐饮、文娱等功能。一般常见的综合体，主要以大型商场为公共主体，辅以其他功能区域组合而成。

商业楼宇主要用能高峰时段为 9:00～21:00，其负荷规律随商业综合体公共区域工作时间变化而变化。周末由于商业综合体营业时间普遍加长，其用能高峰时段一般会延长至晚上 22:00 以后。商业综合体全年用能高峰主要集中在夏季，一般在 6～9 月，以空调负荷占比最大，可达到 50%以上。其照明负荷较为稳定，占比通常为 20%左右，动力负荷主要来自电梯、水泵等，负荷占比为 15%左右，冷库制冷负荷在 10%左右。商业综合体的公共区域，为可调控主体区域，可调控设备一般为空调设备、照明设备、厨房冷库等。

大量的研究表明,使用物理模型评估商业楼宇中柔性负荷可调潜力及各种需求响应控制策略的效果是有效的。商业楼宇用户一般基于 EnergyPlus 等建筑能耗逐时模拟引擎,采用集成同步的负荷/系统/设备的模拟方法,建立的整体建筑楼宇模型,从而进行模拟计算可调潜力。

### （三）典型工业用户

2019 年,国网公司经营区域全社会用电量中第一产业占比 1.00%,第二产业占比 68.93%（其中工业占比 67.76%）,第三产业占比 15.94%、城乡居民生活占比 14.13%。我国工业用电无论是用电量还是负荷占比,都高居第一。同时,表 5-3 表明,工业用户设备种类多种多样,可中断、可转移负荷设备、夏季降温负荷等柔性负荷占比高,具有调控方式简便等优点,调节潜力总量巨大,是需求响应资源的重点挖掘对象。

表 5-3　　　　　　　　　　典型工业用户柔性负荷情况表

| 序号 | 所属行业类别 | | 柔性负荷分类 | 主要可调负荷设备 | 负荷占比 | 调控方式 |
|---|---|---|---|---|---|---|
| 1 | 黑色金属冶炼 | 钢铁 | 可削负荷 | 轧钢机、电弧炉 | 大约 55% | 自控 |
| 2 | | 工业硅 | 可削负荷 | 矿热炉、电弧炉、还原炉等 | 65%~75% | 自控 |
| 3 | | 铁合金 | 可削负荷 | 矿热炉、电弧炉、还原炉等 | 65%~75% | 自控 |
| 4 | 有色金属冶炼 | 电解铝 | 快速负荷 | 铝电解槽 | ＞90% | 自控 |
| 5 | 非金属矿物加工 | 水泥 | 弹性负荷 | 生料磨、水泥磨 | 40%~70% | 自控 |
| 6 | | 陶瓷 | 弹性负荷 | 球磨机、造粉机、抛光机 | 45% | 人工调节 |
| 7 | | 玻璃 | 弹性负荷 | 玻璃熔窑、退火窑、空压机、冷端玻璃切割机 | 61% | 自控 |
| 8 | 设备制造 | 通用及专用设备 | 可削负荷 | 普通磨床、自动矫直机、折弯机、切割机、喷涂系统 | 2%~13% | 人工调节 |
| 9 | | 汽车制造 | 可削负荷 | 循环水泵、通风机、空气压缩风机 | 3% | 自控 |
| 10 | | 铁路、船舶、航空航天和其他运输设备制造 | 可削负荷 | 热处理炉、高频炉、水泵、鼓风机、空压机 | 36% | 自控、直控 |
| 11 | 纺织业 | 纺织业 | 可削负荷 | 织布机、整经机、开幅机、翻布机、脱水机 | 13.5%~14.5% | 人工调节 |

### （四）新兴柔性负荷

新兴柔性负荷一般指铁塔基站储能设备、电动汽车等用户侧储能设备。不同于居民、工商业用户,此类柔性负荷在数量容量上有着海量总量、小量单体容量的属性,在空间地理上有分布分散的特点,在与电网关系上有双向互动的特性,其聚合群可调节能力亦不容小觑,正成为需求响应项目中不断增长的可调资源。

铁塔基站主要服务于移动、联通、电信三大运营商,实现移动通信网络的广域覆盖,一般分为宏站、微站、拉远站、室内分布系统四种类型。其中微站、拉远站和室内分布系统没有配置储能作为备用电源,一旦失去外部电源将造成通信中断,不具备需求响应能力;宏站一般配置两组阀控式储能电池,具备需求响应能力。目前,储能电池有铅酸和磷酸铁锂两种,占比分别为 80%、20%,其中,铅酸电池是 2018 年前铁塔公司基站新建或者改造所购置的新电池;磷酸铁锂电池是 2018 年以来铁塔公司响应国家政策号召将电动汽车等退役电池(运行性能低于设计容量的 80%)经过整合处理后的梯次利用,成本相对便宜,后续将逐步替代铅酸电池。

经调研统计,目前全国铁塔基站的数量约有 200 万座,若全部参与需求响应,夏季削峰响应期间,可聚合形成 2000 万 kW,持续 8h 的需求响应资源;填谷响应期间,在 0.1C 模式较小功率充电模式下,可聚合形成 1240 万 kW、持续 8h 的需求响应资源,具有十分庞大的需求响应潜力,可为电网削峰填谷提供有力支撑。同时,宏站参与需求响应对其通信功能没有影响,并且具备远程集中控制便捷性,是需求响应的优质资源。

## 二、电力柔性负荷调节及供需互动技术

### (一)柔性负荷调节及响应方法

结合多种柔性负荷属性、工作特性及潜力特征,从需求响应角度进行分类,将柔性负荷调节与响应类型分为主动响应和直接调控两种类型,如表 5-4 所示。

表 5-4 柔性负荷调节及响应方法分类

| 分类 | 自主响应型 | 直接调控型 |
|---|---|---|
| 典型代表 | 小用户;居民用户 | 大型工商业用户;零售商 |
| 参与需求响应方式 | 自发调整用电行为 | 长期合同市场报价 |
| 特点 | 分散而非直接调控 | 可直接调控 |

自主响应类型的用户可以依据由市场电价激励自主调整其用电模式,这类用户一般是小型的居民用户或没有参与直接调度的工商业用户。例如,对居民用户而言,其调整用电模式主要以通过家庭能源管理系统(Household Energy Management System,HEMS)基于峰谷电价等经济需求响应激励,对其各自柔性负荷进行完全独立的优化控制,以实现本身最优柔性负荷的需求响应调节与响应。

直接调度类用户主要包括大用户和零售商(聚合商),根据系统运行需要直接接受调度机构控制以调整用电负荷。这类用户参与市场的方式又可分为长期合同和市场报价两种形式,通过长期合同形式参与市场的用户侧资源在合同签订时即规定可以接受的负荷调整量和相应的价格;而通过市场报价形式参与市场的用户则在综合考虑生产计划和成本的基础上,于运行日前向调度机构提交削减负荷意愿报价,包括削减的负荷量和相应的价格。

自主响应类能更好地发挥用户的积极性,但由于其不受系统控制,因而对其响应机理的研究应着重于响应行为预测;直接调控类能够保证需求侧资源的可控性,降低了系统运行的压力,其中市场报价形式更加灵活,更好地反映用户需求,但用户需要频繁申报意愿曲线,增加了用户负担。对直接控制类用户侧资源的研究重点是实现最优调度。

### （二）用户与电网供需互动技术

随着供给侧清洁能源与消费侧柔性负荷的快速发展，未来电网和负荷均具备了柔性特征，将由过往独立运行的单体逐步转变为供需友好互动的协调关系。"供需友好互动"的概念在此背景下应运而生，是指电力系统中各方通过参与相关市场或服从系统调度而确定或调整发、用电方式，包括电能、信息和交易的互动。供需互动实现了供需双方资源的整合，以相对低廉的成本确保系统安全、经济运行，提升资源利用效率，推进形成竞争公平、价格合理的电力市场。

供需互动技术的实施是以柔性负荷调节及响应技术为基础原理，通过构建供需互动平台，实现负荷主动参与电网运行控制，可以达到消纳可再生能源、降低峰谷差、降低资源消耗、提高电力资产利用率等目的。一方面，电力供需互动平台可与居民用户等小用户的用电设备进行信息双向交互，引导其自主参与需求响应调峰填谷；另一方面，通过与电力公司营销业务系统、用电信息采集系统、电能服务平台等进行数据交互，与非工空调有序削峰系统、需求响应系统进行业务整合，向大型工商业用户发送需求响应时间、能源优化目标等信息，并向其发送调控指令。

供需互动技术需要能源供给方、电网、能源消费方多方协同优化，因此其科学合理的运作模式必须充分考虑到全社会、发电公司、电力公司、电力用户的利益平衡，配合必要的法规和政策支持，以实现各实体发挥职能并能积极主动地参与供需友好互动的效果。但目前我国电力工业市场改革仍处于关键时期，发电、输电、配电尚未实现完全的自由市场化竞争，现阶段的供需友好互动项目应由政府主导，电力公司作为实施主体，并且鼓励中介机构和能源服务公司等第三方组织参与其中，不断促进系统的优化。

## 三、电力需求响应及虚拟电厂技术

### （一）自动需求响应技术

目前我国需求响应项目实施总体水平较低，基本处于人工及半自动需求响应阶段，即需求响应的合同签订、项目管理、数据采集、事件发送、负荷削减、费用核算等过程基本由人工进行，只有部分由自动化系统进行。自动需求响应作为需求响应的高级形态，依赖高速通信技术、自动化技术，自主自动实现接用户合同签订、收外部信号、触发用户侧需求响应成效等一系列操作。

在通信标准方面，由东南大学主导发起的 IEC 国际标准《用户侧电能管理系统和电网系统间的接口 第10-3部分：开发自动需求响应通信规范 智能电网用户接口适配 IEC 公共信息模型》正式建立了支撑自动需求响应实施的电网侧系统与用户侧系统及设备之间的互操作模型，打破电网侧与用户侧互动和国内外需求响应系统互联互通的信息技术壁垒，实现需求响应管理者、聚合商级各类用户的需求响应信息交互。

在终端设备及系统响应方面，基于适应于不同场合的多类型自动需求响应终端可代替用户执行自动化需求响应。同时，大量此类终端使得广义负荷资源参与到多时间尺度电力系统运行中来，实现典型用电设备通过自动需求响应自主参与一次调频、二次调频以及秒级、毫秒级系统紧急响应。

在推广应用方面，江苏部署了开放式自动需求响应相关系统，接入非工空调用户2715

户，具备空调负荷自动需求响应能力 30 万 kW，完成 20.8 万户居民大功率用电设备的在线监测，具备居民负荷自动需求响应能力 11.5 万 kW，接入工业领域自动需求响应用户 2 户，具备工业负荷自动需求响应能力 8.68 万 kW。

## （二）虚拟电厂技术

在双碳战略背景下，分布式发电设备和有源负荷呈现高速增长态势，快速的增长也带来了新能源就地消纳、电网安全可靠运行等诸多问题。虚拟电厂（Virtual Power Plant，VPP）在聚合规模效益驱动下，利用通信、控制、计算机等技术将分布式清洁能源聚合统一参与电力市场，利用电力市场加强电力系统供应侧与需求侧之前的协调互动，加强新能源与系统间的相互容纳能力。通过虚拟电厂，无需对电网进行改造就可以有效地整合、协调优化不同区域的分布式发电机组，提高可再生能源发电的可靠性。

虚拟电厂可提供多样的管理和辅助服务。按市场中的角色不同，可将其分为商业型虚拟电厂（Commercial Virtual Power Plant，CVPP）和技术型虚拟电厂（Technical Virtual Power Plant，TVPP），其运行基本框架如图 5-5 所示。

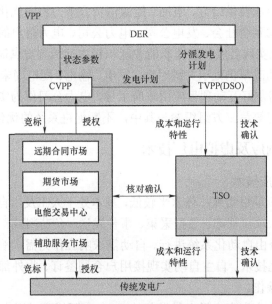

图 5-5　虚拟电厂运行的基本框架

国内对于 VPP 工程示范的建设处于快速发展阶段。随着国内能源互联网行动计划的推进，上海在 2015 年初实施了能源互联网试点项目，借助互联网技术建成功能强大的 VPP，从而完成清洁能源利用及区域冷热电三联供。2018 年，由国家电网公司主导发起的虚拟电厂《架构与功能要求》和《用例》2 项国际电工技术委员会（IEC）标准提案获批正式立项。这是 IEC 在 VPP 领域首批立项的国际标准，也是我国配用电行业在能源转型和绿色发展领域方面取得的又一突破。2018 年，上海市黄浦区发改委承担建设的国家需求侧示范项目，将区内 104 幢签约商业建筑作为虚拟发电节点，合理调节各自空调、照明、动力使用负荷以削减高峰电力，1 小时内实际削减电力负荷 20.12MW。

### （三）虚拟电厂商业模式

虚拟电厂是依托现代信息通信技术，将分布式电源、储能、负荷等分散在电网的各类资源相聚合，进行协同优化运行控制和市场交易，实现能源侧的多能互补、负荷侧的灵活互动，为电网提供调峰、调频、备用等辅助服务，为分布式清洁能源高效利用提供了解决方案。虚拟电厂运营企业通过参与电力辅助服务市场、电力现货市场、清洁能源配额制交易、电力需求侧管理，获得相应的利益；其主要商业模式如下：

（1）参与电力辅助市场：虚拟电厂运营企业在辅助服务市场上报理论发电曲线，在市场存在需求时通过竞价参与调峰，获得辅助服务补偿收益。

（2）参与电力现货市场：虚拟电厂运营企业在内部发电大于用电需求时，以多出电力参与现货市场交易获利。

（3）参与清洁能源消纳配额交易：虚拟电厂运营企业在完成清洁能源消纳配额指标后，将多完成的消纳电量放入市场进行交易获利。

（4）参与电力需求侧响应：虚拟电厂运营企业在发用电平衡紧张时段，通过协调虚拟电厂内部储能与电源，优化用户负荷曲线，参与需求侧响应获利。

以国网某省电力公司为例，该公司利用虚拟电厂参与辅助服务市场，截至 2019 年底已完成一期虚拟电厂智能管控平台功能应用测试和微应用功能模块开发，实现了用户资源–虚拟电厂平台–调度的实时双向交互与在线控制，并完成了掌上移动 APP 微服务功能开发。平台管理具备广泛接入市场信息监控、虚拟电厂业务运营商管理、市场动态分析等功能。一期示范工程由其下属的综合能源服务有限公司作为虚拟电厂业务运营商，聚合分布式资源参与华北调峰辅助服务市场，根据现行市场规则，低谷时段每千瓦时的调节电量最高可获取 0.4 元的收益。

# 第五节 储　能

## 一、储能技术分类

储能能够为电网运行提供调峰、调频、备用、黑启动、需求相应支撑等多种服务，能削峰平谷，改善电能质量，平滑电网潮流，降低电力资产投资，是提升传统电力系统灵活性、经济性和安全性的重要手段，在促进能源转型变革发展中具有重要作用。

全球储能项目在电力系统的装机总量年复合增长率达到 18%。围绕具备较好储能条件的电网区域进行储能电站建设、开展储能电池的动力电池梯次利用等技术也成为研究和示范应用的热点。提高电池储能技术经济性、安全性、服役寿命、系统能量效率为主要目标，国际上多种新型储能技术的基础研究和关键技术开发正蓬勃发展，大容量电池储能成本逐年下降，目前已接近商业化的临界点。

按能量存储方式，储能技术主要包括机械储能、电化学储能、电磁储能、储热和化学储能（氢储能为主）五大类。其中，机械储能主要包括抽水蓄能、压缩空气储能、飞轮储能等；电化学储能电池主要由电极、电解质以及隔膜构成，不同类型电池的电极、电解液以及隔膜材料存在差异，主要电池类型包括：锂离子电池、铅蓄电池、液流电池和钠硫电池等；电磁储能是典型的功率型储能技术，主要包括超级电容器和超导储能等；储热按照原理的不同，主要分为显热储热、潜热（相变）储热和化学储热三种形式；常见的化学储能主要包括氢储能、合成燃料（甲烷、甲醇等）储能等。在技术层面，抽水蓄能技术成熟，使用寿命超过 50 年，装机规模可达上百万千瓦，但对选址要求较高，建设周期长；基于洞穴的压缩空气储能技术成熟，在国外已有商业化应用，功率等级可达几十万千瓦，使用寿命可达 30 年，但转换效率低，一般不超过 50%；基于储罐的新型压缩空气储能选址更为灵活，理论效率更高，但目前仍处于试验示范阶段，功率等级也较低；飞轮储能功率密度高、转换效率高，可达 90%以上，但持续放电时间仅为分钟级，能量密度低。电化学储能技术中，锂离子电池具有能量密度高、转换效率高（约 90%）、技术进步快等诸多优势，但用于电力系统大规模储能，还存在循环次数短，消防安全隐患大等缺点；传统铅酸电池技术安全可靠、成本低廉，但能量密度低、循环次数短；液流电池的储电量和功率可单独设计，全钒液流电池的循环次数近万次，且电解液可回收再利用，但能量密度偏低、占地大，转化效率仅 75%左右；钠硫电池性能与锂离子电池接近，材料来源广泛且易回收，但制作工艺要求极高，技术门槛高，高温运行存在安全隐患。电磁储能技术中，超级电容器功率密度高，循环次数可达十万次以上，但能量密度低；超导储能具有极高的功率密度和响应速度，但对辅助设备和环境温度要求严格，受制于超导材料技术的发展，目前仍处于初步应用阶段。储热技术中，显热储热技术最成熟、成本最低廉，应用最广泛，常用的显热储热材料主要包括水、导热油、熔融盐等，其中，熔融盐已成为高温储热领域的研究热点。化学储能技术中，氢储能发展相对成熟，依托电解水制氢设备和氢燃料电池实现电能和氢能的相互转化。相比储电，储氢具有能量密度高，更容易实现大规模储能的优点，缺点在于涉及电制氢、氢储运和氢发电等环节，全过程转换效率低，仅为 40%左右，设备成本高，并且氢属于易燃易爆品，存在一定安全隐患。

综合对比目前各种储能技术的技术成熟度与场景适用性，抽水蓄能技术已经比较成熟，在储能应用中将持续保持高占比；压缩空气储能等技术具有较好的发展前景，相比其他储能技术，在热能利用市场上拥有更好的经济性；氢储能技术可实现长周期调节，随着技术进步和成本的大幅降低，是极具发展潜力的规模化储能技术。未来，氢储能技术将向高效、低成本、零污染、长寿命方向发展，有望在可再生消纳、电网削峰填谷、用户冷热电气联供等场合实现推广应用。以锂电池为代表的电化学储能技术已经初步进入商业化、规模化应用，且具有巨大的发展空间，是最具前景的电力储能技术，未来主要发展趋势是通过材料改性和工艺改进进一步降低成本，提升安全性能和寿命。

2020 年，储能技术迭代明显加快。磷酸铁锂由于成本拐点的率先突破，电池技术进步围绕正负极、电解质、隔膜材料全面展开。此外，非锂技术的发展也开始加速，压缩空气储能、液流电池、锌空技术、钠离子电池等，都实现了一定装机规模的突破。其中，成本降速明显的压缩空气储能有望在规模化储能项目中的技术经济性与抽蓄展开竞争。截至 2020 年底，我国已投运储能项目累计装机规模为 35.6GW，占全球的 18.6%，同比增长 9.8%。其中，抽水蓄能的累计装机规模最大，为 31.79GW；电化学储能的累计装机规模位列第二，为 3269.2MW。在各类电化学储能技术中，锂离子电池的累计装机规模最大，为 2902.4MW。与此同时，储能技术规模化应用取得了突破性进展，从用户侧储能应用到电网侧储能爆发，再到可再生能源储能成为发展趋势，储能技术在各领域寻求技术突破和商业模式创新取得积极进展。

储能电站在电力系统电网侧有多种应用，其时间尺度从微秒级别延伸到天级别，这种宽频带响应特性为储能电站"一主多辅"的多功能复合应用提供了基础。在本站中主要实现以削峰填谷、负荷优化为主功能，以新能源波动平抑、AGC/AVC 等为辅功能的储能电站复合应用。在此运行方式下，电站主功能为根据系统峰谷差，动态调节储能电站充放电功率，优化变压器负载。在此基础上，结合储能和变流器剩余容量，参与系统 AGC/AVC 服务，新能源波动平抑，一次调频服务，系统电能质量控制，动态无功调节，区域源、网、荷、储协调控制等。

图 5-6 给出了以削峰填谷、负荷优化为主功能的储能电站典型出力曲线。其中黄色曲线为储能电站根据变压器负荷（或峰谷价差）情况，参与电网削峰填谷、负荷优化服务的响应；红色曲线为储能电站参与新能源波动平抑与电网 AGC 服务的响应；浅蓝色曲线为电站参与电网一次调频服务的响应，根据电网频率波动，自动调整有功输出蓝色曲线为储能电站的组合功率输出。可以看到在此运行模式下，储能电站以削峰填谷、负荷优化为主功能，兼顾了系统的一次调频、二次调频与可再生能源波动平滑功能，运行效用明显。

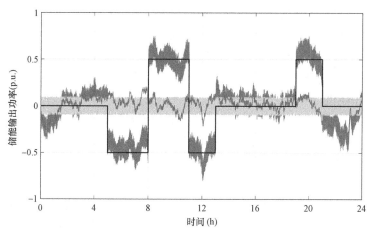

图 5-6 以削峰填谷、负荷优化为主功能的储能电站典型出力曲线

## 二、储能电池

目前，国内市场上的主要储能电池有铅酸电池、锂离子电池和全钒液流电池，以下从储能电池的技术特点对集中电池进行比较。

### （一）铅酸电池

铅酸类电池有很多不同种类。这种电池是从传统的铅酸电池演进出来的技术，它是在铅酸电池电解液中加入凝胶物质使电解液不再为纯液体形式存在，同时电解液吸附在玻璃纤维隔板内，电池没有漏液风险。此外电池本体为密封性，只有一个出气孔被出气压力阀覆盖，正常使用中阀内气压低于 50kP 时无气体溢出，此类电池在有明火环境中不会产生内部燃爆。

密封阀控胶体 AGM 电池本体电池寿命在储能应用环境下的使用寿命为 800～1000 次。但采用了主动电池管理系统后，循环次数可达 1600 次以上。此类电池具有产能大，生产线自动化程度高，生产工艺成熟，应用环境广泛，供应渠道成熟，回收渠道成熟，回收残值高等特点。

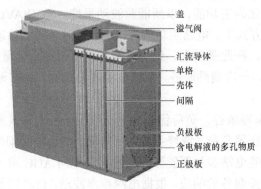

盖
溢气阀
汇流导体
单格
壳体
间隔
负极板
含电解液的多孔物质
正极板

图 5-7　铅酸电池结构

此类电池在铅酸类电池中比能量高，循环深度高。发挥了铅酸电池的能量优势，在散热保证的前提下，可以三小时内充满电。拥有很好的充放电性能。环保方面，由于此类电池采用了自动生产线及负压式生产环境，铅污染得到了有效控制。其次，此类电池的原材料回收率高达 99%，使电池从生产、使用到回收再利用形成了一个完整的闭环。大大降低了原材料开采带来的环境破坏与污染。

### （二）锂离子电池

锂离子电池以锂金属氧化物为正极材料，石墨或钛酸锂为负极材料，其结构如图 5-8 所示。锂离子电池具有高能量密度的特点，并有放电电压稳定、工作温度范围宽、自放电率低、可大电流充放电等优点。磷酸铁锂的理论容量为 170mAh/g，循环性能好，单体 100%DOD（电池放电深度）循环 2000 次后容量保持率为 80% 以上，安全性高，可在 1C～3C（充放电倍率）下持续充放电，且放电平台稳定，瞬间放电倍率能达 30C；但铁锂电池的低温性能差，0℃时放电容量为 70%～80%，循环次数可达 5000～6000 次。

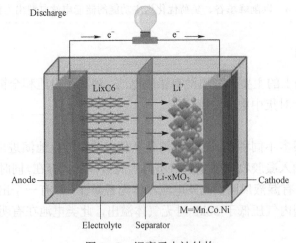

Discharge

$e^-$　　$e^-$

$Li_xC6$　　$Li^+$

Anode

$Li-xMO_2$　　Cathode

M=Mn.Co.Ni

Electrolyte　Separator

图 5-8　锂离子电池结构

### （三）全钒液流电池

全钒液流电池是将具有不同价态的钒离子溶液分别作为正极和负极的活性物质，分别储存在各自的电解液储罐中，如图5-9所示。

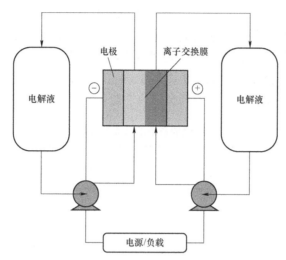

图5-9　全钒液流电池的结构示意图

全钒液流电池的正极活性电对为$VO_2^+/VO^{2+}$，负极活性电对为$V^{2+}/V^{3+}$，是众多化学电源中唯一使用同种元素组成的电池系统，从原理上避免了正负半电池间不同种类活性物质相互渗透产生的交叉污染。全钒液流电池正负极的标准电势差为1.26V，总效率为75%～80%。

在对电池进行充、放电时，电解液通过泵的作用，由外部储液罐分别循环流经电池的正极室和负极室，并在电极表面发生氧化和还原反应。两个反应在碳毡电极上均为可逆反应，反应动力学快、电流效率和电压效率高，是迄今最为成功的液流电池。

全钒液流电池的优点：

（1）电池的输出功率取决于电池堆的大小，储能容量取决于电解液的储量和浓度，因此电池的储能功率和储能容量可以相互独立设计，电池系统组装设计灵活，易于模块化组合；

（2）电池系统可快速响应，高功率输出；

（3）电池系统易于维护，安全稳定；

（4）电池的正负极反应均在液相中完成，且电解质离子只有钒离子一种，充放电时仅改变钒离子的状态，因此可超深度放电（100%）而不引起电池的不可逆损伤，使用寿命长；

（5）钒电解液电池的活性溶液可重复使用和再生利用，因此成本有所下降，循环次数可达10 000次以上；

（6）可超深度放电（100%）而不引起电池的不可逆损伤。

全钒液流电池的缺点：

（1）需要配置循环泵维持电解液的流动，降低了整体的能量效率，系统相对复杂，维护成本较高；

（2）由于钒原料稀缺导致全钒液流钒电池容量单价高。

**（四）电池比选**

（1）能量/功率密度。功率密度指单位体积或单位质量储能系统的输出功率，能量密度指单位体积或单位质量储能系统的输出能量。其中，储能系统包括储能单元、辅助设备、支撑结构和电力变换设备。从表 5-5 中可以看出，锂离子电池储能具有较高的能量密度；锂离子电池比传统的铅酸电池的能量密度高 3~4 倍，而液流电池的能量密度低于传统的电池。但同类产品由于制造工艺的不同会导致性能有差异。

表 5-5 各类储能系统的特点与应用

| 储能类型 | | 能量/功率密度 | | 典型额定功率/MW | 放电时间 | 特点 |
|---|---|---|---|---|---|---|
| | | Wh/kg | W/kg | | | |
| 电化学储能 | 铅酸电池 | 30~50 | 75~300 | 0~几十 | 分钟~小时 | 技术成熟，成本较低；存在自放电 |
| | 锂离子电池 | 75~250 | 150~315 | 0~几十 | 分钟~小时 | 比能量高，成本高，成组应用有待改进 |
| | 全钒液流电池 | 40~50 | 50~140 | 0~几十 | 分钟~小时 | 电池循环次数长，可深充深放，适于组合，储能密度低 |

（2）自放电。从表 5-6 看出，铅酸电池和锂离子电池在常温下的自放电率分别为 ~0.3%/天和 ~0.1%/天，存放时间不应超过几十天；全钒液流电池的自放电相对较少，可在较长时间内存放。

表 5-6 各类储能系统的技术特性比较

| 储能类型 | | 自放电（每天）/% | 存放时间 | 循环寿命 | | 成本 |
|---|---|---|---|---|---|---|
| | | | | 寿命/年 | 循环次数 | 元/kWh |
| 电化学储能 | 铅酸电池 | 0.1~0.3 | 分钟~数天 | 5~15 | >1500（80%DOD） | 1500 |
| | 锂离子电池 | 0.1~0.3 | 分钟~数天 | 5~15 | >5000（90%DOD） | 2500 |
| | 全钒液流电池 | 很小 | 小时~数月 | 5~10 | >10 000（100%DOD） | 3000 |

（3）循环效率。单次循环效率定义为单次循环中放电电量与充电电量的比值，不考虑自放电损失。三种电池循环效率如下（含变流器的系统效率）：

锂电池储能系统具有很高的循环效率，为 85%~90%；

铅酸电池储能系统具有较高的循环效率，为 70%~85%；

全钒液流电池储能系统的循环效率相比铅酸和锂电池来说稍低，为 60%~70%。

（4）循环寿命。通过比较各种电池储能系统的寿命和循环次数，由于长时间运行的电极材料性能下降程度不同，全钒液流电池的循环次数远高于比铅酸电池、锂离子电池。

### （五）储能电池安装方式

储能电站目前有两种安装布局方式：站房式和集装箱式。

站房式是用钢筋混凝土方式盖好储能楼，然后将电池堆、储能双向变流器（PCS）、变压器、高低压柜等安装在储能楼内。按储能单元数量的不同，储能楼一般包含多个电池室、双向变流器室、配电室等。站房式一般用于大型储能电站，目前国内几个大型的储电站均是采用的站房式设计。

集装箱式是用标准集装箱的基本设计和外形尺寸，经过改造和装修后，将电池堆、储能双向变流器（PCS）、变压器、高低压柜等安装在集装箱内。集装箱式一般应用在中小型储能系统，如分布式储能、移动储能车等。

两种安装方式各有优缺点，其中站房式的安装造价比集装箱式的低，后期运维也更方便，但是站房具有建设周期较长，不灵活的缺点；而集装箱式具有节省施工周期，可以移动的优点。

## 三、储能变流器（PCS）

储能变流器（Power Conversion System，PCS）是指电化学储能系统中，连接于电池系统与电网（和/或负荷）之间的实现电能双向转换的装置，可控制蓄电池的充电和放电过程，进行交直流的变换，在无电网情况下可以直接为交流负荷供电。

PCS 由 DC/AC 双向变流器、控制单元等构成。PCS 控制器通过通信接收后台控制指令，根据功率指令的符号及大小控制变流器对电池进行充电或放电，实现对电网有功功率及无功功率的调节。同时 PCS 可通过 CAN 接口与 BMS 通信、干接点传输等方式，获取电池组状态信息，可实现对电池的保护性充放电，确保电池运行安全。PCS 的主电路结构如图 5-10 所示。

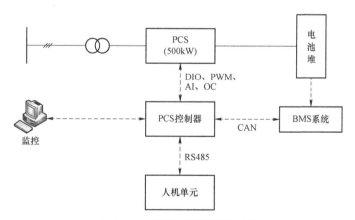

图 5-10 储能变流器原理框图

500kW 储能变流器采用三电平主电路拓扑结构，三电平逆变器在谐波特性上明显优于传统的两电平逆变器，这不仅提高了波形质量，减小了开关损耗，而且给滤波器的设计带来很大方便。同时，器件的电压应力成倍减小，解决了低耐压的功率器件应用于高压大功率的场合，降低了成本。由于开关损耗的降低，系统整体效率提升较两电平系统明显，最大效率达到 98%以上。

变流器升压变压器的不同选择，也对变流器的结构有一定的限制。变压器的选择有两种，一种是在低压侧采用双分裂式线圈，线圈容量与变流器容量匹配，可通过变压器绕组接线形式来限制变流器交流侧的谐波；另一种是选择普通变压器，低压侧配置交流配电柜，可以接入 2～6 台变流器，为了限制谐波，需要在变流器的交流侧配置隔离升压变压器。

## 四、电池管理系统（BMS）

电池管理系统（BMS）采用模块化设计思路，针对储能电站电池增长扩容的需要，可灵活增加采集单元模块配置，满足升级扩容要求；同时，针对储能电站用"智能一体化电池"的应用，可灵活配置采集单元模块在电池箱中，方便用户运行维护。

以磷酸铁锂储能系统中的电池管理系统（BMS）为例，每个电池簇包括一个电池簇管理单元和 9 个采集单元；每个模组由 3 并 6 串电池组成，2 个模组组成一个插箱，每 2 个插箱使用一个采集单元；电池系统管理单元与电池簇管理单元及监控后台通信；高压箱包括接触器、断路器、熔断器、电源模块等相关部件。

### （一）各部分系统间的通信实现

电池簇管理单元与下层电池采集单元都通过 CAN 通信，每个电池簇管理单元总汇下层所有信息，再上报给电池系统管理单元。

（1）监控系统与 BMS 的通信。为了能全面监视电池的运行状态，同时为高级应用准备数据源，BMS 传递给监控系统应该包括电池单体级信息，模块级信息，插箱级信息。与 BMS 系统交互的信息主要包括：

监视方面：BMS 上传电池组信息（单体电池电压、端电压、充放电电流、SOC、模块箱温度及蓄电池充放电控制相关参数等）及告警等必要信息至监控系统。

控制方面：监控系统下达电池运行参数保护定值、报警定值设置等必要信息至 BMS。

BMS 管理服务器支持 Modbus 通信规约；采用 RJ－45 网络接口。

（2）电池管理系统（BMS）的内部通信。BMS 管理服务器接收电池管理子系统的所有信息，包括电压、温度、电流等信息，并进行显示分析。

BMS 管理服务器与电池管理系统子系统的通信方式为 CAN。

电池簇管理单元通过 CAN 总线接收采集单元上传的相关数据并进行管理分析，并控制电池采集均衡模块对单体电池进行均衡维护。

### （二）BMS 功能

（1）全面电池信息管理。实时解析每一个单体电池电压、每个电池箱内部温度（根据箱体、机柜尺寸和设计情况，具备多个温度检测点）、充放电电流等；采样精度高，电压精度±（0.2%FS＋0.1%RD），电流精度±（0.5%FS＋0.5%RD）。

电池插箱基本信息的采集由采集单元通过 CAN 总线与电池簇管理单元通信获得。

（2）在线 SOC 诊断。在实时数据采集的基础上，采用多种模式分段处理办法，建立专家数学分析诊断模型，在线测量每一个单体电池的剩余电量 SOC。同时，智能化地根据电池的放电电流和环境温度等对 SOC 预测进行校正，给出更符合变化负荷下的电池剩余容量及可靠使用时间。

（3）低功耗管理能力。系统在实现电池插箱信息采集的同时，实现电池插箱均衡和保护的功能，作为储能系统的低能耗要求，本电池管理系统在系统设计和器件选择上，着重考虑了设备本身的能耗指标，同时在模块体积的设计上，充分考虑了电池箱内部空间的限制性，模块体积小；电池均衡模块和控制模块运行时的功耗小于 2W，有效的监测管理、保护的同时，做到节能环保。

BMS 系统支持低功耗模式，在储运、长期停运的状态下，系统自动进行低功耗模式，严格控制电池组耗电。

（4）系统保护功能。对运行过程中可能出现的电池严重过压、欠压、过流（短路）、过温、漏电（绝缘）等异常故障情况，通过高压控制单元实现快速切断电池回路，并隔离故障点、及时输出声光报警信息，保证系统安全可靠运行。

（5）热管理功能。对电池插箱的运行温度进行严格监控，如果温度高于或低于保护值将输出热管理启动信号，系统可配备风机或保温储热装置（如需、另配）来调整温度；若温度达到设定的危险值，电池管理系统自动与系统保护机制联动，及时切断电池回路，保证系统安全，系统预留热管理接口。

（6）自我故障诊断与容错技术。电池管理系统采用先进的自我故障诊断和容错技术，对模块自身软硬件具有自检功能，即使内部故障甚至器件损坏，也不会影响到电池运行安全，避免了因电池管理系统故障导致储能系统发生故障，甚至导致电池损坏或发生恶性事故的可能性。

## 五、储能系统安全性

### （一）电池安全性

以磷酸铁锂电池为例，在充电过程中 BMS 对电池及充电环境进行调节，从而杜绝氢气的产生。电站内安装了一系列排风措施确保任何易爆气体被及时监测并排出。每个储能集装箱内配备自动消防灭火设备。

### （二）运行安全保障

BMS 对电池及储能系统运行参数进行全方位的监控与管理。所采集到的电池状态、设备运行状态、电网状态等信息实施全程监控。同时对电池健康状态进行诊断并可对有轻微问题电池进行自动修复，对错误运行状态或不正常运行情况进行报警并及时通知。

### （三）电力设备安全保障

储能系统拥有直流侧与交流侧的电压、电流过载保护，短路保护，过温保护，及电网安全保护。在电网电压、相位、频率不稳定并超过设备内设置的阈值时会立刻进行报警或进一步进行停机保护。

### （四）集装箱防火系统设计

自动消防报警和灭火系统是储能系统安全运行的一个重要保障环节，当储能系统出现消防或烟雾报警后能迅速做出反应，从而保障储能电站的安全和降低设备和财产损失。

集装箱防火设计从以下几个方面展开：

（1）对电池系统、PCS 系统、高压系统的运行温度实时监测，一旦出现温度严重异常，将提示报警甚至停止运行；

（2）设备和电池箱体、柜体及线缆等设备的材质选用阻燃材料；

（3）集装箱内壁选用阻燃金属聚氨酯夹芯板，厚度：50mm，耐火极限不小于 1h；

（4）集装箱内设置手动/自动一体化气体灭火系统，灭火介质采用七氟丙烷（HFC-227ea）和气溶胶灭火装置，其中，柜式七氟丙烷安装在电池室内，气溶胶灭火器安装在电器室内；

（5）整个系统采取消防联动设计，当消防控制器发出报警信号时，储能系统、通风散热等系统都会停止运行，以确保消防灭火系统能够正常灭火。

集装箱内蓄电池消防措施主要采用七氟丙烷自动灭火系统，七氟丙烷自动灭火系统是集气体灭火、自动控制及火灾探测等于一体的现代化智能型自动灭火装置，由火灾报警控制器/气体灭火控制盘、感烟探测器、感温探测器、声光报警器、警铃、放气指示灯、手动紧急启/停按钮、业务箱灭火装置（含灭火剂储存瓶、电磁驱动装置、压力信号器）、业务箱配套件（喷头、高压软管）、供电箱灭火装置（含灭火剂储存瓶、电磁驱动装置、压力信号器）组成；具有装置设计先进、性能可靠，操作简单，环保良好等特点，如图 5-11 所示。

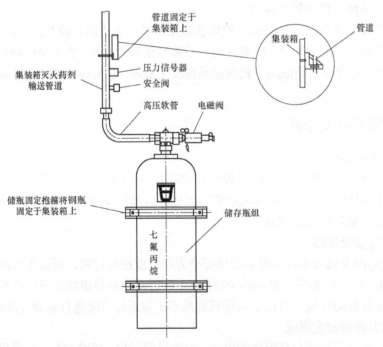

图 5-11  七氟丙烷气体灭火系统示意图

## 六、储能电站继电保护

储能站的所有保护均选用微机型保护装置，继电保护和安全自动装置应满足可靠性、选择性、灵敏性和速动性的要求。

以某储能电站为例，储能电站分为 6 个储能单元，每台变压器配置 2 台 500kW 的变流器，与电池组成一个储能变流升压单元，配置具备低电压闭锁的三段式电流保护、过负荷保护和零序保护。变压器高压侧为 10kV，6 个储能变流单元经过变压器升压至 10kV 后，再经 1 条

10kV 的集电线路汇集后接入系统充放电间隔；本体侧进出线开关设断路器，配光差保护。

为满足保护速动性和可靠性，储能电站接入点的变电站内 10kV 线路保护由过流保护更换为与本体配套的光差保护，并在开关柜内加装线路压变 1 只。此外，在变电站内配置 1 套故障解列装置，当储能侧线路发生故障时，用于切断接入线路开关，保障主网安全运行。

## 七、储能电站监控系统

储能站监控系统根据系统的要求和储能电站的运行方式，实时完成对储能电站、控制电源系统等电气设备的自动监控和调节，并同时在智能控制调度系统内集成储能 PCS 和电池本体监控软件，可以对电池本体的监测和对 PCS 的监控功能。电池储能监控平台用于电池储能系统的监视和控制，协调储能系统的协调运行及系统接入，实现电池储能系统的应用。除实现常规三遥（遥测、遥信、遥控）功能外，储能监控系统根据不同的控制需求，具有多种应用方式，如削峰填谷的应用功能等，监控系统示意如图 5-12 所示。

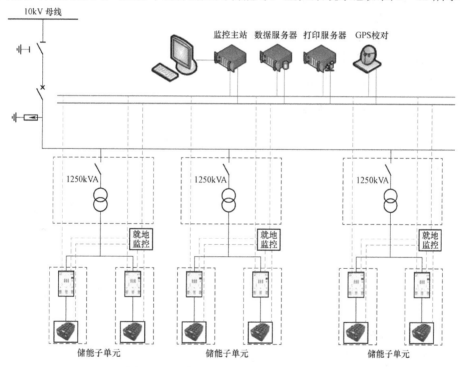

图 5-12 储能电站监控系统结构示意图

电池储能监控系统采用分层、分布式控制方案，一般包括站控层（监视层、协调控制层）和就地监控层两大部分。监视层主要负责通信管理、数据采集、数据处理及运行管理等功能。协调控制层完成系统级的协调控制功能，下发功率控制命令至本地控制器，以实现对各变流器的功率控制。就地监控层由就地监测与控制系统组成，监测 PCS、电池及配电系统的实时状态，并将上层控制指令及时下发给每个控制单元。

电池储能监控系统通信方案采用双网通信结构，储能系统的关键运行信息（控制指令等信息）与一般的运行信息（单体电池数据）分别传送，实现快速控制及全面监视电池储能系统信息的目的。主要包括：

（1）准确、及时地对整个电站设备运行信息进行采集和处理并实时上送。

（2）对电气设备进行实时监控，保证其安全运行和管理自动化。

（3）根据电力系统调度对本站的运行要求，进行最佳控制和调节。

（4）监控整个系统的运行状态，并根据要求手动或自动向系统发出指令，控制整个系统充放电状态，设定电能曲线。

（5）通过对三相电压、电流、接触器、断路器等信号进行采样，实时输出波形控制，达到调频、调相、控制功率的功能。通过软件对一组储能模块提供软件保护功能，主要包括具备低电压闭锁的三段式电流保护；过负荷保护；零序保护等保护功能。

（6）实现对电池的管理，保障其安全稳定运行，提高供电可靠性。

（7）可以对 BMS 和 PCS 的控制系统下达指令，从而实现所有的本地操作和维护功能。

（8）可实现全站的防误操作闭锁功能，通过监控系统的逻辑闭锁软件实现储能系统电气设备的防误操作闭锁功能，同时在受控设备的操作回路中串接关联间隔的闭锁回路。储能电站远方、就地操作均具有闭锁功能，本间隔的闭锁回路由电气闭锁接点实现，也可采用能相互通信的间隔层测控单元实现。若储能电站靠近变电站，可和变电站五防系统统一考虑，闭锁逻辑需符合运维需求。

## 八、电网侧储能工程案例

YC 变位于 HW 区核心位置，主变容量为 2×5 万 kVA，远景 3×5 万 kVA；110kV 进线 2 回，远景 3 回；10kV 出线 24 回，远景 36 回，为全户内 GIS 变电站。YC 变承担着区域内大量高新企业的供电任务，最高负荷 55.2MVA，最近工作日最小负荷约为 31.4MVA。为减缓供电压力，探索储能建设经验，拟利用 YC 变电站站外北侧闲置场地建设储能电站，在用电低谷时段及中午光伏发电倒送时段进行充电储存电能，高峰时段通过变电站向电网放电，补充变电所的用电缺口，降低变电所的跳闸风险，提高电力保障水平，达到辅助电网调峰、调频、备用、黑启动、需求响应支撑、提高现有输配网络利用率，平抑光伏系统发电出力受天气影响的波动，延缓输配电设备投资等作用，具备显著的经济和社会效益。

### （一）项目建设必要性

2013 年，HW 新区被列入国家第一批分布式光伏发电应用示范区，随着光伏组件成本的不断下降，拥有丰富工业厂房屋顶资源的 HW 新区，光伏产业呈现井喷式发展，截至 2020 年 7 月，HW 新区并网光伏项目 89 个、并网总容量 222.03MWp，在同期变电容量中占比高达 24.6%，占网供最大负荷的 37.6%。

其中，110kVYC 变 1 号主变并网发电光伏项目 5 个、装机容量 14.86MWp；计划新增并网发电的光伏项目 3 个、装机容量 10.86MWp（实际发电功率约 8.69MWp）。2 号主变并网发电光伏项目 7 个，合计装机容量 22.93MWp。

110kVYC 变正常工作日负荷曲线如图 5-13 所示，呈双峰状。2017 年最大负荷 55.2MW，最小负荷约为 31.4MW。YC 变 1 号主变接有 5 个光伏项目，合计装机容量

14.86MWp，未投产的光伏项目 3 个，合计装机容量 10.86MWp（实际发电功率约8.69MWp）。新项目投产后，预计春节期间 1 号主变会倒送功率约 14.29MW，正常工作日不会出现功率倒送。2 号主变接有 7 个光伏项目，合计装机容量 22.93MWp，未投产的光伏项目 7 个，合计装机容量 22.93MWp（实际发电功率约 18.34MWp）。新项目投产后，预计春节期间 2 号主变会倒送功率约 21.84MW，正常工作日会倒送功率约 6.34MW。

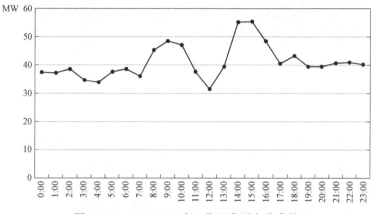

图 5-13 110kV YC 变工作日典型负荷曲线

在 2020 年春节、五一、端午假期期间，YC 变负荷因工厂生产暂停而大幅度减少，此时 YC 变两台主变均出现功率倒送情况：

1 号主变倒送功率峰值-8.85MW，出现在 2020 年 2 月 13 日，日倒送电量为 45～50MWh，倒送时段 7:00～17:00 之间，如图 5-14 所示。

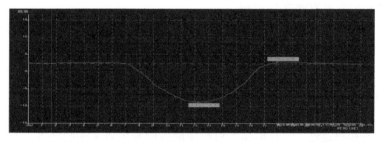

图 5-14 YC 变 1 号主变 2020 年 2 月 13 日功率曲线

1 号主变负荷最小值约 1.64MW，出现在 2020 年 2 月 16 日，该日天气为小雨加阴天，光伏项目暂停发电。0:00～7:00 及 17:00～24:00 时段负荷电量约 23MWh，如图 5-15 所示。

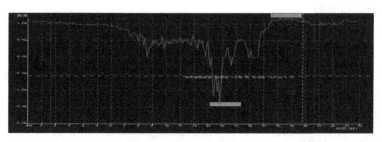

图 5-15 YC 变 1 号主变 2020 年 2 月 16 日功率曲线

2 号主变倒送功率峰值 -10.3MW, 出现在 2020 年 5 月 1 日, 日倒送电量约 35MWh, 倒送时段 7:00～17:00 之间, 如图 5-16 所示。

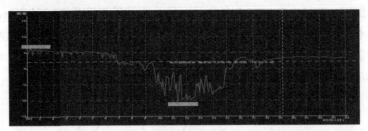

图 5-16　YC 变 2 号主变 2020 年 5 月 1 日功率曲线

2 号主变负荷最小值约 1.64MW, 出现在 2020 年 2 月 16 日, 该日天气为小雨加阴天, 光伏项目暂停发电。0:00～7:00 及 17:00～24:00 时段负荷电量约 23MWh, 如图 5-17 所示。

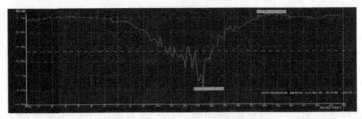

图 5-17　YC 变 2 号主变 2020 年 2 月 16 日功率曲线

　　YC 变负荷以制造业为主, 正常工作日和春节等节假日期间负荷水平相差比较大。在节假日期间, YC 变上接入光伏发出电量无法通过本地负荷消纳, 出现主变功率倒送。这种情况对电网稳定性具有潜在性影响。

　　建设储能系统, 可以有效地弥补风力、光伏发电的缺陷, 作为可再生能源接入电网的中间缓冲, 储能系统可以发挥平抑波动、削峰填谷和能量调度的作用, 从而在相当程度上改善可再生能源发电功率不稳定和波动频繁的缺点, 提高电网对可再生能源的消纳能力, 并增加系统的可调度性和稳定性。

　　储能电站投运后, 既避免了光伏项目的弃光限电, 也防止了主变功率倒送, 保证了电网的供电可靠性和稳定性, 同时提高了可再生能源的利用效率和经济性。另外, 通过储能电站的削峰填谷功效, 可以在负荷高峰时期降低主变的负载量, 平滑负荷曲线, 从而改善电网的供电压力, 同时也可以降低主变和线路损耗, 提高经济效益; 储能电站投运后, 减少主变年损耗 69.3MWh, 线路年损耗 28.7MWh。

**（二）储能电池选型**

　　本项目根据变电站负荷特性, 对主流储能电池进行比选, 铅酸电池作为传统铅蓄电池演进出来的, 成本较低, 在省内用户侧储能已有一定的应用经验, 但其能量密度和充放电倍率低, 不能满足本项目要求。全钒液流电池能量密度低, 成本高、占地面积大不符合本项目能量密集型要求。

　　本工程建设用地面积相对狭小, 周边环境复杂, 不适合大型施工机械作业。为满足系统调峰容量需求, 经过综合比较, 本工程选用能量密度较高、安全可靠、放电深度和充放电倍率高的磷酸铁锂电池,且锂电池相对重量较轻,便于集装箱式整体吊装,缩短现场安装调试时间。

磷酸铁锂蓄电池生产产能高,出货量大,生产流程采用全自动设备,产品一致性较好,循环寿命高,生产环节无环境污染。模块化设计使得生产与安装便捷。同时比能量密度高,占地空间小。电池单体额定电压/容量为3.2V/72Ah,70%DoD循环寿命可达5000次。

### (三)储能系统总体设计

本项目目标储能功率为6MW,目标储能电量为8.4MWh,采用6个储能节点+1个控制室集装箱构成全部工程。

每个储能节点由2台500kW储能变流器、1.4MWh储能电池(6480只3.2V/72Ah单体电池)、1套节点电池管理系统(BMS)组成。其中储能电池分成10簇,每簇3240只单体电池串并联成簇,5簇并联接入储能变流器(PCS)。每个储能节点分别接入一台1.25MW双分裂变压器的两个低压侧接口。6台变压器的高压侧接入高压集控房汇流至10kV母线形成一个储能系统并网。

根据变电站现场实际情况,储能电站采用集装箱堆放方式的建设方案。储能系统由6个1MW/1.4MWh储能节点集装箱+1个集控室集装箱组成,6个储能节点集装箱的10kV电缆经过汇流柜接入变电站10kV母线中,储能单元和集控室集装箱内布局分别如图5-18和图5-19所示。

图5-18 储能单元平面布局图

根据电池特性,磷酸铁锂电池单体电池的电压为3.2V,单体容量为72Ah,电池电压波动范围为2.5~3.65V。配套500kW的PCS的直流侧电压输入范围取500~850V,故电池组串数取216只,其端电压变化范围满足PCS直流输入电压要求。

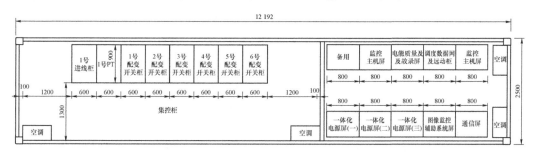

图5-19 集控单元平面布局图

根据 YC 变预留场地面积，本方案采用 6 个储能节点，安装总容量为 8.4MWh，每个储能节点含由 2 台 500kW 储能变流器、1.4MWh 储能电池（6480 只 3.2V/72Ah 单体电池）和 1 套节点电池管理系统组成。其中储能电池分成 10 簇，每簇 648 只单体电池二串三并联成簇，5 簇并联接入储能变流器。每个储能节点接入一台 1.25MW 双分裂变压器的两个低压侧接口。6 个 10kV 变压器的高压侧输出接入高压集控房汇流至 10kV 母线形成一个储能系统并网点，接至 10kVⅡ段母线上，储能单元原理见图 5-20 所示。

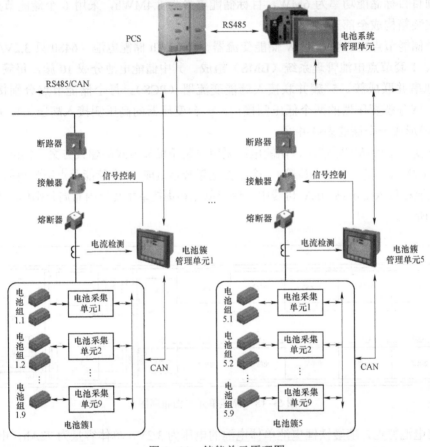

图 5-20　储能单元原理图

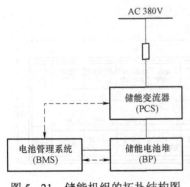

图 5-21　储能机组的拓扑结构图

储能单元由储能变流器（PCS）、储能电池堆（BP）和电池管理系统（BMS）构成，如图 5-21 所示。BP 通过 PCS 完成 DC/AC 变换后接入交流母线，实现能量的存储和释放。PCS 控制 BP 进行充放电动作：在充电状态时，PCS 作为整流装置将电能从交流转变成直流储存到 BP；在放电状态时，PCS 作为逆变装置将 BP 储存的电能从直流变为交流，输送到电网。BMS 能够实时监控 BP 的电压、电流和温度，通过将关键信息传给 PCS 对 BP 的充放电过程进行协调管理，避免过压、欠压和过流等问题的发生，同时具有充放电均衡管理功能。

　　储能系统是通过软件系统充放电的。既可以实现单点控制也可以进行总量控制，储能系统根据调度指令进行控制，发出功率可在 PCS 的额定工作范围内可以按需调节；系统采用一键式控制，各储能单元根据总指令需求再进行子系统控制；电池的充放电速率按照国标执行，充放电速率在 0～0.33C 范围内可调。

　　储能系统是通过软件系统进行充放电的，既可以实现单点控制也可以进行总量控制，充放电常规模式为晚上充电、白天放电模式，也可执行电网需求的控制模式，储能系统根据调度指令进行充放电控制，发出功率可在 PCS 的额定工作范围内按需调节；系统采用一键式控制，各储能单元根据总指令需求再进行子系统控制；电池的充放电速率按照国标执行，充放电速率在 0～0.33C 范围内可调，本系统暂按就地控制模式，预留主站 D5000 控制接口。

### （四）电气主接线

　　变流器（PCS）作为储能电站交直流变换的关键设备，其规格目前主流产品的容量为 500kW。结合目前升压变压器的容量，本次方案将 2 台变流器与 1.25MVA 的低压侧双分裂变压器、4 台变流器与 2.5MVA 的双圈变压器组合成 2 种电气接线方案，进行技术经济比较。

　　电气接线方案一：

　　1.25MVA 的低压侧双分裂箱式变压器是目前储能发电站中的主流设备，其技术成熟，运维经验丰富，可供选择的设备厂家多，具有一定的技术经济优势。储能电站分为 8 个储能单元，每 4 个单元组成一个储能子系统，共 2 个储能子系统。每个储能单元含由 2 台 500kW 储能变流器（PCS）和 1.4MWh 储能电池（6480 只 3.2V/72Ah 单体电池）和 1 套单元电池管理系统（BMS）组成。

　　6 个储能变流单元经过 6 台变压器升压至 10kV 后，再经 1 条 10kV 的集电线路汇集后接入系统间隔。

　　方案一的电气接线图如图 5-22 所示。

　　电气接线方案二：

　　2.5MVA 的双圈箱式变电站技术成熟，运维经验丰富，可供选择的设备厂家也较多，具有一定的技术经济优势，其低压侧配置开关柜，可接入 4 台及以下 500kW 变流器。储能电站分为 6 个储能单元。变压器高压侧为 10kV，6 个储能单元经过 3 台变压器升压至 10kV 后，再经 1 条 10kV 的集电线路汇集后接入系统间隔。

　　方案二的电气接线图如图 5-23 所示。

　　方案比选：

　　两种接线方案中存在的区别是升压变压器的容量和台数不同，根据调研，两种变压器均为市场上的主流产品，运维经验成熟。方案一采用低压侧双分裂变压器，因此，PCS 设备的交流侧不需要加装隔离调压变压器，可以节省 PCS 的设备投资；方案二采用 2.5MVA 的双圈变压器，且在低压侧加装交流配电柜，同时，PCS 设备的交流侧需要加装隔离调压变压器，增加了 PCS 的设备投资和变流器的电能损失。

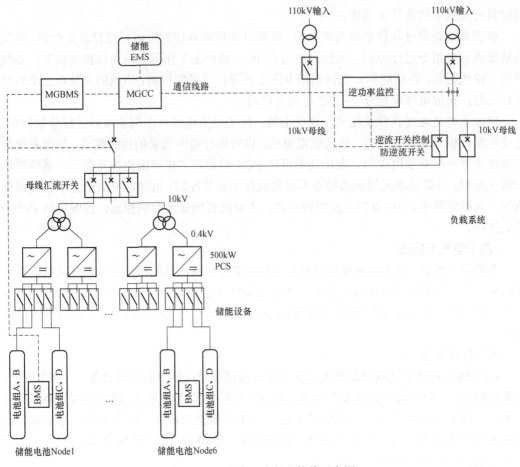

图 5-22 方案一电气主接线示意图

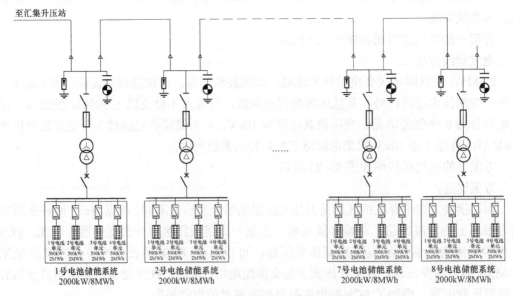

图 5-23 方案二电气主接线示意图

两种变压器技术经济对比分析：1.25MVA 的低压侧双分裂变压器其低压侧线圈可以直接接入储能变流器，相对 2.5MVA 的变压器低压侧，没有中间配电环节，对低压侧开关设备的性能要求低，系统整体的可靠性高；2.5MVA 的变压器低压侧配置交流配电柜，主回路的开关电流大，对设备的性能要求高，四个分支回路开关分别接入 500kW 的储能变流器，相对于 1.25MVA 的变压器，增加了一个配电开关环节，对于储能变流器和箱变低压侧之间的故障，要求主开关和分支开关要求有一个保护配合，对于设备性能要求较高；且对于 1.25MVA 和 2.5MVA 的变压器，因为 2.5MVA 的变压器低压侧增加了一个配电柜，对设备的性能要求较高，且储能变流器需要增加消谐变压器，同时降低了储能变流器的效率，增加储能变流器的制造成本，故整体的储能升压单元经济上并无明显改善。

综合上述技术经济上的分析，本项目的储能变流器升压变采用 1.25MVA 低压侧双分裂的箱式变压器。

**（五）电气设备布置**

综合考虑安全、施工、运行及维护建设用地等因素，结合电池组布置的方案，采用户外集装箱布置储能系统。设 6 个储能单元和 1 个汇流柜单元，每个储能单元"一字型"堆放，单元之间设运输、安装通道，每个集装箱内单独设空调进行温度控制。每个单元均采用 40 尺标准集装箱（高型），尺寸为 12.2m（$L$）×2.4m（$W$）×2.9m（$H$）。

集装箱设计必须能保证 25 年内外观、机械强度、腐蚀程度等满足实际使用的要求。集装箱需具备防水、防火、防尘（防风沙）、防震、防盗等功能。防火功能必须保证集装箱结构、隔热材料、内外部装饰材料等全部使用阻燃材料。集装箱顶部必须保证不积水、不渗水、不漏水。

储能系统通风散热能力必须保证有足够的进风量、出风量、防尘系统和内部空气流通系统，必须配置可靠有效的强制通风散热设备。同时，必须对出风口进行有效保护，防止小动物、灰尘等进入和外界雨水倒灌。

集装箱内隔热保温能力与降温能力必须能保证外部环境温度低于 10℃时，内部温度为 15℃±5℃；外部环境温度高于 10℃，内部最高空气温度不高于外部环境 10℃。同时电池所处空间（集装箱内）最低处与最高处温差不得大于 5℃。

集装箱内应配置烟雾传感器、温度传感器、湿度传感器、氢气浓度传感器等不可少的安全监测设备，同时必须确保在电站内任意通道位置都可以从两个不同方向前往最少两个不同的出口。烟雾传感器与温度传感器必须和储能电站的控制开关形成电气连锁，一旦检测到故障，必须通过声光报警及远程通信的方式通知监护人员与用户，并切断其所对应的运行中的电池成套设备。集装箱内必须保证维护与运输通道上有两盏应急照明灯，一旦系统断电，应急照明灯立即投入使用。

本项目以移动式储能预制舱的形式进行供货，需进行系统集成。本期共计 8 个储能单元集装箱和 1 个集控单元集装箱。预制舱中的走线应全部为内走线，除了锂电池（安装在电池支架上）落地安装外，动力配电箱等其他设备一律壁挂式安装。预制舱必须具备优异的可维修性和可更换性，方便设备维护、维修和更换。

储能预制舱设备配置如下：

（1）电池（PACK）安装接口。预制舱内部设置电池架安装预埋件，保证电池架与预制舱底板内的预埋件可靠连接。

（2）直流汇流柜。直流汇流柜作用是将各电池簇并联汇流，并输出至 PCS（双向变流器），配合系统监控装置对其输出电压、电流以及绝缘情况等进行监测，通过柜内开关电源对系统内 BMS 部件进行供电。储能系统中每个电池阵列都须配置一个汇流柜的配置与 PCS 必须密切配合。

（3）控制柜。控制柜是为室内交流用电设备提供交流电源以及通过柜内 UPS 为电池堆 BMS 部分提供不间断电源。同时整合系统内自耗电情况、各部分开关门状态、室内温湿度情况以及消防状态信息，并将这些信息上报至 BMS 系统。同时作为系统内总配电柜，在发生消防事故或者其他紧急事故下可以完成自动或者手动控制下的急停。

（4）舱内环境温度调节控制。预制舱需采取有效措施调节控制舱内环境温度，采取的措施应尽可能减少用电量，以保证预制舱对外最大供电能力。舱内空调应具备全年日夜不停运行，24h 连续不断运转超寿命不低于 10 年。

（5）监控系统。预制舱内配置视频监控及门禁报警功能。视频设备确保预制舱内部全面监视，实时观察预制舱内的设备情况，当有人强行试图打开舱门时，门禁产生威胁性报警信号，通过以太网远程通信方式向监控后台报警。

（6）设备工作状况显示。预制舱侧壁合适位置设置显示屏，用于实时显示舱内设备工作状况，显示屏与舱壁连接的安装连接需保证密闭性。

（7）烟温传感器。舱内配置烟雾传感器、温湿度传感器等安全设备，烟雾传感器和温湿度传感器必须和系统的控制开关形成电气连锁，一旦检测到故障，必须通过声光报警和远程通信的方式通知用户，同时，切掉正在运行的锂电池成套设备。

根据预制舱布置型式，部分预制舱内设置动环主机，采集本舱及相邻舱内的消防信息及温湿度传感器信息，动环主机通过超五类屏蔽双绞线接入至总控舱智能辅助控制系统屏内。

（8）舱内照明。舱内配置照明灯和应急照明灯，管理人员可在现场用手动开关控制照明灯。照明灯具有防爆功能，为集装箱内部的监控提供一个安全的照明环境。集装箱内安装应急照明系统，一旦系统断电，集装箱内的应急照明灯会立即投入使用，5 年内，单盏应急照明灯的有效照明时间不能小于 2h。

### （六）储能系统效率分析

电池储能系统与并网网接口点之间的电能交换经过 PCS、升压变压器和集电线路三个环节，在充电和放电的过程中，每个环节都有一定的电量损失，再考虑电池系统本身存在的充放电电量损失，因此，整个系统的效率，受到四个因素的影响。

根据现有的行业标准及设备的制造水平，充放电综合效率（Overall Efficiency）由变压器效率（～98%）、PCS 效率（～98%）、电池充电效率（～90%）及线损（～5%）决定。电池充放电循环中的损耗（～10%）绝大部分在充电时产生。因此，对应每 1Wh 的储能容量，在单次充放电循环（按 DOD 70% 考虑）中，约有 0.668 9Wh [1×0.7×（0.98×0.98×0.995）] 容量放出、0.813 9Wh [0.7/（0.9×0.98×0.98×0.995）] 的容量充入。

# 附录 1　国网××供电公司 2021 年可靠性工作方案

为认真贯彻落实国网公司、××公司电力可靠性工作部署，全面实施配网供电可靠性管理提升三年行动，按期完成配电网高质量发展行动三年规划目标，进一步规范公司可靠性管理工作，完成年度工作目标，实现不同业务有序衔接及闭环管理，全面提升公司输变配电可靠性管理工作水平，特制订本方案。

## 一、工作思路

遵循"统一领导、分级管理"的原则，以供电可靠率、输变电设施可用系数指标为抓手，强化电力可靠性管理，分析潜在问题，实施针对性改进，不断提升精细化管理水平，顺利完成年度可靠性指标任务，提高同业对标排名，为生产、调控、基建、物资等工作提供有效支撑及参考意见。

## 二、供电可靠性指标分解

供电可靠性指标分解情况：

（1）全口径（1 市中心＋2 市区＋3 城镇＋4 农村口径）。

| 目标值（1 市中心＋2 市区＋3 城镇＋4 农村） | ××公司 | ××区公司 | ××县公司 |
| --- | --- | --- | --- |
| 供电可靠率 $RS-1$（%） | 99.841 9 | 99.888 8 | 99.833 3 |
| 用户平均停电时间 $AIHC-1$（小时/户） | 13.850 | 9.745 | 14.599 |
| 时户数（时·户） | 64 696.69 | 7022.00 | 57 674.69 |

（2）城网（1 市中心＋2 市区口径）。

| 目标值（1 市中心＋2 市区） | ××公司 | ××区公司 | ××县公司 |
| --- | --- | --- | --- |
| 供电可靠率 $RS-1$（%） | 100.00 | 100.00 | 100.00 |
| 用户平均停电时间 $AIHC-1$（小时/户） | 0.000 | 0.000 | 0.000 |
| 时户数（时·户） | 0.00 | 0.00 | 0.00 |

（3）农网（3 城镇＋农村 4 口径）。

| 目标值（3 城镇＋4 农村） | ××公司 | ××区公司 | ××县公司 |
| --- | --- | --- | --- |
| 供电可靠率 $RS-1$（%） | 99.841 9 | 99.888 8 | 99.833 3 |
| 用户平均停电时间 $AIHC-1$（小时/户） | 13.850 | 9.745 | 14.599 |
| 时户数（时·户） | 64 696.69 | 7022.00 | 57 674.69 |

（4）城市（1市中心＋2市区＋3城镇口径）。

| 目标值（1市中心＋2市区＋3城镇） | ××公司 | ××区公司 | ××县公司 |
|---|---|---|---|
| 供电可靠率 $RS-1$（%） | 99.919 7 | 99.914 4 | 99.925 6 |
| 用户平均停电时间 $AIHC-1$（小时/户） | 7.033 | 7.497 | 6.521 |
| 时户数（时·户） | 7102.42 | 3974.00 | 3128.42 |

（5）农村（农村4口径）。

| 目标值（4农村） | ××公司 | ××区公司 | ××县公司 |
|---|---|---|---|
| 供电可靠率 $RS-1$（%） | 99.820 4 | 99.817 4 | 99.820 6 |
| 用户平均停电时间 $AIHC-1$（小时/户） | 15.730 | 16.000 | 15.715 |
| 时户数（时·户） | 57 594.27 | 3048.00 | 54 546.27 |

## 三、2021年电力可靠性管理重点工作及要求

### （一）强化责任落实，确保目标圆满完成

（1）重视指标预控，确保年度目标完成。完善细化管理网络和流程，明确各级职责，明确考核要求，提升基层单位工作主动性，持续跟踪管控，确保年度目标顺利完成。

（2）加强过程管控，确保指标逐步提升。重点做好综合停电计划管理，减少重停及临停，强化检修工时管控和刚性执行度，持续推广带电作业，争取检修时限最小化，定期开展重点重停线路分析，严格考核督促改进提升。

（3）开展数据整治，提升数据质量水平。协同组织调控中心、变电中心、输电中心和供服中心持续开展输变配电可靠性基础数据核查治理，协同供服中心推进可靠性模块数据治理及深化应用，督导区县公司开展数据自查自纠，做好能源局"优化营商环境"检查准备，确保数据闭环一致。

（4）查治营销数据，提升数据源可靠度。督促营销部及时核查处理采集装置问题，持续开展老旧、故障终端升改换工作，提升数据准确性、传输成功率和及时率，督促营销部协调解决发现的问题，开展整改落实，提升数据源可靠度。

（5）严格绩效奖惩，激励引导主动作为。供服中心提供的月度管控情况，对各单位、部门可靠性工作质量及指标完成情况进行评价及通报考核，并协同供服中心对指标临界单位开展预警，依据公司绩效管理规定进行奖惩，奖优罚劣，引导各单位主动作为，确保年度指标顺利完成。

### （二）加强运维管理，提升过程数据质量

1. 输变电可靠性工作

略。

2. 供电可靠性工作

（1）加强新投用户台账运维。由配网运维单位（室）、营销部门提前收集信息，在中

高压用户备投运 2 个工作日内将明细报至运维部专责，在 7 天内完成数据确认维护。

（2）加强调控运行和计划管理。供服中心每月中旬应主动与调控中心对接，加强检修计划管理，统筹下个月度主配网综合停电，严控重停及临停，严格计划刚性执行，严肃考核重停和执行不到位单位。配网运维单位每月初开展涉停线路、台账准确性和对应性核查治理（至少停电前 3 天），并在用采系统核实终端关联及具体运行状态，在停电后 1 天如数据集成失败或异常，应立即汇报并手工处理。

（3）加强数据及时运维和闭环管控。配网运维单位人员应及时维护停电事件（集成、人工数据时限分别为 24、72h），维护时应严格参照检修计划、生产管理系统"两票"、调度日志和抢修记录等，按照《供电系统供电可靠性评价规程　第 2 部分：高中压部分》准确填写电性质和原因填写有关内容，确保内容准确合规、数据闭环一致。

（4）做好可靠性数据资料的闭环管理。各基层配网运维管理单位要持续做好配网单线图、GIS、PMS 系统基础数据维护，定期全面收集与可靠性运行数据相关的图纸、检修计划、95598 停电记录、配网调度日志、配网"两票"、抢修单、计划变更单等资料，确保相关记录与实际闭环一致。运检部将定期协同供服中心组织开展可靠性管理核查，对工作质量差、问题突出单位进行通报考核。

**（三）指标过程并重，合力确保目标完成**

（1）严格持续做好目标管控。按照年度预测目标，制定工作方案，细化分解责任，开展调控、运检、供服、营销等跨部门协同，统筹检修、基建、改造、业扩等工作，先算后停，开展综合停电，强化负荷转供，跟踪指标趋势，深入指标分析，提前开展预警，通报各单位指标情况及短板问题，严肃追责考核，监督各单位举一反三开展整改落实。

（2）常态开展数据定期核查。定期开展台账及停电事件与调控日志、95598 系统、"两票"等资料的闭环一致性核查，确保数据及时性、准确性、完整性，督促各单位按季度更新上报单线图等基础资料，开展准确性检查，每月各随机抽取 5～10 条线路和停电事件，开展数据质量、维护质量多维度核查，根据结果通报并列入绩效考核。

（3）加强异常数据分析处置。变电中心需特别注意 35～110kV 主变、断路器和母线的强迫停运（第一、二类非停）的预先防控和数据录入管理工作，确保变电设备故障停运率关键业绩指标能控、可控、在控。运维部和供服中心每月梳理输变配电可靠性集成失败数据明细，分析研判问题症结，核实现场具体情况，督促营销部抓实采集终端运维，及时升级更换老旧终端，提升电信息采集采集成功率、完整率，确保可靠性数据来源准确、及时、完整。

（4）持续开展可靠性技术培训。定期召开可靠性分析会，通报各单位指标和工作开展情况，宣贯上级最新工作要求，部署后续重点任务，协调各部门协同处理典型问题，定期开展可靠性技术培训，加强业务指导及经验交流，通过管理、技术双渠道合力进一步夯实可靠性管理基础。

（5）强化可靠性分析应用。扎实开展月度、年度及专题分析，促进可靠性管理与专业融合，超前分析并动态跟踪指标趋势，提出有效措施并改进落实，充分发挥可靠性指导作用，为规划、基建、运检和物资等工作提供参考依据，全过程促进管理提升，确保配网可靠性三年提升行动目标按期顺利实现。

# 附录2　××供电公司供电可靠性管理考核办法

## 第一章　总　　则

**第一条**　为认真贯彻落实国网公司建设"一强三优"现代化电力企业的发展目标要求，加快推进世界一流配电网建设工作，全面提高公司供电可靠性，向用户提供优质的供电服务，制定本办法。

**第二条**　本办法适用于××供电公司各相关部门及所属各县、区供电公司、分中心、园区供电所。

## 第二章　职　　责

**第三条**　公司成立供电可靠性管理领导小组和办公室，日常管理工作由公司运检部牵头负责。

**第四条**　供电可靠性管理领导小组由公司总经理任组长，分管建设、运检、营销副总经理任副组长，相关部门负责人为成员。供电可靠性管理办公室设在运检部，运检部主任任组长，运检部主管配网副主任任副组长，相关部门和单位的相关人员为成员。

**第五条**　供电可靠性管理办公室（以下简称可靠性办公室）负责制定××供电公司供电可靠性管理考核办法和细则，并向公司人资部提交考核意见。

**第六条**　运维检修部负责主、配网设备检修运维，提高设备检修效率，提升设备运维水平；负责梳理网架，提出网架提升需求，根据发展部下达计划组织落实项目实施；负责制定公司精益化运维方案，组织落实各运行单位的运维管理工作；负责配电自动化建设与改造、新技术推广应用、配网带点作业实施等工作。

**第七条**　发展策划部负责根据网架提升需求，做好电网建设规划，将具体项目纳入规划库、项目储备库管理，落实项目资金；负责组织项目可研阶段的停电时户数预评估及项目必要性审查；负责做好与运检部对接，配合做好城市电网规划。

**第八条**　建设部负责结合电网建设规划组织制定 110kV 及以上工程项目建设计划；负责所辖工程施工方案优化、建设进度、安全、质量管控；负责根据主网供电能力提升需求，加快重点项目建设进度。

**第九条**　营销部负责用户设备管理，降低用户设备故障对可靠性影响，提高用户故障恢复速度；负责大型用户工程（申请施工临变的工程）的接电需求管理；负责提出重大用电项目电网发展需求和建议。

**第十条**　供电服务指挥中心负责配网设备监测及抢修指挥管理，配合运检部做好配网业务支撑工作。

**第十一条**　各县、区供电公司、分中心、园区供电所负责根据停电时户数分解指标，做好辖区停电时户数管控；落实各专业管理部门的相关工作要求。

## 第三章　考　核　方　式

**第十二条**　考核评价内容为指标考核和各部门可靠性工作考核两方面,考核评价以可靠性办公室发布的考核指标、各部门可靠性工作考核完成情况评价为准。具体指标考核标准参见考核细则。

**第十三条**　考核采用供电可靠性精益计分方式,由可靠性办公室制定考核细则及内容,按月发布各单位精益计分,并折算为组织绩效分提交人资部兑现。

## 第四章　考　核　管　理

**第十四条**　供电可靠性管控精益计分(以下简称精益计分)考核采用计分制度,并与绩效分数挂钩,累积加减精益计分累计达 5 分折合绩效分数为 0.5 分。

**第十五条**　各县、区供电公司、分中心、园区供电所可靠性精益计分和绩效计分以考核细则规定的月度(年度)为周期进行考核,月度考核中未折算为绩效的精益计分自动累计至下一考核周期,未折算的精益积分以自然年为单位清零。当年可靠性排名第一位组织绩效加 1 分,第二名加 0.5 分;比前一年可靠性提升百分比排名第一位加 1 分,第二位加 0.5 分。

**第十六条**　各部门可靠性精益计分和绩效计分以年度为周期进行考核,精益积分加减达到 3 分表扬、批评,达到 5 分折算为绩效分 0.5 分。

**第十七条**　每月上旬统计考核结果,并在可靠性办公室月度例会上进行专题讨论,形成正式结果后进行公布。每月中旬公布绩效加减分情况。

**第十八条**　其他可靠性相关指标以考核细则规定考核频度为单位进行考核。

**第十九条**　各部门、各单位针对考核结果保留一次申诉机会,凡认为考核不当、责任认定或记分不准确的,可在 5 个工作日内向可靠性办公室进行申诉,由可靠性办公室认定最终考核结果。

## 第五章　考　核　指　标

**第二十条**　可靠性指标:

供电可靠性(RS3)考核指标:按照国家电网公司、省公司下达的年度目标(全口径99.952 1%)进行考核。

各县、区供电公司、分中心、园区供电所的考核指标按照各单位分解的可停时户数指标进行管控执行。

**第二十一条**　其他相关指标:

主、配网网架、配网运维等相关指标参见考核细则。

**第二十二条**　各部门工作任务及相关指标由各部门制定相应管理考核办法。

## 第六章　附　　则

**第二十三条**　本办法由公司运检部负责解释。

**第二十四条**　本办法自发布之日起执行。

<h1 align="center">参 考 文 献</h1>

[1] DL/T 836 供电系统供电可靠性评价规程 [S]. 北京：中国电力出版社，2016.

[2] Q/GDW 10370 配电网技术导则 [S]. 北京：中国电力出版社，2016.

[3] DL/T 5542 配电网规划设计规程 [S]. 北京：中国电力出版社，2018.

[4] DL/T 5729 配电网规划设计技术导则 [S]. 北京：中国电力出版社，2016.

[5] Q/GDW 10738 配电网规划设计技术导则 [S]. 北京：中国电力出版社，2020.

[6] Q/GDW 382 配电自动化技术导则 [S]. 北京：中国电力出版社，2009.

[7] Q/GDW 625 配电自动化建设与改造标准化设计技术规定 [S]. 北京：中国电力出版社，2011.

[8] GB/T 36572 电力监控系统网络安全防护导则 [S]. 北京：中国电力出版社，2018.

[9] 国家发展和改革委员会令第 14 号 电力监控系统安全防护规定 [S]. 北京：中国电力出版社，2014.

[10] GB/T 33593 分布式电源并网技术要求 [S]. 北京：中国电力出版社，2017.

[11] Q/GDW 480 分布式电源接入电网技术规定 [S]. 北京：中国电力出版社，2010.

[12] Q/GDW 667 分布式电源接入配电网运行控制规范 [S]. 北京：中国电力出版社，2011.

[13] Q/GDW 617 光伏电站接入电网技术规定 [S]. 北京：中国电力出版社，2011.

[14] GB/T 36547 电化学储能系统接入电网技术规定 [S]. 北京：中国电力出版社，2018.

[15] GB/T 36278 电动汽车充换电设施接入配电网技术规范 [S]. 北京：中国电力出版社，2018.

[16] GB/T 33589 微电网接入电力系统技术规定 [S]. 北京：中国电力出版社，2017.

[17] 国家能源局. DL/T 1563—2016 中压配电网可靠性评估导则. 北京：中国电力出版社，2016.

[18] 万凌云，田洪迅. DL/T 1563—2016《中压配电网可靠性评估导则》条文解读 [M]. 北京：中国电力出版社，2018.

[19] 国家能源局. DL/T 836—2012 供电系统用户供电可靠性评价规程 [S]. 北京：中国电力出版社，2012.

[20] 国家电力监管委员会电力可靠性管理中心. 电力可靠性技术与管理培训教材 [M]. 北京：中国电力出版社，2007.

[21] 国家电网公司. 电力可靠性理论基础 [M]. 北京：中国电力出版社，2012.

[22] 国家电网公司. 用户供电可靠性管理工作手册. 2 版 [M]. 北京：中国电力出版社，2011.

[23] 国家电网公司. 电力可靠性管理培训教材管理篇 [M]. 北京：中国电力出版社，2012.

[24] 国家电网公司组编. 供电系统用户供电可靠性工作指南 [M]. 北京：中国电力出版社，2012.

[25] 国家电网公司. 电力可靠性管理基础 [M]. 北京：中国电力出版社，2012.

[26] 田洪迅. 中压配电网可靠性评估应用指南 [M]. 北京：中国电力出版社，2018.

[27] 中国南方电网有限责任公司. 供电可靠性管理优秀实践案例汇编 [M]. 北京：中国电力出版社，2015.

[28] 胡列翔. 高可靠性配电网规划 [M]. 北京：机械工业出版社，2020.

[29] 程林，何剑. 电力系统可靠性原理和应用. 2 版 [M]. 北京：清华大学出版社，2015.

[30] 张勇军，陈旭. 智能配电网的用电可靠性 [M]. 北京：科学出版社，2020.

[31] 万凌云，吴高林. 高可靠性配电网关键技术及应用 [M]. 北京：中国电力出版社，2015.

[32] 王主丁. 高中压配电网可靠性评估——实用模型、方法、软件和应用 [M]. 北京：科学出版社，2018.

[33] 沈力，田洪迅，王宏刚，等. 电力可靠性理论基础 [M]. 北京：中国电力出版社，2012.

[34] 王成山，罗凤章. 配电系统综合评价理论与方法 [M]. 北京：科学出版社，2011.

[35] 郭永基. 电力系统可靠性分析 [M]. 北京：清华大学出版社，2003.

[36] 麻兴斌，孟祥君. 电网运行的可靠性、适应性和经济性研究 [M]. 山东：山东大学出版社，2014.

[37] 何禹清，何红斌，彭建春. 配电网快速可靠性评估及重构方法 [M]. 北京：科学出版社，2017.

[38] 魏哲明，张叔禹. 用户供电可靠性管理手册 [M]. 北京：中国水利水电出版社，2016.

[39] 郭永基. 电力系统可靠性分析——清华大学学术专著 [M]. 北京：清华大学出版社，2003.

[40] ［加］阿里·乔杜里. 配电系统可靠性：实践方法及应用 [M]. 北京：中国电力出版社，2013.

[41] 国家电网公司. 供电可靠性管理实用技术 [M]. 北京：中国电力出版社，2008.

[42] 武利会，刘昊，曾庆辉. 配电网用户侧供电可靠性分析与评估 [M]. 北京：中国水利水电出版社，2020.

[43] 万凌云，王主丁，伏进，等. 中压配电网可靠性评估技术规范研究 [J]. 电网技术，2015.

[44] 李汶元，著，周家启，等译，电力系统风险评估模型、方法和应用 [M]. 北京：科学出版社，2006.

[45] 王益民，蓝毓俊，等. 供电可靠性管理实用技术 [M]. 北京：中国电力出版社，2008.

[46] 周家启，等译，工程系统可靠性评估——原理和方法 [M]. 北京：科学技术文献出版社，1988.

[47] 范明天，刘健，等译. 配电系统规划参考手册 [M]. 北京：中国电力出版社，2013.

[48] 李天友，等. 配电不停电作业技术 [M]. 北京：中国电力出版社，2013.

[49] 李明东，别朝红，王锡凡. 实用配电网可靠性评估方法的研究 [J]. 西北电力技术，1999.

[50] 房牧，许明，王兴念，等. 配电网生产抢修指挥支撑技术研究与应用 [J]. 供用电，2013.

[51] 吴强，滕欢，王凯富. 基于GPRS/GPS/GIS的电力抢修实时调度系统构建 [J]. 继电器，2005.

[52] 宋云亭，张东霞，等. 国内外城市配电网供电可靠性对比分析 [J]. 电网技术，2008.

[53] 谢开贵，周平，周家启，等. 基于故障扩散的故障中压配电系统可靠性评估算法 [J]. 电力系统自动化，2001.

[54] 刘柏私，谢开贵，马春雷，等. 复杂中压配电网的可靠性评估分块算法 [J]. 中国电机工程学报，2005.

[55] 谢开贵，王小波. 计及开关故障的复杂配电系统可靠性评估 [J]. 电网技术，2008.

[56] 邵黎，谢开贵，王进，等. 基于潮流估计和分块负荷削减的配电网可靠性评估算法 [J]. 电网技术，2008.

[57] 万国成，任震，田翔. 配电网可靠性评估的网络等值法模型研究. 中国电机工程学报，2003.

[58] 谢开贵，易武，夏天，等. 面向开关的配电网可靠性评估算法 [J]. 电力系统自动化，2007.

[59] 邵黎，谢开贵，何潇. 用于复杂配电网潮流计算和可靠性评估的树状链表和递归搜索方法 [J]. 电网技术，2007.

[60] 彭鹄，谢开贵，邵黎，等. 基于开关影响范围的复杂配电网可靠性顺流评估算法 [J]. 电网技术，2007.

[61] 夏岩，刘明波，邱朝明. 带有复杂分支馈线的配电系统可靠性评估 [J]. 电力系统自动化，2002.

[62] 谢莹华，王成山. 基于馈线分区的中压配电系统可靠性评估 [J]. 中国电机工程学报，2004.

[63] 王峻峰，周家启，谢开贵. 中压配电网可靠性的模糊评估 [J]. 重庆大学学报（自然科学版），2006.

[64] 张红云，翟晓凡，吴晓蓉，等. 中压配电网可靠性理论计算及分析 [J]. 中国电力，2005.

[65] 周念成，谢开贵，周家启，等. 基于最短路的复杂配电网可靠性评估分块算法 [J]. 电力系统自动化，2005.

[66] 谢开贵，尹春元，周家启. 中压配电系统可靠性评估 [J]. 重庆大学学报（自然科学版），2002.

[67] 束洪春，刘宗兵，朱文涛. 基于图论的复杂配电网可靠性评估方法 [J]. 电网技术，2006.

[68] 戴雯霞，吴捷. 基于最小路的配电网可靠性快速评估法 [J]. 电力自动化设备，2002.

[69] 夏翔，熊军，胡列翔. 地区电网的合环潮流分析与控制 [J]. 电网技术，2004.

[70] 孙一平，彭高辉. 一种配电线路合环潮流实时计算的实用方法 [J]. 湖南电力，2003.

[71] 强兴华. 地区电网合环操作的潮流近似计算 [J]. 江苏电机工程，2002.